12大
慢性病素食全書

暢銷修訂版

臺大營養團隊常見疾病治療及恢復期飲食處方

【推薦序1】

為慢性病患量身訂作的素食飲食全書

文　陳明豐（前臺大醫院院長、中國醫藥大學醫療體系總執行長）

　　近年來臺灣、日本及歐美的研究發現，素食者較少罹患癌症、高血壓、高血脂等慢性疾病，也因此在國內掀起了素食風。舉凡全素、奶蛋素、五辛素、初一十五素、鍋邊素等，愈來愈多人為健康茹素。但是吃素要吃得健康吃得均衡並不容易，對於已面對疾病威脅者要吃得營養且均衡的素食飲食更是難為。坊間不乏素食保健書籍，但針對疾病患者素食該如何在疾病生理代謝改變之下，調整營養素的內容，使素食在疾病治療過程中正確且合宜地供應營養，幫助疾病的復原並保有健康的著作，本書應是佼佼者。

　　臺大醫院營養師本著擴大服務範疇，並為國人膳食營養健康把關的天職，多年來陸續完成多本健康飲食著作，提供國人預防疾病由飲食著手的概念，此為藥食同源之理由。2005 年出版的《15 大慢性病飲食全書》以飲食治療疾病的角色介入，配合精心設計的餐點，此書並獲得衛福部國民健康署健康好書推介獎，廣受好評。

　　臺大醫院營養師團隊，延續上次經驗再一次合作，為各種疾病的素食患者量身打造《12 大慢性病素食全書：臺大營養團隊常見疾病治療及恢復期飲食處方》。內容由淺入深，從如何選擇素食材以及素食材所提供的營養；集結常見的糖尿病、高血壓、心血管疾病等慢性病患者如何作飲食的適當搭配；對於癌症病人應如何正確吃素；素食的迷思，以及素食者較常見的貧血問題等都有深入的探討。書中並不是紙上談兵的理論，更有實際的食物搭配範例，使理論落實在生活之中。

　　《12 大慢性病素食全書》在食譜設計上看得到作者們的用心，文字容易閱讀，食譜色香味俱全，方法簡易，是不可多得的好書，特此寫序推薦。

【推薦序2】

最完整的治療及預防保健素食專書

文　賴鴻緒（臺大醫院小兒外科主任）

飲食不僅是生命所需，更是一種文化、一種品質，是日常生活必要的部分。得宜的飲食不但可以預防疾病，更可治療疾病。俗語「民以食為天、藥食同源」，在在顯示飲食捍衛身體健康的重要性。許多慢性病需要飲食介入協助治療，可因此改善疾病的嚴重程度、協助疾病的控制、延緩併發症的發生，進而促進健康。

許多研究都顯示素食可促進健康，減少罹患慢性疾病的機率。素食文化廣泛被許多人所接受，不僅因宗教信仰，更多人是為了追求健康而素。正確素食當然可提供足夠且均衡的營養，在預防及治療疾病上有其效益。目前正夯的 DASH 飲食（Dietary Approaches to Stop Hypertension，防治高血壓飲食），正是強調了提高蔬菜、水果、全穀及核果類和低脂奶的攝取，對高血壓的預防能力勝於其他因素。這樣的飲食型態和健康素食相當接近，這也突顯了素食飲食廣受健康追求者青睞的原因。但正確素食並非容易之事，更何況當疾病已發生時，各種食物營養素的搭配及調整更是重要。

本人在擔任臺大醫院營養部主任期間，見於營養師個個是飽學之士，常鼓勵將其所學集結成冊，把深奧的營養學知識轉譯成口語文字，給予民眾正確的營養知識，造福一般民眾，期間多本保健相關叢書陸續問世。營養是預防保健之母，臺大醫院有最堅強的營養師陣容，能在百忙中為民眾健康把關，實為民眾之福。

《12大慢性病素食全書：臺大營養團隊常見疾病治療及恢復期飲食處方》正是由臺大營養師團隊再次集合，為各種常見的慢性素食病患量身訂作的健康叢書，依各種不同疾病作完整的剖析，鉅細靡遺的內容涵蓋了常見的慢性疾病及營養的介入，讓讀者更完整了解飲食營養與疾病的相關性。內容豐富、容易閱讀，營養師精心為各種疾病設計的餐點，不但營養滿點，且每道都是為治療疾病出發，再經由臺大醫院營養部治療飲食專業廚師的愛心製作，這些充滿祝福的餐點，道道是另人垂涎三尺，這樣一本好書實在是素食者之福音，值得珍藏更值得細細閱讀。

透過本書的指引，必能讓吃素者更為亮麗更為健康，特此推薦。

【推薦序3】

吃對營養又健康的素食飲食

文 鄭金寶（前臺大醫院營養室主任）

農業社會的國人基於宗教慈悲為懷、不忍殺生，而實行素食飲食。現代的國人則因追求健康而採素食養生。國內外高瞻遠矚之士，考慮將來地球之存活，而日漸興起提倡節約能源，拯救地球之素食主義。

現代人因拜科技文明之賜，累積前所未有的財富，享受祖先所未能想像的優渥物質、生活條件及醫藥照顧。其享受遠超過過去的王公貴族、帝王將相。從前秦皇、漢唐可汗之尊要吃個國人宴會常吃的龍蝦也不能，而以宋皇、明君、慈禧之權要吃個魚也屬不易。目前臺灣即時一介平民，其日常生活之花費亦非古時之員外所能比擬。而豪門之燕窩、魚翅、鮑魚、猴頭菇四大珍品根本是家常便飯，不足為奇。

國人在這麼優渥的條件與環境之下，養尊處優之士自然形成，加以電動玩具之盛行以及學子沈迷於夜店、電視政論節目之盛行，名嘴食客、諸子百家、諸類異議、嗆聲競鳴，民眾也跟著在晚間運動最好的時刻，守在電視前，因而運動的時間愈來愈少，相伴而來的文明病、糖尿病、心臟病…自然而生。解決之道除了鼓勵多運動少看電視外，便是改變飲食習慣，鼓勵盡量多採健康素食飲食，特別是「健康營養的素食飲食」。

筆者也在門診發現有些罹患慢性病的民眾，尤其是高血脂、高膽固醇血症的朋友，第一個念頭就是改吃素食，卻由於觀念偏頗，長期素食而發生嚴重貧血的現象。因而提供正確營養觀念的素食書籍，有其迫切且必須性。

著作內容是由素食實踐者楊榮森教授領筆，加上臺大醫院營養室的營養師團隊齊同執筆。楊教授是素食飲食之理論家兼實踐者，多年來具有豐富之經驗及心得，願意將寶貴的經驗公諸於書中，與國人分享。書中內容範圍廣大，諸如聰明選購與選對素食材料、癌症素食、高血脂素食、高血壓素食、糖尿病素食、肝病素食、腎臟病素食、退化性關節炎素食、泌尿道結石素食、術前術後素食飲食、骨質疏鬆素食飲食、肥胖素食飲食以及貧血素食飲食等飲食營養知識，且搭配精心設計的餐點，還有資深師傅提供烹調技術。希望對於讀者提供正確的素食飲食知識，相信對於讀者的身心及家庭的幸福必有所助益。

出版此書的直接目的是提供國人正確的素食飲食知識，達到健身養生。間接目的也是支持現在的提倡節約能源救地球的重大問題。由醫療營養學之觀點，將蛋白質分為植物性及動物性，從生產動物性蛋白之成本或污染的代價遠遠超過植物性蛋白質。因此，環保的專家高喊節約能源，綠能源救地球。假如我們能夠提供民眾正確營養素食的話，無形中便可輕地球的壓力，使我們後代子孫得以長存於青山綠水的美麗地球中。

12大慢性病素食全書　　目　錄

紫蘇松子麵

甜椒百頁

仙草燉烤麩

紫山藥牛蒡湯

地瓜核果三明治

Part ❶ 聰明選購素食材與調味料／陳慧君（臺大醫院營養師）

Part ❷ 12大慢性病素食處方

癌　症 素食飲食處方／歐陽鍾美（臺大醫院新竹分院營養室主任）

高脂血症 素食飲食處方／陳珮蓉（臺大醫院營養室主任）

高纖涼麵

糖醋烤麩

芝麻蘆筍

杏鮑山藥椰子盅

桂圓紅豆薏仁湯

爽口粿仔條

退化性關節炎 素食飲食處方／翁慧玲（臺大醫院營養師）

南瓜烘蛋

泌尿道結石 素食飲食處方／黃素華（臺大醫院雲林分院營養室主任）

芹香珊瑚草

術前術後 素食飲食處方／賴聖如（臺大醫院營養師）

當歸素鴨湯

鮮果山藥優格

素味紅燒牛肉湯麵

荷蹄炒香肚

雜炒鮮蔬

五色芥菜湯

水果穀片優酪

【本書特色&使用説明】

預防及改善慢性病的素食飲食指導

臺大營養團隊提供的健康素食處方

提供讀者在慢性病手術、治療、調養及恢復期間，一週三餐素食菜單規劃與聰明外食選擇。在預防疾病上，也簡單融合各項飲食原則，利用各種健康食材，配合簡易烹調，易學易做，聰明吃素。

適合全家享用的健康奶蛋素

本書是適合慢性病患和全家人共同食用的健康奶蛋素。不只帶領讀者了解食材中的可能食品添加物，學會素食加工品的選購、處理及保存，還能吃對一天三餐的聰明素食，選對年節慶典時的營養素食。

菜市場及一般超市均可取得食材

本書使用食材均以方便取得為優先考量因素，一般超市及菜市場皆可購得。提醒讀者，不論購買新鮮或加工素食品，都建議挑選可信任店家，減少黑心食物來源。

食譜食材份量以4人份為主，視人數調整

書中食譜中的食材份量以4人份為主，方便一家煮食共同享用健康素食。若食用人數增加或減少，可以人數乘算，變換份量。

本書所使用的烹調單位計算説明

- 1碗水約200c.c.
- 電鍋外鍋1杯水約140c.c.（可以量米杯計算）
- 1大匙15c.c.或15克；1小匙5c.c.或5克
- 1台兩為37.5公克，食材100克約3台兩

實用的營養分析及營養師叮嚀説明

每份食譜上皆標示所含營養素及熱量，作為每日熱量計算參考及三大營養素（蛋白質、醣分、脂肪）的搭配；並分析纖維質含量，幫助讀者計算每日攝取量。貼心提供貧血患者鐵質分析，計算單日食譜中的鐵質攝取量。

設計「營養師的小叮嚀」專欄，列出食譜中食材抗病功效及成分分析。

【總策劃序】

國內第一本
疾病素食指導全書

楊肇基

　　朋友們，當您拿起本書時，先恭喜您有了健康的意識，因為您已經在注意飲食對您及您家人健康的重要性。

　　追求生命的延續與身體健康，向來都是人類努力的目標之一，其中養生更是我們著重的一環。的確，追求身體的健康，自然需要注重保健養生，比如運動、適當的飲食及調養休息等都很重要。方法雖看似簡單，但即使文明及科技進步後帶來許多生活上的舒適便利，讓人類的壽命得以延長，外貌老化可以減緩，卻仍免不了許多慢性疾病的摧殘。這是因為我們的生活雖富裕豐足，但若疏於養生之道，保持適量的運動及均衡營養的攝取，因而導致「營養不均」並非不可能；人們可能因攝食過量變得肥胖，也可能因減肥或偏食而導致太瘦或營養不良，這些狀況自然都不易維持身體健康。

　　特別是近年來社會經濟進步，大家日漸重視飲食享受，所謂美食文化因應而生，使得許多人類疾病型態發生重大改變。綜觀盛產肉類的國家如美、加、紐、澳等國，癌症、心血管疾病、高血壓、中風及腎結石等疾病的發生率，遠高於肉食量較少的國家，如日本、泰國、越南等。臺灣社會飲食多元且西化，許多民眾重視美食享受，肉類與海鮮的食用量遠超過日本等國家，相對地，罹患心臟病、癌症、高血壓等的病患也隨之增多；而這些疾病中尤以心臟病和癌症更高居國人十大疾病排名的前兩名，常見者如肺癌、大腸癌及胃癌等，這些都已得到研究證實，肇因之一便是肉類攝取過量。

　　根據許多醫學及科學研究指出，人類的消化系統其實和草食性的牛、馬、羊一樣，比較適合素食；肉類食物中的動物脂肪含有大量飽和脂肪酸，長期食用不僅容易引起膽固醇過高及心臟血管疾病，也有致癌可能性，而青菜、水果等植物性食物卻可淨化血液，預防便祕及痔瘡的產生，還能養顏美容，並安定情緒；所以和肉食比起來，素食在養生方面實在益處良多，因此素食自然而然成為現在代人崇尚健康的養生之道。

近來臺灣、日本及歐美國家的研究也陸續發現，素食者較少罹患癌症、高血壓、高血脂及中風等此類疾病，且素食持續年數愈久，因年齡增長而導致血壓上升的幅度也愈小，這些證據在在顯示素食對健康的確有良好的助益。這也是本書作者群討論之後所得到的共識，因而共同執筆以營養和醫學的客觀立場來撰寫本書，讓社會大眾懂得素食的好處，以及素食對疾病治療的輔助成效。

由於我本身是一位素食者，常會在與朋友聚餐時，被問及「為什麼要吃素？何時開始的？會不會營養不良？會不會體力不足？會不會造成貧血？吃得清不清？」等問題，可知許多人對素食還是存在著許多疑問與戒心，雖然大部分人未必有素食的環境或念頭，但大家都會注意到生病時，最常吃的就是簡單的稀飯和清淡的小菜。筆者在從事骨腫瘤的診治生涯中，不少人在生病時（尤其是罹患惡性腫瘤時），第一個念頭就是——改吃素。為什麼？許多人都認為吃得清淡一點，疾病就會快一點好轉，許多營養、健康等文宣也都提到，每天要吃上五份或更多蔬菜水果，這些都是很重要的健康資訊，但我們做到了嗎？

其實為健康著想，即使不生病也該及早改吃素，基本上素食者若注意均衡的營養攝取，便可常保健康，預防生病，所以確有其優點；當然這不是指未注重平衡飲食的情形。目前雖有愈來愈多的人改吃素食，也有愈來愈多的研究及書籍在介紹素食，但對素食的誤解及不了解如何均衡攝取的仍大有人在，**因此本書的另一出版動機就是希望能讓大家了解如何搭配適當的素食飲食，達到均衡的營養補給。**

此外，本書的最大訴求主軸在於針對疾病治療期或手術前後，素食者該怎麼吃才正確？另外像是素食製作或烹調不當，吃素不是更不健康？怎樣正確吃素可改善或遠離疾病？素食與葷食的營養／疾病比較（素食的優缺點分析與建議）等提問與疑惑，我們都一一委請專業醫護人員撰寫文稿，以釐清素食迷思。

這本《12大慢性病素食全書》是臺大醫院營養室許多傑出營養師的心血結晶，相信必然對素食或非素食朋友有許多良好建議，也對於其他更多有心明白或有意素食的朋友提供寶貴的知識。

本身已經是一位茹素者的我，在序的最後，仍不免要老生常談的指出：古籍裡所謂「知而言不如起而行」、「博學、審問、慎思、明辨、篤行」，都提點我們凡事皆要懂得去實踐執行，所以朋友們，您看完本書後，別僅是心領神會，**請試跟著我們一起來吃素，讓身體更健康，精神更愉悅吧！**

楊榮森

國立臺灣大學醫學院 骨科教授

國立臺灣大學醫學院附設醫院 骨科部主任

【總　論】

素食是
健康與疾病的一帖良方

文　楊榮森（臺大醫學院骨科教授）

　　追求健康是人類自古以來的最大目標，尤其在遠古時代，由於大自然災害、飢荒、人禍（戰爭）、疾病及其他動物傷害的威脅，人類的壽命短暫無常，求生存自然而然成為生活中最大的壓力。

　　經過數千年來，人類文明與醫學進步，生活型態也大為改變，從先前的農漁畜牧，轉變為工商社會，許多食物的供應也由傳統市場的當日產銷，變為今日的大賣場生意，加上食物大量生產，食品供應充足，冷凍、冷藏設備普及，因此過度飲食無節制或浪費，遂成為不少文明進步，經濟良好國家的常見現象，然而卻忽略了吃進肚子裡的是冷凍食品而非新鮮食物，有些還混雜著化學物質，如反式脂肪等，結果造成當代文明社會的許多慢性疾病。

　　不過，我們也發現心臟病、癌症、高血壓、痛風、高血脂及糖尿病等，都可從素食飲食中得到良好的改善效果。有心者有鑑於對疾病的防治，大聲疾呼「自然飲食，健康保健」的基本觀念，健康素食的觀念蔚然成為保健的重要基石。

素食種類與限制	
全素（純素）	食用全素食物，如穀類、麵、豆類、核果類、堅果類、蔬果等，完全不攝食肉類、家禽、魚、海鮮、蛋及乳製品。
奶　素	食用全素食物、乳類及乳製品，不食用肉類、家禽、魚、海鮮及蛋。
奶蛋素	食用全素食物外，還會食用乳類、乳製品及蛋，但不食用肉類、家禽、魚、海鮮。
宗教素和禪素	佛教主張慈悲不殺生，除食用全素食物之外，還不食用蔥、韭、蒜、薤、興蕖（洋蔥）等，容易興奮情緒的辛香料食物。
半素或健康素	攝食蛋奶素食物，加上部分動物性食物，如家禽（白肉）、魚及海鮮。
其　他	如鍋邊素或隨緣素者，可隨意攝食肉邊菜。

素食是健康養生的樂活新方式

人類文明悠久，文化、宗教、信仰各異，且生活環境和食物來源不同，飲食習慣和健康觀念自然有別。但近年來，東方或西方在飲食上都出現素食熱潮，據估計臺灣目前就有約近二百萬人屬於素食人口，並有日漸增加趨勢，西方素食者亦然。

一般來說，素食者茹素時間通常因人而異，有些人只在早餐吃素，稱為「早齋」；有些人天天吃素，名為「長齋」；有些人則僅在「初一、十五」或每逢「三、六、九」日才吃素，但不管吃素時間為何，都是值得鼓勵。此外，若依食物種類劃分，廣義而言，素食泛指不食用肉類食物，可依其食物品項分為全素、奶素、奶蛋素、宗教素和禪素、半素或健康素、其他等。各種吃素的種類，各有其限制，主要來自信念差異所致，但用意皆屬良善，也都對健康很有幫助。

至於為什麼要吃素？或為何有些人生病時第一個念頭會想吃素？其實國人中多數吃素者多為宗教信仰的理由，目前則漸漸有更多人為追求身體健康或樂活而提倡素食，或在生病後改吃葷為吃素。

至於為何大部分人在生病時第一個念頭會想要吃素？原因不一而足，有些人也許是看到或聽到一些關於健康、因果等的報導後，第一個念頭想改吃素；有些人也許在多方尋求醫治後，警覺到改變飲食的重要；或是在親友及長輩規勸下才想到要吃清淡一些；也許是其他病友建議吃素，各種情況及吃素的原因很多，無法一一詳究，但到後來有些人身體康復後會繼續維持吃素，也有些人則恢復原先的飲食習慣，孰優孰劣難以斷論。

不過若從眾多國內外所發表的研究，不難發現素食的諸多健康利益，例如1991年美國責任醫藥內科醫生委員會（The Physicians Committee for Responsible Medicine, PCRM）便建議取消原先全美國營養學家主張的四類基本食物「肉類、乳製品、全穀物、蔬菜水果」，其中的肉類及乳製品，改以提議「新四類食物」即全穀物、豆類、蔬菜、水果，作為健康新主張。

其中全穀物指的是未經精製的穀物類，可提供我們豐富的纖維、碳水化合物、蛋白質、維生素B等，種類包含米、小麥及其他穀物；豆類富含食物纖維、蛋白質、鐵、鈣、鋅、維生素B等；蔬菜可提供維生素C、β胡蘿蔔素、核黃素、纖維以及微量金屬如鐵和鈣等；水果則提供大量食物纖維、維生素C、β胡蘿蔔素等，這些都是健康的根本。

之所以會提倡這樣的新飲食主張，主要在美國責任醫藥內科醫生委員會（PCRM）指出：素食可避免癌症、心臟病、高血壓、糖尿病、膽結石、腎結石、骨質疏鬆症及氣喘等疾病，對於文明病日漸增多的現代人而言，素食的確提供了一劑保命健身的良方。

▲ 健康新四類食物，便是全穀物、豆類、蔬菜與水果。

素食是遠離慢性病的健康飲食

我們知道工商社會繁榮和文明進步帶來許多新社會化過程，人們的生活飲食習慣也因而發生重大變革；為避免飢荒而大量栽種農作物及發展畜牧業，並透過自動生產線製造大批食品。

大量儲藏糧食原本是件好事，但有些地區生產過盛造成食物浪費且營養過剩，有些地區則飢荒連連，導致營養不良，造成食物的分配失衡，加上許多經過加工儲藏的食物未必新鮮，人們無法攝取到自然完整的營養。經濟進步且科技文明發達鼎盛的同時，也帶來諸多後遺症，像是人們體力、活動量普遍降低，連疾病型態也發生巨大改變，因而產生諸多文明病，如肥胖、心血管疾病、癌症、腎臟病、高血壓、高血脂、糖尿病等；而諷刺地，這些挑戰著人類健康的文明病，追究其原因有許多竟是因為「吃得太好了」所造成。

植物性食物有助預防肥胖及心血管疾病

以醫學營養、健康的觀點而言，攝取足量蔬果是對治這些文明病的妙方，人類飲食不均衡，或貪圖美味而偏食，吃了過多的肉類食物，以致未能每日攝取五份或更多蔬果，過度美食之下都潛藏著日後的病根。但為什麼說，素食無論對預防保健或病後療養都很重要？根據研究證實，素食確有保健上的諸多益處，比如素食者較長壽，體態較輕盈，抵抗力也較好，且素食者通常健康意識較佳，平日即注重健康，在生活型態上也表現良好（如較少抽菸、喝酒、笑口常開、情緒穩定度高等）。

▲ 研究顯示植物性食物脂肪及膽固醇較低，可預防肥胖、高血壓等慢性病。

探究其原因，即在於植物性食物含熱量和脂肪量都低；飽和脂肪含量少，血中膽固醇自然較低，食物纖維素多除了較易達到飽足感，還能維持排便通暢，有利體重控制，進而預防肥胖及其相關疾病，如糖尿病、高血壓、心血管疾病與中風等，且可延緩出現相關併發症。這些好處也都有研究證實，在心血管疾病方面，美國衛生局報告，35～64歲美國人死於心臟病者，素食者只占28％，65歲以上死於心臟病者，素食者比例不及非素食者的一半；另一項研究同時指出，吃大量蔬菜、水果，可降低心臟病和中風。這些研究顯示了全素者的膽固醇比肉食者低29％，蛋奶素者則比肉食者低16％，疾病自然不容易上身。

除此之外，研究同時也證實，飲食改採素食後，若能配合運動、遵循醫囑服藥和減少精神壓力等，還可減輕冠狀動脈的症狀及再發率。其次，在有關糖尿病的研究中也發現，由於植物性食物中的複合碳水化合物富含纖維質，能延緩小腸吸收葡萄糖，有利糖尿病人控制血糖，若再加上配合適量運動增進對葡萄糖的利用效率，功效更佳。

其他素食對健康的益處包含：素食會延緩高血壓的發生年紀和減低血壓（高血壓的發生通常附帶有其他危險因子，如吸菸、喝酒、體能活動較少等，亦應一併注意）；素食可預防骨質疏鬆症，因為許多素食食品含足量鈣、維生素C或D與礦物質，都有助於改善骨代謝，相對地，肉食者若食用大量肉類食物，則容易增加鈣質流失，造成骨質疏鬆症。

多吃蔬果有助預防癌症發生

針對人人聞之色變的癌症方面，美國國家癌症中心（The National Cancer Institute）〈營養與防癌：食物選擇守則〉也特別指出，35%的癌症與飲食有關，研究證實多吃蔬菜可減少癌症發生率，因為植物性飲食如全穀類、豆類、蔬菜及水果等，含有大量維生素A和C及食物纖維，能有效降低糞便中的膽酸、可溶性脂肪酸總量及濃度，使腸道益菌保持正常生態，維護腸道黏膜細胞的健康。特別是食物纖維素不會在消化道被吸收，不僅可提供增加糞便體積，促進腸道蠕動，使排便順暢，維持腸道乾淨，預防便祕，還能排出代謝廢物及致癌物質，縮短腸道內致癌物質的滯留時間。

綜觀而言，素食者比肉食者的癌症發生率低20～40%，多項研究也都指出黃豆可減少乳癌、大腸癌、口腔癌、肺癌及肝癌等的發生率；攝食大量新鮮蔬菜水果，可減少肝癌、結腸癌、胰臟癌、胃癌、膀胱癌、子宮頸癌、卵巢癌及子宮內膜癌等。臺灣國科會生物處（1984年）調查發現，每週吃蔬菜14次以上者與每週吃蔬菜兩次以下者相比，其發生肺癌的機率低於75%，肝癌低於60%，結腸、直腸癌則低於40%，台灣癌症基金會宣導提倡每天至少吃5種新鮮蔬果，減少大量食用肉類，其用意正是在此。

所以衷心建議讀者為了健康著想，即使不生病也該及早改吃素，因為素食具有一些有利健康的特別成分，如異黃酮、胡蘿蔔素、茄紅素、花青素、維生素和抗氧化劑等，有助於強身抗病。研究指出異黃酮與人體雌激素相似，是一種植物性雌激素，紅花苜蓿（Red clover）與大豆中均富含此種植物雌激素，此外異黃酮還能有效增高骨密度，防治骨質疏鬆，且具有抗癌作用，特別是抗乳癌，難怪專家們建議更年期後女性應多進食富含植物雌激素的食物。

而且人體在代謝過程中會產生氧化物質，稱為自由基，菸酒、紫外線照射、情緒（極度悲傷沮喪、憤怒、抑鬱寡歡等）、環境污染和食物添加劑等都會促進產生自由基，嚴重破壞細胞膜及去氧核糖核酸引起病變及衰老，連帶的造成相關疾病包括癌症、衰老、心臟病、中風、白內障、肝病及胰臟病等。雖然人體本身可以製造抗氧化劑，但數量不足以驅除自由基，還是必需從食物中攝取更多量抗氧化劑，才足夠予以中和，而植物性食物含有大量抗氧化劑，正有助於人體排毒、抗病、抗衰老，所以說素食對我們的健康而言，實有莫大幫助。

新鮮自然的健康素食與保健及預防相關疾病的關係

少調味料 抗氧化物 特殊植物成分	低脂（低油） 低飽合脂肪酸 低熱量	高纖 多水分	低糖 低鹽

少調味料 抗氧化物 特殊植物成分

抗氧化物
- 癌症 ↓
- 衰老 ↓
- 白內障 ↓

少添加物
- 癌症 ↓
- 肝臟病 ↓
- 腎臟病 ↓
- 高血壓 ↓

異黃酮
- 骨質疏鬆症 ↓
- 癌症 ↓

低脂（低油）低飽合脂肪酸 低熱量

減輕體重
- 肥胖 ↓
- 疾病控制 ↓
- 高血壓 ↓
- 關節炎 ↓

血中膽固醇低
- 中風 ↓
- 高血脂 ↓
- 心臟病 ↓
- 動脈硬化 ↓
- 血管栓塞 ↓
- 高血壓 ↓

高纖 多水分

腸道清空
- 癌症 ↓

糖吸收減少
- 糖尿病 ↓
- 肥胖 ↓

促進排尿
- 結石 ↓
- 痛風 ↓

低糖 低鹽

低糖
- 心臟病 ↓
- 糖尿病 ↓

低鹽
- 肝臟病 ↓
- 腎臟病 ↓
- 高血壓 ↓
- 中風 ↓
- 動脈硬化 ↓
- 血管栓塞 ↓

特別說明：↓ 符號表示該疾病發生率下降。

素食與葷食優缺點大不同

在身體成長期間，需要較大量的營養，在生病期間和癒後，由於身體修補上的需要，營養需求量也較大，而飲食是身體攝取營養的直接管道，因此我們常從營養觀點，來考量這些期間的營養需求，以及飲食是否足夠所需。

素食對腎臟負擔小、促進腸胃蠕動

雖然習慣吃葷食的人還是覺得葷食較美味可口，也認為動物性食物可提供較多營養素，尤其是必需胺基酸及部分維生素，更常被人所提起。此外，動物性營養成分較容易吸收，因此在罹病及康復期間，有些學者會主張攝取動物性營養。但素食具有許多益處卻不容忽視，包括素食對腎臟負擔較小，有利控制腎功能不全病況；植物性食物通常比動物性蛋白質易於儲存備用，且素食價格低廉，菜餚富於變化；可促進腸胃蠕動，減少便祕；素食色香味俱佳，葷食中的肉類所含營養種類較少，雖有許多「菜色變化」可供選擇，但許多都需使用調味料才能增添美味。最重要的是，目前飼養動物時，為講求快速和大量生產，多少會注射荷爾蒙和抗生素，這些濫用所引起的相關後遺症，也都對應到我們的健康和環境。

很多人擔心吃素會導致營養不良，其實素食可供選擇和變化的種類眾多，足以供應身體所需多種營養素和微量元素，令素食者營養得以均衡，且只要適量攝食各類食物和充分熱量，即可確保鈣、鐵、鋅的攝取，但不必在一餐中吃到全部種類的植物性食物。

素食是未來環保及生活環境的飲食趨勢

除了針對個人，在生態和環保方面素食也有其優點，像飼養家畜、家禽需耗費大量飼料、牧草、生鮮蔬果及水資源；統計顯示，每生產一磅牛肉所需的土地資源，可供生產十磅的植物性蛋白質。面對地球環境日益惡化，糧食不是豐收而是短缺，未來人口數目卻將持續增加，人類的食物勢必面臨嚴重短缺，因此唯有吃素才能解決此一難題，栽種牧草及各種可供食用或幫助綠化的植物不僅環保，對改善溫室效應、減少土壤流失都有助益。

總之，素食的好處很多，應該未雨綢繆為健康著想，但無論素食或葷食的朋友，除了著重飲食的均衡和改變，也別忽略了適量運動，增加食物吸收運用效率，促進腸胃蠕動、流汗、排尿及排便等，以排出代謝廢物，如此才可運用養分有效強化或修補體內組織，達到真正增進健康的目的，而且平時即養成素食的習慣，在身體營養平衡狀況下，才能真正掌握健康。

準備素食前必知的飲食原則

改變飲食習慣對大部分人而言都是一項挑戰，初期將吃習慣的葷食轉為素食時，不免會疑惑如何兼顧營養和喜好？素食製作或烹調不當，吃素不是更不健康？除此之外，常面臨的問題還包括：生理及心理調適期、營養問題、烹調問題及其他如面臨各方遊說壓力等。因此，以下我們將特別針對準備素食時，所需兼顧的營養和個人飲食嗜好、適當的烹調、如何避免破壞營養素等細項詳加說明，使素食者能真正獲致健康。

首先，素食者基本上應遵守新鮮、自然、低脂（低油）、低熱量、高纖、多水分、低糖、少調味料、低鹽的素食原則。在調製食物上則需考量符合個人營養、素食限制情況和能量需求；為了兼顧營養均衡，應選擇多種食物相互搭配，建議一日內食物種類最好能超過二十種為佳，奶蛋素或隨緣素的限制較小，純素食者不吃動物性食物，則需考量飲食配方能以攝取足量各類營養素和能量為佳。

素食者攝食的能量來源主要以主食（五穀類，以未精製穀類為優）為主，但若有額外需求，可適時補充一些點心，增加其他能量來源；再輔以豆類、堅果類以及新鮮蔬果等，來補充維生素和礦物質的攝取，在營養均衡方面並不成問題。

素食主食選擇可依個人喜好而適量選用

穀類、麥類、小米、高粱等種子類食材，是素食者的主要能量來源，可以提供蛋白質和纖維質等營養素，必須充分攝取。許多人因怕胖且認為主食富含澱粉，以致較少攝食主食類食品，結果反而造成營養不均。唯有攝取一定份量的主食，搭配適量運動，增加運用效能，如此即可從主食得到身體所需的足夠能量，同時達到維持正常體重的效果。

素食食材首重新鮮、天然，吃的才安心

選用素食食材時應注意新鮮及不含農藥，有些食材較易發霉，如花生、玉米、白米、大麥、小麥等，可能會產生黃麴毒素而引致肝癌；發芽中的馬鈴薯會轉變為綠色，烤焦、燒焦、醃漬及發霉的食物，也可能含有毒性，這些都應多加留意。

目前有些素食食材可能有超量殘留農藥，在選用時應小心防範，建議可購買檢驗合格的蔬菜，或是當季盛產的蔬果，加以適當清洗，即可減少傷害；但不宜因為害怕農藥，即任意採食野菜，因為食用野菜中所含大量不利健康的不明植物性化學物質，反蒙其害。此外，有些仿葷食的加工素食大都用黃豆加工製成，如素雞、素

鴨、素花枝、素火腿、素排骨、素肉罐頭等，都可能含有不當的食品添加物及較高鹽（鈉）量，吃太多對我們身體健康不利，也應一併注意。

素食者應攝取適量油脂

脂肪是身體組織的重要成分，有助於吸收脂溶性維他命A、D、E、K。但過量攝食脂肪會造成疾病，尤其過量飽和脂肪酸會使血膽固醇增高，導致高血壓、冠心病和中風，所以製備素食餐點應以低脂素食為優先。

烹調用油可適量選用植物油如大豆油、花生油、橄欖油、玉米油（又稱玉米胚芽油、栗米油，是從玉米分離出玉米胚芽，經壓榨及精製程序製成，為一種具特有營養與香味的健康食用油，含單元不飽和脂肪酸及成長所需的必需脂肪酸、維生素E，可減低膽固醇及具抗氧化力）、葵花子油等，其所含多元不飽和脂肪酸比例較高，但棕櫚油和椰子油含飽和脂肪酸偏高，則應節制使用。

需特別注意油的油量不要過量，即使含大量多元不飽和脂肪的植物油，食用太多仍會肥胖，引起心血管疾病。另外，素食魚油DHA也是一種選擇，研究發現，採用低脂肪、低膽固醇、高纖維、高多元不飽和脂肪的食物，其血中膽固醇及低密度脂蛋白（膽固醇濃度）會較低，當然比較健康。

▲ 了解各種植物性油脂的特質，才能健康又美味。

蛋白質是構成身體組織的重要成分

蛋白質參與許多生理和生化功能，對身體十分重要，但攝取過量蛋白質對身體也不好，建議攝取適量即可。其實素食的蛋白質來源很多，包含穀類、豆類、核仁、芽菜等，一般建議將五穀類和豆類或黃豆製品（豆漿、豆腐、豆干等）相互搭配食用，即能攝取多種胺基酸以達相互彌補的效果，建議可在煮白米飯時加入玉米粒，製作糯米麻糬時包入紅豆沙餡，吐司可抹些花生醬同吃，都是很好的食用穀類搭配豆類食材的範例，可供參考。

23

責任醫藥內科醫生委員會（The Physicians Committee for Responsible Medicine, PCRM）曾提出「一般綜合素食所含蛋白質即可提供足夠人體所需蛋白質量，而肉食者的蛋白質攝取卻通常過量，容易導致腎結石、骨質疏鬆症、心臟病與癌症。」但應注意，有一些蛋白質氨基酸是無法由人體自行合成，必須從食物中獲得，所以素食者應攝食多種類食物，尤其是豆類食物，以攝取完整種類的胺基酸。

▲ 五穀類搭配豆類或黃豆製品食用，可幫助攝取多種胺基酸。

適當的烹調方式，
讓吃素更健康

研究證實國人素食的確含油量較高，西方吃素主要崇尚自然的粗糙素食，盡量以生鮮蔬果為主，但考量到國人的飲食習慣，仍以熟食為主，建議應縮短烹調時間及降低烹調溫度，以保持食物營養價值。油炸時溫度太高，或食物烹煮過久則營養價值即被破壞，因此盡量不宜使用油炸、過度煎、炒或烤等方式，以免破壞營養素及增高含油量。

▲ 烹調時應注意時間及烹調溫度，少油炸、煎烤，多一點保留自然食物風味的烹調，才是正確又健康的烹調方式。

另外，豆腐或蛋類的蛋白質若經焦化，還會使其變成致癌物。常見市面上的油炸烹調素食菜式，如炸茄子、炸香菇、炸地瓜等，其所含營養素（如類胡蘿蔔素、類黃酮、酚酸類等，稱為植物生化素，為新鮮蔬菜水果內特有的植物性化學物質，對人體健康益處很大，近年來頗受重視與推廣）都會被破壞，且為高脂高熱量類食物，應少吃為宜。

正確吃素才可改善或遠離疾病

蔬果的健康守護地位毋庸置疑，許多專家學者也都一致提倡蔬果的保健利益，研究也證實，正確的素食飲食方式的確具有預防、保健、遠離疾病等效果，但吃素並非僅是不吃肉就好，仍需注意營養搭配，才能夠達到真正健康的目的。

不可偏食，才能獲致完全營養

素食可提供足夠營養成分，但素食者不宜偏食，才能攝取足夠各種養分（如碳水化合物、蛋白質、脂肪、維他命、礦物質、纖維等）及特有植物生化素，改善身體機能，所以切記勿過量攝食或偏食。

至於增加蔬菜樣式的方式很多，建議可採自助餐方式，每樣各取少量，讓食用的食物種類樣式超過二十種，效果更佳，如果很難執行，也不妨每週只選擇1～3天採漸進方式，增加素食次數。

提高食用豆類含量和種類，幫助攝取充分蛋白質

素食者的碳水化合物和油脂攝取量通常較無問題，但應注意補充蛋白質，素食者的主食（如米飯、麵條、麵包、包子等）的攝取要充足，才能供應足夠熱量和蛋白質；黃豆製品通常是素食者的重要蛋白質來源，建議應酌量增加豆類的種類及食用量。

素食飲食中常出現堅果類和種子類，堅果類含多種不飽和脂肪酸，可補充纖維素、蛋白質、維生素B和礦物質，若將堅果類、穀類和種子類食物互相搭配進食，例如做成五穀雜糧飯，還可提供高品質的蛋白質。

▲ 烹調時可將堅果類、穀類和種子類食物搭配進食，如五穀雜糧飯，幫助提供高品質的蛋白質。

應適時補充各類營養素

素食者每日食物中應攝取足量鈣、鐵、礦物質及維生素，以防範發生特殊營養素缺乏。植物性食物含有太多植物酸（Phytic Acid）和纖維素時，會影響腸道對鈣、鎂、鐵等礦物質的吸收；且素食通常容易缺乏維生素B_{12}和一些胺基酸，長期吃素時容易發生鐵、鈣、維生素B_6、B_{12}、葉酸等缺乏現象，故應注意適時補充各類營養素。

美國飲食協會建議選擇含有豐富維生素C的堅果、豆類、水果、蔬菜等，可增加鐵的吸收，也應攝食礦物質、維生素；此外，服用鈣片時應注意不要與草酸含量高的菠菜同時進食，以免鈣質和草酸結合而影響吸收。

孕婦、孩童及青少年需採用高營養密度的素食方式

由於孕婦、哺乳中的婦女、孩童及青少年，生理功能旺盛，營養需求自然偏高，因此美國飲食協會建議嬰兒、幼兒、青少年要確實吸收適當的熱量，尤其以維生素D、鈣、鐵、鋅為主要；故建議此類的素食者應食用高營養密度的食物，供給較多營養才足夠需求，以免發生蛋白質或某些胺基酸攝取不足和利用變差的現象，進而影響生長發育，出現耗弱或心智發展遲緩現象。

此外，由於植物性食物所含營養及能量通常較低，一般建議成長期、餵乳期、懷孕期不宜吃純素，以奶蛋素較合適，同時也應小心調配素食的種類、烹調方式等，不妨可諮詢營養師的飲食建議，必要時攝取營養補充劑，如鈣和其他礦物質等。

▲ 孩童成長及青少年發育期，都建議採取奶蛋素，可獲取高營養密度的素食方式最合宜。

素食者在疾病期或手術期間怎麼吃才正確？

人體所需最基本營養素包括蛋白質、維生素、礦物質、脂肪及碳水化合物，素食者需從穀物類、蔬菜、水果、乳製品（或其他類似食物）及其他蛋白質來源獲取營養，例如全穀類（糙米、胚芽米、全麥、黑麥、燕麥等）食物可提供熱量，更富含維生素B群、E及多種微量礦物質，應多加食用。

由於疾病治療期或手術期間的患者代謝會增加，需要更多的營養以修補組織，排除代謝物，使病況改善，因此吃素時須特別注意營養充足和均衡的需求，才不會令疾病惡化。

先注意自身的疾病飲食限制

在疾病治療期或手術期間，營養補充應注意符合基本原則，首先要注意疾病的飲食限制，如先天性尿酸代謝能力較差或有痛風的病人，要避免全豆類和核酸較高的食物，如香菇、蘆筍、筍乾等，但可考量搭配進食麵筋和豆類製品，以期達到營養互補。

有些病患同時罹患多種疾病，需更嚴格注意限制飲食，應諮詢專家意見並配合，如高血脂合併糖尿病、肥胖合併高血脂和糖尿病、高血壓合併痛風等，此時應需個別考量食物限制，例如糖尿病或腎臟病患者可能因病況需求，必須減少蛋白質攝取量，此時，高品質的蛋白質如牛奶，對限量蛋白質攝取的患者而言，便是最為方便的來源。

應注意足量蛋白質及均衡營養素攝取

在手術期間需注意受創組織復原和傷口癒合，對營養需求較高，更需攝取足量蛋白質、維生素、礦物質和均衡營養，但仍應注意疾病治療期間及手術期間，病患的胃口普遍變差，食量較小，如何在病患有限的飲食量中，提供足夠熱量及營養，尤其是足量的B$_{12}$、鈣和鐵等，都是素食者的

▲ 過於精製的食物，製作過程中就少了營養及礦物質，不適合疾病治療及手術期間食用。

重要課題；建議可考量使用高營養密度的食品來補充，在術後短期間內可考慮避免品質較低的蛋白質來源，如豆製品、堅果類等植物性蛋白質，必要時應諮詢營養師協助。

在疾病治療期或手術期間，食物選擇時須攝食足夠能量、蛋白質、礦物質及維生素；至於精製食品如白米、白麵、白麵包等，在製作過程中即損失大量礦物質，較不建議食用。

人體對礦物質的需求量可分為常量（如鈣、鎂、鈉、鉀等）、微量（如鐵、鋅等）以及極微量（如硒、錳、碘等），只要再搭配各項優質組合食物，像是豆類、穀類、堅果類及種子類等，便可充分攝取到完整種類的胺基酸，提供身體使用。還有胚芽米、大麥、小麥粉、燕麥片、小米等，也都可以提供豐富維生素、礦物質及粗醣。至於水果和蔬菜含有蛋白質、維生素、礦物質及纖維素，建議可多食用；若可再適量攝取奶製品和蛋類，更可提供完整營養，改善蛋白質品質、鈣、鐵、維生素B_{12}等攝取不足的問題。但若不能吃奶類和蛋，則須用心規劃飲食，必要時應攝取營養補充劑。

如前文所述，疾病治療期或手術期間，需多補充適量營養，以改善病情。以骨折為例，在發生骨折後，骨骼和肌肉都發生重大創傷，並常合併大量失血，且受傷後常會因局部荷重減少而發生局部骨量缺少或疏鬆，因此應注意骨折的癒合過程，必針對這些現象一一改善，在骨折後的復原期或手術後，建議病患可從事運動，增強肌力，促進血液循環，且攝食充足能量，補充鐵質改善失血，並攝食足量維生素D和鈣，以提供合成骨骼的材料，這些都有助於骨折的癒合和強度。且多攝食蔬菜和水果，不僅能提供維生素和抗氧化物，減少發炎程度，且維生素C還有益於合成膠原質，進而形成骨基質，這些對骨代謝都有正面的意義，應適量攝取。

另以眼睛疾病為例，各種營養素有益視力保健，但保健眼睛並非單一營養素即可，應盡量攝食多種類有益眼睛的食物，有利營養素吸收，包括蛋白質、碳水化合物、磷、鐵、胡蘿蔔素、葉黃素、維生素A、B、C及鈣等，以改善眼睛疲勞、眼睛酸痛、乾澀、夜盲症等視力障礙；葉黃素及β胡蘿蔔素並可預防黃斑部病變，可由菠菜、甘藍菜、紅蘿蔔等深綠色蔬菜攝取。

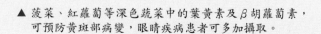

▲ 菠菜、紅蘿蔔等深色蔬菜中的葉黃素及β胡蘿蔔素，可預防黃斑部病變，眼睛疾病患者可多加攝取。

素食已成為新的世界性飲食潮流

　　素食已成為世界性的飲食潮流，素食的相關研究及著作愈來愈多，證實素食的許多優點，營養均衡的素食有益健康，改善病情，並防治許多慢性疾病，如動脈硬化、冠心病、中風、高血壓、肥胖症、癌症、血管栓塞症以及其他慢性病等。健康的素食者平日即應攝食新鮮、自然、低脂（低油）、低熱量、高纖、多水分、低糖、少調味料、低鹽的飲食，且不偏食、不過量、選購來源可靠、安全的食物，搭配烹調得宜，但仍應注意補充素食者容易缺乏的營養素，才能真正吃出健康與長壽，減低或去除罹患許多慢性疾病的機會。

　　如何當一個聰明的健康素食者，正是當前課題，追求健康意識者常會將素食列為其飲食選擇，讀者們不妨在適宜時機下，增加食用素食的機會，若因疾病關係而需限制過量肉食時，也可考量吃素，讓身體輕鬆、輕盈更健康。

【前言】

吃對素食，健康自然來

文 鄭金寶（前臺大醫院營養室主任）

如何吃出健康素？

素食者的營養需要與葷食者相同，只要搭配得宜，一樣能吃得健康。研究報告指出：適當、正確的素食，尤其是豆類食物富含異黃酮素，能有效降低更年期不適及乳癌的發生。

根據2006年美國心臟醫學會最新飲食建議，鼓勵攝取足夠的蔬果類，提倡「每天五蔬果，癌症遠離我」，其中更提醒注意食物的多樣化，因此，建議每天最好能攝取到30～35種不同的食物種類，所以素食者只需選擇適宜的素食食材並搭配正確的烹調方式，充分吸收到蔬菜富含的植物生化素（Phytochemicals）、纖維及營養，相信健康長壽的人生並不難做到。

多樣化攝取並注意維生素A、E吸收

素食者的飲食內容以植物性食物為主，比葷食者能攝取較多的纖維及抗氧化物，特別是蔬果富含維生素A、C、E，是抗氧化、抗自由基的營養素，但需留意維生素A、E是脂溶性維生素，而維生素C是水溶性維生素，所以，蔬菜烹煮時應加入少量的用油，才能有助於脂溶性維生素的吸收，水果類則鼓勵趁新鮮時食用，避免維生素C流失。

至於食物中的纖維也分為可溶性纖維及不溶性纖維，在人體腸道各自扮演不同的功能；其中可溶性纖維具有預防或治療憩室炎，也有延緩血糖上升、降低血膽固醇及血脂肪的功能，因而能幫助降低糖尿病、心血管疾病及高血壓等慢性病的症狀；而不溶性纖維則可延長食物在胃部的停留時間，增加飽足感，是減重者的好幫手，此外，不溶性纖維還具有保水作用，可促進腸道蠕動及增加糞便的柔軟性，進而使排便通暢，降低便祕及罹患大腸癌的機會。

可溶性纖維	不溶性纖維
・預防或治療憩室炎	・延長食物在胃部的停留時間
・延緩血糖上升	・增加飽足感
・降低血膽固醇及血脂肪	・保水作用促進腸道蠕動，增加糞便的柔軟性，排便通暢。
・降低糖尿病、心血管疾病及高血壓等慢性病症狀。	・降低便祕及罹患大腸癌機會

為健康吃素是最佳的飲食方式

　　吃素的原因通常因人而異，有些人透過健康檢查發現膽固醇、血脂肪或是血糖過高，因而受到影響而改吃素食；也有很多人是因為宗教信仰而吃素，或為求健康、長壽而吃素。當然，在醫院病患中，為治療疾病而吃素的人，也不在少數，此類吃素者多傾向鍋邊素或健康素，大多不完全拒絕蛋類、奶類及乳酪類，是屬於為養生而吃健康素者。通常為健康而吃素的素食者，並非完全拒絕而是適度選擇適當、少量的動物性食物，是時下流行的養生健康飲食法，不但心態開放，營養方面也較為均衡，是營養學家比較推崇的飲食方式。

　　其實，只要能降低飲食中的蛋類、肉類等食物，無形中就能降低飽和脂肪的攝取；一般來說，素食者較葷食者的飽和性脂肪攝取量低，自然對代謝症候群有預防性作用。有些病患可能因為高血壓、高膽固醇而被迫嚴格限制食物的選擇，不碰肉類、海鮮類，長期下來造成貧血、面色肌黃及無精打采的營養不良現象，反而適得其反，因此建議有心吃素的朋友，不妨先以奶蛋素入門，是比較健康的素食方法。

低油、低鹽的烹調方法是不二法門

　　以養生健康觀念而言，採低油、低鹽的烹調方法是不二法門，除了要盡量選用不帶油脂的新鮮食材之外，還要在烹調和調味上多努力，以提昇食物本身的美味。低油烹調法有蒸、煮、燉、烤、滷、拌等方式，再配合「低鹽」原則，同時利用天然具有特殊氣味的食物如薑、九層塔、芹菜、香菇、辣椒、鳳梨、檸檬汁、柳橙汁，或是當歸、枸杞、黃耆、紅棗、五香、八角、胡椒等來提味，再加上烹調技巧配合，所作出的素食菜餚必能讓人垂涎三尺。

　　以**低油烹調**來說，素食者以植物性蛋白質、油脂取代動物性蛋白質、油脂時，應考慮蛋白質的生理價值差異以及油脂總攝取量。以蛋白質的生理價值而言，以

蛋、奶類較高,而黃豆、糙米搭配得宜則與肝臟、牛肉及魚類差不多,玉米和花生則較差。

鈣質來源則以牛奶、乳酪、優酪乳、豆腐及豆製品等為主,此外,紫蘇和蘿蔔葉也不低,不過吸收率則以牛奶和優酪乳較好,另外,植物性鈣質的吸收率較動物性鈣質差,因此還需搭配富含維生素C的食物,以幫助提高鈣質吸收率。

至於**低鹽烹調**部分,由國民營養調查得知,國人每天平均攝取鈉含量為9～10公克,若是外食,更高達12～15公克,超過人體需求量十幾倍,加上外面餐館為求口味突出,滿足客人口感,菜餚多是重口味居多,無形中都會增加腎臟的負擔。倘若孩子從小養成重口味,長大後則需要很大的調適,才能恢復清淡的飲食。

▲ 利用天然具特殊氣味的食材,減少不必要的調味料,達到低油低鹽的健康烹調。

低鹽飲食原則的重點是多使用新鮮食材,藉由新鮮食物的原味減少調味品的使用。此外,建議多準備一些可以自行選擇製作沾醬的料理,便可以按自己的口味輕重調製沾料,既可以控制鹽分的攝取,又可以享受食物的原味。沾醬的材料建議多以薑、九層塔、香菜(芫荽)、芹菜、胡椒及辣椒等具有特殊氣味的食材為主,加上醬油、酒或醋來製作,或近來流行的水果醬,均是不錯的選擇。建議盡量少用含油量高的沙拉醬、沙茶醬及辣油等,以免吃進過多的鈉和油脂。

▲ 自製醬汁可多以薑、香菜、辣椒等辛香料為主,即可控制鹽分攝取,又能享受美味,可謂一舉數得。

低油烹調	低鹽烹調
・先考慮植物性蛋白質的生理價值差異，以及油脂總攝取量。	・衛生署建議「鈉」攝取量每日不超過2400毫克，大約為6公克食鹽。
・蛋、奶類的蛋白質生理價值較高。	・重點是多使用新鮮食材，減少調味品的使用。
・黃豆、糙米搭配得宜，其蛋白質的生理價值與肝臟、牛肉及魚類差不多。	・可自行製作沾醬，控制鹽分的攝取。
・鈣質來源以牛奶、乳酪、優酪乳、豆腐及豆製品等為主。	・沾醬材料建議多以薑、九層塔、香菜（芫荽）、芹菜、胡椒及辣椒等具有特殊氣味的食材為主，加上醬油、酒或醋。
・植物性鈣質吸收需搭配富含維生素C的食物，幫助提高鈣質吸收率。	・少用含油量高的沙拉醬、沙茶醬及辣油。

留意食物攝取的質和量是否充足

　　除了低油、低鹽的烹調方式，素食者還須注意食物的質和量，除了廣泛攝取不同種類且未精緻的食物之外，在外用餐時，素食餐館的點餐，應盡量選擇天然食物，減少醃燻、醃漬的素食再製品，也不可過於油膩，否則容易造成素食者體重過重、脂肪肝等問題。

　　植物性蛋白質的攝取，建議盡量考慮採用穀類與豆類的搭配，如黃豆糙米飯、雜糧麵包、紅棗栗子燕麥粥等，或是堅果類加豆類，如腰果花生露、麵包夾芝麻醬、杏仁露、大紅豆薏仁湯、花生豆花等，以提高蛋白質的利用率。

　　另外，因為維生素B_{12}在植物性食物中含量很少，純素食者容易欠缺B_{12}及鐵質，可能產生貧血現象，尤其是生長期中的兒童、青少年及懷孕婦女，如果採用全素飲食，應有足夠營養搭配，才能達到不同生命期的高營養需求；建議每天至少要吃到三碟蔬菜和兩份水果，並多選取深綠色蔬菜，如菠菜、莧菜、紅鳳菜等含鐵量較高的食材，再搭配足量的維生素C，以提高鐵質的吸收，即可降低貧血的危險性。當然也可視情況補充礦物質及維生素，尤其是吃全素的坐月子媽媽，更容易缺乏維生素B_{12}，需額外補充。而鋅的攝取則可考慮以小麥胚芽和堅果類來補充。

▲ 素食者可多攝取含鐵量較高的深綠色蔬菜，如菠菜、紅鳳菜，再搭配維生素C，提高鐵質吸收。

簡易、快速的素食外食點餐原則：彩虹搭配選餐法

利用紅、橙、黃、綠、藍、靛、紫，外加黑、白兩色，組合成各種深顏色的蔬菜，再搭配全穀類、燕麥等主食類，才能真正吃進各種不同的營養素。另外，適量的小麥胚芽、南瓜子、腰果、核桃等，可以提供足夠的鋅、錳等微量元素。

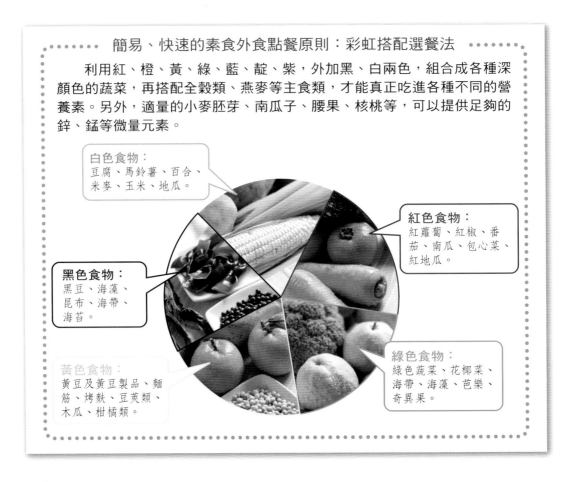

白色食物：
豆腐、馬鈴薯、百合、米麥、玉米、地瓜。

紅色食物：
紅蘿蔔、紅椒、番茄、南瓜、包心菜、紅地瓜。

黑色食物：
黑豆、海藻、昆布、海帶、海苔。

綠色食物：
綠色蔬菜、花椰菜、海帶、海藻、芭樂、奇異果。

黃色食物：
黃豆及黃豆製品、麵筋、烤麩、豆莢類、木瓜、柑橘類。

兒童及孕婦應採蛋奶素較佳

為什麼說嬰兒、兒童及孕婦應盡可能採取蛋奶素，否則容易發生熱量和蛋白質攝取不足？同時可能缺乏鈣質、鐵質、鋅、維生素B_{12}和維生素D等營養素？甚至產生身高較矮、體重較輕、軟骨症及貧血等現象呢？這是因為這些族群特殊的生理需求，對維生素及礦物質的需要量較正常人高，因此需小心配置選擇，以免營養不良，建議最好每餐能選擇10～12種食物，以攝取完整充足的營養。除了飲食，也應從事戶外活動，照射太陽以獲得足夠的維生素D，幫助鈣質的吸收，每天只要花15～20分鐘運動，即可事半功倍。

至於上班的孕婦媽媽若要外食，建議可多選擇低油和清淡的食物，如清蒸、水煮、涼拌等菜餚，若無法避免油炸食物時，可將油炸外皮去除後再食用，且盡量避免攝取糖漬和糖醋等作法的菜餚及甜點，不妨以水果替代飯後甜點，如果怕吃不飽可多吃些蔬菜增加飽足感，但不要連同湯汁一起食用，以減少油脂的攝取。如非宗教考量，素食者若能搭配適宜的蛋、奶類，絕對是值得提倡的健康飲食法。

膳食纖維的含量

食物種類	每100克食物所含纖維量	食物種類	每100克食物所含纖維量
蘋果	1.42	全麥麵包	8.50
香蕉	1.75	白麵包	2.72
梨子	2.28	煮熟綠豆	3.35
萵苣	1.53	罐裝花生	6.28
番茄	1.40		

100克糙米與100克白米的營養比較

成分	糙米	白米	4/5糙米＋1/5黃豆
卡洛里	337卡	351卡	334卡
食物性纖維	8.5克	0.5克	10.8克
水分	16克	14克	15克
蛋白質	7.4克	6.2克	13.2克
脂肪	2.3克	0.8克	5.4克
碳水化合物	72.5克	76.6克	63.5克
礦物質	1.3克	0.6克	2.0克
鈣	10.0毫克	6.0毫克	51毫克
磷	300毫克	150毫克	341毫克
鐵	1.1毫克	0.4毫克	2.4毫克
維生素B_1	0.36毫克	0.03毫克	0.37毫克
維生素B_2	0.1毫克	0.03毫克	0.14毫克
維生素E	10.0毫克	1.0毫克	68毫克
菸鹼素	4.5毫克	1.4毫克	4.2毫克

適合全家三餐享用的健康素食

　　營養均衡足夠，且能配合一家大小不同的營養需求，就是最符合健康的全家吃素。首先在烹調方面，應考慮低油、低鹽、低糖的三低作法；而食材的選擇則以多樣性且搭配高纖維為主。各種營養素的提供，則必須顧及全家大小，不但要考慮正值發育的求學青少年；需要高營養、高能量的幼兒；還得注意正在職場衝鋒陷陣的壯年；更不可疏忽可能罹患慢性病的阿公、阿媽銀髮族；以及每天為全家奔波張羅的主婦媽媽們。唯有調配得當或諮詢營養師意見，才能真正三餐吃素更健康。

幼兒期建議蛋奶素

　　幼兒若採取素食飲食是否會影響其生長發育？這是相當嚴肅的課題，英國醫學會便提出聲明，多樣化的素食可以提供成長中孩童所需的完整營養素；至於吃素是否會影響腦部或智力發展，專家則持保留態度，目前仍需要更多的研究加以證實。另有研究發現，素食者常吃的黃豆、蕎麥、杏仁等含有人體所需的八種胺基酸，只要搭配得宜，並不亞於動物性蛋白質；父母若是多注意孩子足夠的素食營養與良好的照顧，在素食選擇上提供足夠的奶製品，如牛奶、優酪乳及起司等富含鈣質的食物，相信還是可以滿足孩童的營養需求，讓其生長發展與營養達到正常標準。

　　然而對孩子而言，不管父母的飲食採取哪一種素食主義，我們都建議仍應以吃蛋奶素為宜，不但在生長與發育上比較正常外，也可以減少貧血與缺鈣現象的發生。由於鐵質與鈣質的吸收，動物性的食物會比植物性食物好很多，如蛋中的鐵質以及牛奶中的鈣質，在體內的吸收率，比植物性食物高很多，因此，蛋奶素的孩子在生長發育上，往往比嚴格素食的孩子長的高壯。

　　此外，食物本身的質地也是一項必須留意的問題，許多植物性食物因為含纖維素較多，比較粗硬且難以咀嚼，小孩子通常較難食嚥。父母若能費心將其切碎或絞成泥狀，甚至加工使食物變得柔軟一點，都是能讓孩子吃進更多營養的做法，不妨一試。

▲ 幼兒期的孩子，可多吃些奶製品，若遇纖維素較多的食材，可協助切碎或絞成泥狀，幫助孩子吸收。

青春期多吃豐富鈣質和蛋白質食物

青春期是人生的第二高峰生長期，其成長速度僅次於嬰兒期，需要足夠的熱量及蛋白質，以幫助身高成長及肌肉發育。對青春期的男孩子而言，運動量大，除了足夠的熱量之外，特別重要的是有助於骨骼生長的鈣質；而對女孩子而言，因面臨生理期，除鈣質外，對鐵質的需要也較男生高。

2100～2200卡　2150～2650卡

▲ 春春期的孩子除了足夠的鈣質、維生素C、D及蛋白質的飲食，也應避免阻礙鈣質吸收利用的含咖啡因高的食物，如可樂等。

依2000年國民營養調查報告指出：我國青少年攝取的蛋白質及脂肪比例過高，而維生素 B_1、B_2、B_6、葉酸以及鈣、鐵等礦物質都有不足的情形。青少年的攝食習慣受生理、心理與環境的影響，其飲食問題又常省略早餐，偏好自己喜歡的點心，如速食或含糖飲料，而且蔬果也吃得不夠多，有些女孩還因為愛美且審美觀念偏差，過度節食來減輕體重，若是採取純素食，則飲食不均衡對身體的發育，影響更嚴重。

另由世界衛生組織 （WHO）所提倡的全球健康計劃中，強調學校是促進青少年健康的最佳場所，應供應富含鈣質與鐵質的食物，以及蔬果等，以預防貧血，並導正適當的飲食習慣，預防肥胖或營養不良情形。由於快速的成長與大量的活動，青少年飲食首重攝取足夠的熱量和蛋白質，其熱量需要依性別、身高、體重及個別活動量而不同，男孩子約需2150～2650卡，女孩子約需2100～2200卡的熱量。

而蛋白質是構成與修補肌肉和身體各部組織的基本物質，也是增加身體抵抗力的必須物質；至於青春期的女孩子每月月經來潮會有固定的血液流失，需攝取蛋和深色蔬菜等含鐵質的食物，並配合水果、果汁來補充維生素C，以增加鐵質的吸收。而鈣質的吸收，隨年齡及生命期不同也有所變化，嬰兒期、青春期及懷孕期，鈣質吸收率都隨之不同。研究指出，晚上所吸收的鈣質較能儲存於體內，因此，青少年若能在睡前喝一杯牛奶，是最好的補鈣時機。在食物的選擇上，建議可多喝奶類和食用黃豆製品等富含鈣質和蛋白質的食物。

此外，春春期前段的生長發育時間，最好每天有充足的睡眠、適度的運動及均衡的營養。除了足夠的鈣質、維生素C、D及蛋白質的飲食之外，也應避免阻礙鈣質吸收利用的含咖啡因高的食物，如可樂、巧克力、可可等食物。

壯年期可補充酵母、全麥製品、綠色蔬菜及奶蛋類

許多人步入中年之後，缺乏足夠的運動，很難避免發福的現象。而代謝症候群也會相對增高，例如糖尿病、高血壓、冠心病、痛風及癌症。根據統計，單純高血壓，在10年內發生心血管疾病機率4％；高血壓又高膽固醇者，則增加到6％；若是高血壓又高膽固醇外加糖尿病，則增加到14％。

在職場上打拼的壯年男女，工作、事業都有一定的成績，但為求隨時保持敏捷的思考及察覺異狀等能力，更需要具備長期記憶和隨機應變的反應，才能在職場上運用自如，對於維生素B群和膽鹼等營養素，尤其特別不可缺乏。建議在飲食方面應注意適時的補充酵母、全麥製品、花生、胡桃及蔬菜等，尤其是綠色蔬菜、牛奶及蛋類，能幫助維持神經系統健康，消除煩躁不安和焦慮緊張的情緒，緩和過大的壓力，並讓夜間睡眠品質獲得安穩。

除此之外，還有以下需注意的飲食技巧：

適度攝取熱量：由於基礎代謝逐年下降，脂肪組織逐漸增加，肌肉和活動組織相對地減少，中年人容易超重，且體重過重者，因心血管疾病（如心肌梗塞、中風等）而死亡的機率是正常人的4倍以上，因癌症的死亡率是正常人的2倍以上。若能適度攝取熱量，並避免含澱粉過多或極甜的食物，如馬鈴薯、果醬及糖果等，盡量少吃，才是保健之道。

攝取足夠高纖維的食物：現代人講求精緻飲食，但相對地食物中纖維素必然減少，而且不易產生飽足感，反而會過量進食。為了維持健康的身體，高纖維食物是中年族群的首選，多吃富含纖維質的食物，如新鮮蔬果、糙米、全穀類及豆類，可以幫助排便、預防便祕、穩定血糖及降低血膽固醇。故主食應以米、全穀類和一些雜糧為主，再搭配蛋類、豆製品和蔬菜及水果，讓營養更加均衡。

多吃含鈣質豐富的食物：如牛奶、芝麻、豆類等富含鈣質的素食食物，可維持身體鈣質所需，對於預防骨質疏鬆症和降低血壓等都有功效。

遵守飲食宜清淡，避免刺激性食物的原則：清淡的飲食有助於減輕腎臟的負擔，食鹽中的鈉會使血壓上升，因此建議每天所吃的鹽量不宜超過6公克，以減少高血壓和腦血管疾病的發生。

▲ 壯年期除了需留意熱量的攝取，應多吃含鈣食物，如芝麻、豆類，可幫助降低血壓及預防骨質疏鬆症。

更年期多留意鈣、鎂和維生素B群的攝取

由於更年期時雌激素荷爾蒙逐漸減少，而進入停經期。當飲食中鈣的攝取量又偏低時，身體會產生負鈣平衡，而引發骨質疏鬆現象。而更年期是婦女生命期中不可避免的人生階段，有些人可以平穩的度過，有些人則出現臉潮紅、胸口燥熱及夜間盜汗等更年期症狀，最近更有些報導特別提醒更年期婦女注意空巢期、失落感等負面情緒的產生，也有精神無法集中和憂鬱等症狀需要解決。

臺灣衛生署建議成年婦女的鈣攝取量，不要低於1000毫克，而美國則建議停經後婦女鈣質的攝取量，最好在1200毫克以上。實際上，臺灣婦女的鈣質攝取量，平均只有500毫克左右，相當不足；所以更年期婦女的營養保健，應同時注意緩解更年期症狀及預防骨折的發生。

更年期婦女吃素時，應適當均衡且多樣化的攝取營養素，也不可忽略鈣和鎂的攝取，建議可多吃些豆腐、豆漿等黃豆製品（因其含有異黃酮素）或是堅果、五穀類及奶類製品；並搭配低油、低鹽及低糖的烹調方法，如清蒸、水煮、涼拌等。

此外還應注意纖維和水分的攝取，每天至少5種蔬果補充維生素C，及2000c.c.的喝水量，並以新鮮食物為主，少吃醃漬加工的食物，建議可利用自然風味的食材增加烹調美味，如香菜、芹菜、海帶、番茄、蘋果及鳳梨等；同時減少鹽分的攝取，幫助身體減輕負擔。

至於可以幫助舒緩更年期情緒的營養素，則包含維生素B群（B_1、B_2、菸鹼酸、B_6及B_{12}），分別在體內參與神經傳遞物質的合成、傳遞及維持神經細胞膜的完整，也有減輕疲勞及降低情緒不穩的作用。例如富含B_6的牛奶、酵母粉及核桃等，都是吃素的更年期婦女很好的選擇。要特別注意的是，如果純素食的更年期女性，發生維生素B_{12}攝取不足時，長時間會造成貧血現象，對記憶力及腦部集中力也常有一些影響，此時便需要諮詢醫師，給予適當的藥物治療。

▲ 更年期婦女除了補充維生素B群，也可多吃豆腐、蔬果及每天2000c.c.的水分攝取。

銀髮族需特別注意維生素B群的攝取

▲ 銀髮族要特別注意維生素B群的攝取，例如胚芽米、糙米、豆類、核果類、香蕉、綠色蔬菜，少吃精緻食物。

由於醫療技術的進步、銀髮族老年人口增加，而引發銀髮族失智病患日漸增加，其所衍生的社會問題，已是不容忽視。此外，銀髮族最怕的就是糖尿病、高血壓、痛風、高脂血症或心臟病等困擾，因此在飲食方式的考量上，素食是一項不錯的選擇。但考慮牙齒功能或口味、食慾等問題，在營養素的搭配上，須特別注意鈣質、鐵質、鋅、葉酸、維生素B_{12}、維生素C以及水分等是否足夠，尤其是鈣質和葉酸。

鈣是預防骨質疏鬆症重要的營養素之一，而葉酸則是影響血中同半胱胺酸（Homocysteine）濃度的指標，根據很多文獻報告，血中同半胱胺酸與心血管疾病以及老年癡呆症有關。血液中的同半胱胺酸如果濃度過高，和血脂肪一樣會大幅提高動脈硬化和心血管疾病的發生率，醫學臨床研究也已證實，同半胱胺酸過高是引起老年失智症的原因之一，因此，避免同半胱胺酸堆積可以保護心臟血管，還可能減緩老年失智症的發生。

可惜的是食物中幾乎不含同半胱胺酸，在人類攝取食物的甲硫胺基酸之後，代謝為同半胱胺酸，若是飲食中葉酸及維生素B群攝取量不足，則容易造成同半胱胺酸在體內代謝異常且囤積，進而對血管性失智症影響。因此建議飲食應攝取足夠的維生素B_1、B_2、B_6、B_{12}及葉酸等營養素，避免血中同半胱胺酸過高，降低中風的危險性，進而降低血管性硬化、失智的發生。此外，也應遠離刺激性物質，如避免酒精、咖啡因及抽菸等，也都有助於預防老化的作用。

在食物的選擇方面，銀髮族應特別注意維生素B群的攝取，包含富含維生素B_1的食物，如胚芽米、糙米、全麥、豆類、核果類及酵母粉等；其中胚芽米、糙米中雖含有豐富維生素B_1，但若經過精製的程序成為白米，反而會把維生素B_1含量最豐富的米糠給去掉，建議多吃胚芽米、糙米才能多攝取到維生素B_1。

而富含維生素B_2的食物則有牛奶、乳酪、全穀類、綠色蔬菜及酵母粉等；富含葉酸的食物有綠色蔬菜、酵母、豆類、香蕉、南瓜及蛋黃等；富含維生素B_6的食物有蛋、種子類、綠色蔬菜、香蕉、小麥胚芽、牛奶及酵母粉等，素食銀髮族不妨多加利用。至於食物的烹調方式，以蔬菜類而言只要汆燙就好，因為蔬菜中的葉酸會隨著儲存時間長及烹調過程而流失，因此吃菜應趁新鮮，不要煮或是炒太久，最好是汆燙一下，拌點鹽及橄欖油，就能營養滿分。

吃對一天三餐的聰明健康素

早餐需要補充足夠蛋白質

　　「一年之計在於春，一日之計在於晨」，早晨是我們一天精神最飽滿的時候，所以很多營養學家都認為三餐中，最重要的便是早餐。如何攝取適當、足夠的營養，以保持整天的腦力及體力，尤其對素食者而言，確實需要用點心思。

　　一早起來，我們的血糖通常都偏低，而人類腦細胞的能量來源是葡萄糖，所以早晨是最需要攝取足夠熱量及各種營養素的時刻，何況人類腦力的運轉是在早晨開始啟動，因此絕對不可疏忽早餐的重要性。而家中有小朋友的父母，更希望孩子不要輸在學習的起跑點上，因此早餐更顯得重要。

　　在早餐的營養攝取上，建議以補充足夠蛋白質為主，例如豆腐、豆干、豆漿或素鮪魚鬆及素肉鬆等，都可以協助製造正腎上腺素和多巴胺等激素，讓我們更有活力迎接新的一天。

▲ 早餐除了攝取足夠蛋白質，也應優先選擇全麥穀類，如全麥土司，做為營養來源。

西式早餐	中式早餐
・牛奶麥片（雞蛋）粥1碗＋番茄汁1杯或新鮮綜合水果1碗。	・素御飯糰＋豆漿1杯。
・全麥麵包2片夾素鮪魚醬或乳酪片（荷包蛋或水煮蛋亦可）＋果汁1杯。	・燒餅1份夾海苔素肉鬆＋黑豆奶1杯。
・白土司2片夾素肉鬆＋低脂牛奶1杯。	・地瓜粥1碗＋豆腐1塊＋海苔數片＋大花豆少許。
・五穀雜糧饅頭1個夾海苔素肉醬＋低脂牛奶1杯。	・芋頭稀飯＋紫蘇豆乾。
・阿華田1杯＋起司蛋糕1塊＋葡萄、木瓜或奇異果適量。	・胚芽米粥＋麵筋花生。
・全麥麵包2片夾芽菜沙拉、素火腿＋低脂牛奶1杯。	・素廣東粥＋杏仁米漿1杯。

午餐首重補充熱量的低油素食

對學生或上班族來說，午餐最重要的就是補充熱量；午餐的熱量補充，建議以未精製的全穀類、麵粉類及未去皮的水果等複合性醣類為主，以提供持續且漸進性的葡萄糖，來補充體力及腦力的耗損。

素食燕麥麵、日式豆皮壽司或是海苔御飯糰，都是簡單又方便的選擇。若能事先準備生菜沙拉，淋上適量和風醬、番茄醬或者芥末醬等，也是一餐養生又兼顧腦力的午餐。午點則可以選擇簡單的三合一芝麻糊沖泡，或是低脂高鈣鮮奶加上麥片以及卵磷脂，在有點餓的下午時段，能幫助補充腦力，恢復精神！

晚餐選擇能促進好眠的清淡素

因為工作壓力，許多人常無法在晚間放輕鬆，但休息是為走更長遠的路，有充足的休息才能預備好明日更佳的體力，因此夜晚的睡眠是相當重要的。

建議在晚餐時，提供能放鬆心情、縮短激動時間的飲食，以製造血清張力素，幫助充足、優質的睡眠，以培養明日的體力。所以晚間飲食應以攝取富含色胺酸的香蕉、葵花子及牛奶等為主，以製造血清張力素，並促進睡眠的營養素，同時也應避免攝取過多油炸物，以免增加腸胃的負擔，進而影響睡眠，以及造成體重過重等問題。

三餐素食飲食內容建議表

餐別	建議食物內容	飲食特性
早餐	低脂牛奶、全麥穀類、素肉鬆、小麥胚芽及新鮮水果。	以富含高蛋白質、高膽鹼及複合性醣類為主。
午、晚餐	全穀類主食、豆腐、豆干、麵筋、素雞翅膀、素海鰻、素絞肉、素蝦米、大豆火腿、甜黑豆、素肉塊、素肉薄片及大豆素肉塊等，如涼拌豆腐、涼拌干絲、燒烤麩類、豆類等，以及綜合新鮮水果。	以複合性醣類食物為主，搭配適量蛋白質，補充不足的腦力和體力。
晚點	低脂牛奶、香蕉或葵瓜子。	能幫助製造血清張力素，優質睡眠無障礙。

年節慶典時選對營養豐盛的素食

臺灣餐飲的選擇非常多元化，販售的各種素材料或半成品包羅萬象，對素食者而言，午、晚餐及年節慶典時的準備，並不算困難。如果真不想外食，建議可利用假日包好素水餃、熬些綜合蔬菜高湯或是滷好豆製品，再將其分裝成小包冷凍起來，出門前取出解凍，晚上回家同時利用電鍋、電磁爐及微波爐烹煮，即有現成湯底搭配做成火鍋、清蒸水餃或滷味等菜色，或是清蒸苦瓜素肉盅，再加上拌有五香或八角的素雞，以及素貢丸芹菜湯，清爽可口的菜餚，立即可上桌享用，非常便捷。

當然素食者也常擔心營養不夠或容易身體疲勞，除了疾病引起之外，也有報導指出，營養不良及飲食不當，都是造成疲倦的主因，如高脂肪飲食或單醣類、咖啡因、酒精類等攝取過量，都是容易造成疲勞的因素，對身體或心理造成負面影響。

因此除了飲食的均衡營養，日常生活應同時防止過度疲勞發生，建議避免抽菸、喝酒，同時不超時疲勞工作、不熬夜等，還要保持充足、優質的睡眠，更需要搭配適量運動，才能達到真正健康養生的生活。

▲ 年節慶典時不一定要多油、多炒炸的烹調，也可選用清蒸、水煮等方式，一樣能享受慶典時的氣氛。也可利用少量油脂加熱後，加入適量水分水煮，再加上薑絲爆香，同樣美味又健康。

至於碰上年節時，氣氛無限溫暖，全家一團和氣，心情放輕鬆容易食慾大增，吃喝喝自然少不了，但近來過年美食也講求返璞歸真，盡量保留食物本身的味道。其實過度烹調改變食物原味，反而失去大自然的芳香，尤其大年初一，連平常不吃素的人，也都會為祈求平安健康而吃素一天。

因此建議不妨多以水煮、少油炸的方式，保留食物的原汁原味，同時選擇不同種類的食物搭配，使菜色呈現多樣化，增加大家對素食的喜愛。除了水煮，也可利用清蒸或汆燙的方法，搭配不同口味的沾料，也是一種不錯的美食享用。也可以先用少量油加熱後，放入適量的水後再加薑絲爆香，在味道上影響不大，卻可降低油脂攝取，不妨一試。

年節慶典健康素菜建議表

年節名稱	建議菜單	烹調注意要項
春節	三色冷盤、茶包燉素雞、年年有素魚、茶梅滷素雞翅、當歸熟地素排骨、什錦海參豆腐羹、腰果核桃蝦仁、竹報平安、素佛跳牆、褒素食總匯、紅麴雪花飄。	・盡量選擇新鮮食材，搭配素肉、腰果、核桃或當歸、肉桂、咖哩、五香、八角、花椒及胡椒，再加些薑絲、香菜或芹菜等，可讓素菜味道更濃香，其他如檸檬、白醋、烏醋及水果醋等，也都可使素食菜色、口味多樣化。 ・烹調方法則建議以水煮、清燉、清蒸、涼拌或紅燒為主。 ・可嘗試加入茶梅、綠抹茶、紅麴等，讓菜餚散發淡淡綠茶香及紅麴古早味，是另一種風味的品嚐。以健康訴求的菜餚，常有味道不足之憾，若能搭配茶類的清香，不僅能感受不同的味蕾享受，也非常適合減重及預防心血管疾病的讀者食用。
元宵／冬至	綠茶湯圓	・元宵的熱量非常高，4顆芝麻湯圓約等於一碗白飯；若是用炸的，熱量更多，必須酌量食用。 ・建議可將糯米粉與綠抹茶粉拌勻，加入代糖水，不僅清爽可口，也適合減重或糖尿病友享用。 ・糯米食品易脹氣，對於有消化道潰瘍的讀者，提醒還是不要吃太多。
端午節	五穀雜糧粽、水果粿粽。	・以五穀雜糧為食材，更豐富口感和均衡營養。 ・利用水果為食材做成粿粽，搭配葡萄乾、龍眼乾，都能增加口感。
中秋節	冰Q素食月餅	・月餅的種類很多，有廣式素食月餅、蛋黃酥、台式素食月餅及冰淇淋雪餅等。 ・月餅的材料分為內餡及外皮，外皮有麵粉、糖、蛋等，而內餡有甜鹹之分，以營養成分而言，月餅是屬於高油、高糖的高熱量食品，普通大小的廣式素食月餅，都有400～450大卡的熱量，何況是蛋黃酥，更是屬於高熱量點心，實在只能淺嚐。 ・低熱量水果Q月餅，以水果及凝膠為食材，富含水溶性纖維，提供飽足感，Q勁十足，冷藏後風味更佳，是屬於低熱量、高纖維的健康月餅。
尾牙	刈包、潤餅捲。	・時值秋冬，熱騰騰的刈包或是隨時可吃到的潤餅捲，都是應景的美食，以素食為食材，材料豐富，提供均衡營養。但應注意烹調方法，採取少油炸及少勾芡等。
冬令進補	素藥膳	・利用中藥材搭配植物性食物熬煮，若選取較為低油的素食食材，則熱量並不會太高，寒冬時熱熱的一鍋藥膳，確實相當吸引人，綜合十種食材的搭配，適合想要更健康的朋友食用。

Part ❶

聰明選購
素食材與調味料

　　不論是因為宗教信仰、個人健康、環境保護因素或對樂活生活的堅持等,吃素漸漸蔚為一種潮流。素食者一般包括純素食者、蛋素食者、奶蛋素食者及奶素食者。純素者是指除了吃植物外,不吃任何蛋類、奶類及其它的動物食物;也有些人會選擇做一位可以吃乳類及其製品,像牛乳、牛油、乳酪等的奶素食者,或可以接受蛋類食物的蛋素食者以及可接受蛋奶食品的蛋奶素食者。

　　但無論是哪一種類型的素食者,仍以五穀根莖類、豆類、素食加工品、水果、蔬菜以及堅果等植物為主要食物來源,因此如何選對天然及健康的素食食材,了解素食加工品的選購、處理、保存,便十分重要。

文　陳慧君(臺大醫院營養師)

吃對天然素食材的健康祕訣

五穀根莖類：未經精緻的穀類食物為最優選擇

五穀根莖類又稱主食類，包括米、麥與各式各樣的穀類、豆類等食物，如糙米、糯米、發芽米、小麥、燕麥、大麥、蕎麥、小米、薏仁、紅豆、綠豆、皇帝豆、花豆、蓮子等。五穀根莖類為人類熱量的主要來源，能提供我們足夠的碳水化合物（醣類），碳水化合物在消化系統中可分解為葡萄糖，是提供人體能量的主要來源。

而五穀根莖類食物，也含少量蛋白質，但美中不足的是穀類的蛋白質其離胺酸含量較少，所以若能搭配黃豆、黃豆製品或其它動物性食物（如奶、蛋）一起食用，將可以彌補其不足。當然，如果主食類攝取量很大時，就蛋白質總攝取量而言，穀類也是重要來源之一。

▲ 五穀根莖類和豆類食物搭配，可提高蛋白質利用率。

除了醣類和蛋白質，穀類也是很多營養素的重要來源，例如維生素B群（維生素B_1、B_2、菸鹼酸、葉酸）、纖維質及礦物質（鐵、鎂、硒）等；可惜的是現代人追求精緻美食，食物太過加工之下，難免使得一些營養素流失；穀類愈精緻，營養素流失愈多，所以平日應該多多選擇未經精緻的穀類食物。

蔬菜類：熱量低，含豐富維生素、礦物質及纖維質

蔬菜主要提供膳食纖維、鉀、葉酸、維生素A、C、E等營養素；適量的攝取蔬菜有益於慢性疾病的預防，如中風、心血管疾病、憩室炎等。

每種蔬菜蘊含不同的營養素，所以為了獲得更多及更均衡的營養，平常每餐應盡量搭配不同顏色的蔬菜，使每日的蔬菜種類達到五顏六色般豐富。

至於蔬菜的攝取量，建議每天3份以上（1份為半碗煮熟蔬菜的量）。此外，為了保留較多的營養，蔬菜最好先洗滌，然後才切割；而烹調時，由於會經過加熱和加水，往往使許多養分遭受破壞或溶出，造成營養的損失，特別是煮或燙的烹調方法，造成養分流失高於蒸的方法。所以烹煮蔬菜時，應注意鍋中水量，水量愈多，流失的養分也愈多。

蔬菜種類（依可食用部分區分）	
葉菜類	莧菜、青江菜、菠菜、空心菜、A菜、芥菜、高麗菜、大白菜等。
根莖類	白蘿蔔、大頭菜、竹筍、洋蔥、馬鈴薯等。
花果類	花椰菜、金針花、絲瓜、苦瓜、茄子、豌豆、菜豆等。
菇菌類	白木耳、竹笙、草菇、香菇、金針菇、鴻禧菇等各種菇類。
芽菜類	綠豆芽、黃豆芽等。
海藻類	紫菜、海帶、珊瑚草等。

水果類：維生素C的最佳來源

臺灣素有水果王國之稱，盛產各式各樣的水果，包含新鮮水果、冷凍水果、脫水水果乾、蜜餞及果汁等。其中，蜜餞類因為糖分及鹽分都較高，不建議常食用。此外，價格昂貴的水果不一定就表示品質優良或營養價質高，通常當季水果的營養價值較高，且農藥的使用量也較少。所以選購水果時，應以當季及新鮮為優先考量。

水果是膳食纖維、鉀、葉酸、維生素C等營養素的重要來源。大部分水果都是屬於低脂及低鈉的食物，但酪梨例外，它是一種富含脂肪的水果，有「森林奶油」之稱，熱量非常高，在食用量上需小心控制。

水果的食用量，建議一天2～3份（1份約為1個棒球大小；或約1碗的水果；或120c.c.純果汁）。水果只要清洗乾淨，維持生吃最好，不建議製作成果汁，如果一定要打成果汁，最好水果渣不要過濾丟棄，以減少營養素和纖維質的流失。

▲ 選購水果時，應以當季新鮮盛產的品種為優先，不只營養價值高，農藥使用量較少，更是經濟實惠的選擇。

水果種類（依製作方式區分）	
新鮮水果	西瓜、木瓜、香蕉、芒果、葡萄、蓮霧、柳丁、橘子等。
冷凍水果	冷凍草莓、藍莓、蔓越莓、覆盆子等。
脫水水果乾	紅棗、黑棗、枸杞、芭樂乾、芒果乾、小番茄乾等。
蜜餞類	話梅、烏梅、橄欖、青芒果、金桔等。
果汁類	金桔檸檬汁、西瓜汁、木瓜牛奶等。

油脂類：維持身體正常功能所必需

油脂含必需脂肪酸，為身體維持正常功能所必需，且脂肪可協助脂溶性維生素和β胡蘿蔔素的吸收。素食者的油脂攝取，主要來源有食用油（植物油或氫化油，如橄欖油、大豆油、葵花油、瑪琪琳等）及堅果類（如花生、腰果、核桃、杏仁、南瓜子、開心果、松子、芝麻等）。其中堅果類因含豐富的維生素E、鈣、鎂、鉀、纖維質、植物化學物質等營養，還有助於預防心臟病、癌症及其它慢性疾病；同時提供少量蛋白質，但因其油脂熱量含量高，就如其它食物一樣，美味但仍須適量食用，建議每次食用量以不超過1.5盎司（約40公克）為準，每星期吃4～5次即可。

特別提醒，因為每一種油含不同的脂肪酸及營養素，所以最好能輪流使用不同的油品。

▲ 每種植物性油脂均有不同的營養素，可視烹調方式輪流使用。

橄欖油、芥花油、花生油、苦茶油、麻油等植物油，因發煙點並非特別高，所以不適合高溫油炸，最好用於煎、煮、涼拌；比較適合油炸的是耐炸油，但較好的烹調還是應該控制油脂的使用量。

牛乳及乳製品：鈣的重要來源，有助骨骼及牙齒健康

牛乳及乳製品為鈣、鉀、維生素D和蛋白質的重要來源，除了壯骨外，在其它生理作用上也扮演重要角色，且牛奶的蛋白質為完全蛋白質，易被人體消化吸收及利用，是現代人補充鈣質最方便的來源。

常見的乳製品有鮮奶和奶粉，依脂肪含量又可分為全脂、低脂及脫脂鮮奶和奶粉。

乳酪製品：乳酪（Cheese）音譯為芝士、起士或起司。市售的乳酪可分為二大類，一是

▲ 牛乳及乳製品是重要的鈣質來源。

會繼續熟成的天然乳酪，一是不再會繼續熟成的加工乳酪。乳酪的種類多達數百種，口味各具特色，但鈉含量通常較高，所以須適量食用或選用低鹽乳酪製品。

優酪乳：在歐美等地，優酪乳是指將乳酸菌加入牛奶或羊奶中，發酵而成的產品；但在臺灣，優酪乳是指液態的，固態的被稱為優格。優酪乳除了保有牛奶的營養價值外，還含有活性益菌，有助於腸道保持優勢菌叢。優酪乳中的乳糖已被分解成半乳糖及葡萄糖，對乳糖不耐症者來說是另一優質選擇。

市售優酪乳，有些是置放於室溫下，有些是存放於冷藏庫販賣。室溫儲存的優酪乳通常都先經過高溫殺菌的步驟才出廠，所以喝入體內為死的菌種；儲存於冷藏庫的優酪乳則未經殺菌加工即出廠，因此含有較多的活乳酸菌。另外，隨著冷藏時間增長，優酪乳中的活菌數量也會消減，若想利用乳酸菌幫助整腸，最好選擇新鮮及以冷藏方式販售的優酪乳為主，打開後也應盡早喝完。

由於市售優酪乳、乳酸菌多為調味乳品，其內添加了糖分、香料、色素等，因此素食者若有需要考量糖分攝取量時，建議應選購原味優酪乳，自己再加入新鮮水果或果汁，較為便利及健康。

豆類及豆類製品：素食者的主要蛋白質來源

豆類是素食者的主要蛋白質來源，種類眾多，常見有黃豆、黑豆、紅豆、花生、綠豆、豌豆、蠶豆等食物來源。

紅豆、綠豆碳水化合物含量高，所以可歸入五穀根莖類食物；而黃豆（又稱大豆）雖有豆中之王，營養之花的俗稱，但其蛋白質組成中含硫胺基酸含量低，離胺酸含量卻很豐富，因

▲ 黃豆是豆中之王，其蛋白質組成中含硫胺基酸含量低，離胺酸含量高，所以可和穀類相互搭配，營養互補。

此若能與含硫胺基酸含量高及離胺酸含量低的穀類（如米、麵等）相互搭配食用，則具有互補作用，可增加彼此蛋白質品質的提升。

黃豆的再製品種類包含整顆食用（如筍豆）、磨漿食用（如豆漿、豆花、豆腐、豆干、豆皮、干絲等）、孵成豆芽（如黃豆芽）、發酵後食用（如醬油、納豆、豆腐乳等），種類可說琳琅滿目。

豆類依3大營養素含量，分為以下3種	
碳水化合物含量高，脂肪少	如紅豆、綠豆等。
蛋白質含量高	如黃豆。
脂肪含量高	如花生。

選對素食加工品的健康祕訣

通常吃素為追求口味的變化，除了選擇天然素食材，還會搭配素食加工品。市售素食加工品琳瑯滿目，但大致上可分為二類，黃豆加工品及非黃豆加工品。為了因應素食者的需求和增加食物的選擇性，很多非黃豆的加工品相繼而出，如小麥製品（麵筋、麵腸等）、香菇製品（如素羊肉、香菇雞等）、蒟蒻製品（如素魷魚、素丸子等）以及膠質製品（如素魚翅、素鮑魚等）。

素食加工品口味和種類的多變，的確豐富了素食者的餐桌，但仍需注意這些素食加工品難免添加過量的調味料、香料等，為了健康著想，吃素仍應以天然素食材為主要攝取。

豆腐豆乾 這樣選購處理最安心

黃豆經清洗、浸漬、磨碎、煮沸，過濾後得到豆漿及豆渣，而豆漿加凝固劑後，加以成形、壓榨，再經不同加工方法可製成豆腐、豆乾、油豆腐、干絲、凍豆腐等黃豆類加工品。

加於豆漿中的凝固劑有傳統凝固劑（鹽滷和石膏）及葡萄糖酸-δ-內酯（Glucono-δ-lactone），兩者的功能都是在促使豆漿中的蛋白質凝集。石膏（硫酸鈣）與葡萄糖酸-δ-內酯的差異在於石膏含有鈣質，而葡萄糖酸-δ-內酯沒有。由傳統凝固劑做出來的板豆腐經壓水後，口感較Q、較結實；葡萄糖酸-δ-內酯做成的

▲ 豆腐、豆乾、干絲等是最常見的黃豆類加工品。

填充式豆腐則質地較軟、易碎且不Q。另外，如果將豆漿盛於平底容器內加熱，當表面水分蒸發後形成一層薄膜即稱為豆皮，之後再進一步加工可做成腐皮、豆包、素鵝、拜拜用的三牲等產品。

選購原則：少量購買，及時食用

不論何種豆製品，含水量都很高，因此不容易保存，尤其是夏天溫度高時，更須注意其新鮮度，所以在選購時，有一些原則必須把握：

- 最好到有冷藏設備的商店選購黃豆加工品。
- 真空包裝的黃豆加工品，原則上要比散裝的黃豆加工品衛生，保存期長，攜帶也方便。

- 選購時要查看盒裝黃豆加工品標示是否齊全，且應購買生產日期較近的黃豆加工品。

- 選購時應注意黃豆加工品包裝及外觀是否完整，若外表有黏液或聞起來有酸臭味時，都應避免購買。

- 建議購買保有其「原色」的食品，勿要求過白。有些廠商為了使黃豆加工品（如豆腐、豆乾、干絲等）顏色較美觀而加以漂白，或是為了保存、防腐而徹底殺菌，會違規加入過氧化氫；過氧化氫具有強氧化力，長期食用有致癌的危險。

- 豆腐的烹調，依食譜的需要選擇軟硬度合適的成品，如羹湯常選用嫩豆腐；煎、炸類則需選購老豆腐。

▋保存期限：置放冰箱保存

黃豆加工品要盡量「少量購買、及時食用」，最好放在冰箱裡保存。一般而言，自製豆腐、豆漿的黃豆加工品，常溫下約只能保存半天，最好當天用完。

如果豆腐無法一次使用完，可以保鮮盒加水浸置，放於冰箱內，並每天換水，但仍須盡早吃完；市售的盒裝豆腐較易保存，但仍需冷藏，並且注意保存期限，最佳保存期限是7～10天；而未開封的盒裝豆腐則可置放冰箱保存1個月。有些袋裝產品（如袋裝調味豆干），甚至可保存3～8個月。

▋烹調原則：不宜高溫油炸或過度料理

以營養的角度來看，新鮮黃豆及其製品營養成分保留較多，經過油炸或調味料理的黃豆加工食品，則營養含量容易流失，主因在於高溫油炸會使營養素遭到破壞，且含油量高，也不適合過量食用。

建議豆腐可以涼拌、清蒸或煮湯的方法烹煮，至於紅燒豆腐、鐵板豆腐、滷豆腐等著重於醬油及其他調味料，則須注意口味不要太重，以免納含量過高。

▲ 干絲、千張、百頁等豆製品，食用前需在加小蘇打粉的滾水中浸泡。

干絲、千張、百頁，食用前需用加小蘇打粉的滾水浸泡至呈白色，再以冷開水沖洗之後，才可以烹調。

素肉 這樣選購處理最安心

素肉是一種組織性植物蛋白，是將黃豆分離出蛋白質、小麥蛋白質等植物性蛋白及膳食纖維、澱粉等材料混合，再經過食品加工技術合成的黃豆加工食品。素肉是素食的重要材料，不僅具有肉類的咀嚼感，也富含豐富的蛋白質，目前商業化的人造肉可分為紡絲狀植物蛋白和熱塑擠壓法的植物蛋白。

紡絲狀植物蛋白是把分離所得的分離大豆蛋白，先經過鹼溶液溶解後，再經酸性溶液凝結成纖維，再形成束狀，這些束狀物加入結著劑、香料及添加物混合，便可製成與動物性產品相似的素食品；熱塑擠壓法的植物蛋白，則是將黃豆粉及其他顏色和味道的添加物混合後，經高溫擠壓做成顆粒狀物品。

▌選購原則：慎選合格廠商，看仔細外包裝

在選購這些食品時，應該慎選合格來源廠商，以確保產品品質及安全，也需留意外包裝上要標示完整（例如品名、成分、重量、有效日期、廠商名稱、地址及電話等），並應盡量選購天然色澤的食品，以免攝取過量人工化學添加物，危害健康。

▌保存期限：注意包裝上保存方式

留意包裝上的保存方法，開封後務必密封保存。

▲ 選購加工品時，需留意外部包裝是否標示清楚。

▌烹調原則：秉持少油、少鹽、少糖

素肉產品有丁、絲、片、塊等形狀，可用於涼拌、紅燒、炒，烹調成魚香素肉絲、糖醋素肉塊、爆炒肉片等。

在烹調乾燥大豆素肉製品前，先浸泡水中10～30分鐘，待吸水至全部柔軟，將水擠乾，再調味烹飪。由於許多素肉製品經油炸處理，脂肪含量高，且油炸過程亦可能使製品產生反式脂肪，反而會影響膽固醇水平，不利心臟健康。因此素肉烹調過程仍應秉持少油、少鹽、少糖健康烹調原則。

▲ 烹調乾燥素肉製品前，先浸泡水中10～30分鐘，再將水擠乾。

麵製品 怎樣選購處理最安心

麵腸、麵輪、麵筋、麵肚及烤麩等食品是屬於麵筋類製品，其作法為將麵粉加入攪拌成麵糰後，利用水不斷搓洗麵糰，再以清水將澱粉及水溶性成分洗出，剩下的不溶物就是具有彈性的麵筋。

麵筋經整形、水煮即可做成麵腸、麵肚等水煮麵筋製品；若將其整形成小圓球或小塊狀，經油炸即成油麵筋、麵輪等；又或者經整形後讓其自然發酵，蒸熟即成市面上的烤麩。

▲ 購麵製品時，盡量選擇原色，不要過白的產品。

▋ 選購原則：原色原味最佳

通常麵筋洗出後，色澤會較深，業者為了美觀，常會加以漂白，所以在選購麵製品時，盡量選擇原色，不要過白的產品。

▋ 保存原則：最好放入冷凍庫保存

一般來說麵製品，尤其是水煮麵筋與發酵麵筋製品，不耐室溫保存，若無法及時吃完，最好能放入冷凍庫保存；另外這類產品若外觀有異味或出現黏液狀，則最好不要購買。

▋ 烹調原則：以開水先燙煮過較安心

在烹調麵製品前，建議可先利用開水不加蓋烹煮，並多次換水達到去過氧化氫的效果；另外，麵輪通常用大量的油脂油炸，以獲得較好的色澤，所以最好選擇信用良好的廠商，避免吃到重覆使用的回鍋油。

就營養角度而言，油炸麵筋含較高油脂和油脂分解物，不宜大量和長時間食用；此外，麵筋類製品的蛋白質品質較差，也不建議單獨食用，最好能搭配黃豆類產品和五穀根莖類食物一起食用，以獲得均衡的營養。

▲ 烹調前可先利用開水不加蓋烹煮，並記得多次換水。

蒟蒻製品 怎樣選購處理最安心

　　蒟蒻，俗稱雷公槍、魔芋等，屬於多年生宿根性的塊莖草本植物。將蒟蒻薯磨成粉，再加入大量水並經由過濾、混合等製程後，即變成蒟蒻產品。蒟蒻製品含水量高達97％，所以為低熱量聖品，營養成分包含少量蛋白質、醣類、鈣、鐵等無機質及粗纖維；其醣類中含有葡甘露聚醣（Glucomannan），為一種可溶性膳食纖維，在人體內無法被消化酵素分解，但可增加飽足感及腸道有益菌的正常繁殖。雖然蒟蒻含有一些礦物質與維生素，但在加工過程中，這些營養素恐遭破壞，因此以健康角度，不可純粹以蒟蒻製品為食物的來源，仍需搭配其他食物一起食用。

　　傳統的蒟蒻製品，樣式變化少，多承襲自日本的板狀蒟蒻，進來則出現蒟蒻麵等新式產品。蒟蒻產品又可分為純蒟蒻製品和延伸性蒟蒻製品兩種；純蒟蒻製品不額外添加其他材料，僅在外觀上做變化，如素魷魚、素花枝、蒟蒻絲、生魚片、素腰片等；另一類為添加麵粉、香菇、素肉、香料或其他添加物所製成的延伸性蒟蒻製品，如素貢丸、素火鍋料、素鮭魚片、素三層肉等。延伸性蒟蒻製品其熱量和營養成分會隨著添加物的比例不同而有所差異，有些產品吃起來的味道甚至就如葷食一樣，不易辨識。

▲ 選購蒟蒻製品時，應避免散裝，並選擇較無添加物的產品。

▌選購原則：避免購買散裝產品

　　蒟蒻對熱相當穩定，且保水性、增黏度和結著效果均佳，所以近年來很多蒟蒻新產品陸續問世，成為素食者和減重者的新興寵兒。由於蒟蒻加工品通常為了改善口感及風味，大多會加入一些食品添加物及油脂，所以在選購時應仔細閱讀食品標示，避免攝入過多熱量和添加物，並應避免散裝食品，盡量選購有信譽的廠商，選擇較無添加物的產品，以確保健康及安全。

▌保存原則：可先用開水汆燙再冷藏保存

　　未開封市售蒟蒻可保存6～12個月，開封蒟蒻若吸收一般水分，較易變質，若無法一次用完，可將蒟蒻用開水汆燙，再用保鮮袋或保鮮膜密封冷藏，切忌冷凍。

▌烹調原則：利用醋和溫水浸泡，以去除鹼味

　　蒟蒻本身會釋放鹼的味道，在烹調前，最好將包裝內的水倒掉，加入一小匙白醋及一碗溫水調和浸泡，可幫助去除味道；或用清水清洗兩次之後，再用滾水煮5～10分鐘，也可以消除鹼水味。在烹煮蒟蒻時，也應避免煮過久，以免口感變差，失去Q度。

▲ 處理蒟蒻可先將包裝內的水倒掉，加入一小匙白醋及一碗溫水調和浸泡。

香菇製品 這樣選購處理最安心

香菇蒂做成的素食料理，在製作方式上，一般都是把香菇蒂絞碎後，利用一些食用級天然膠類或結著劑將其黏合後，再配合不同風味的香精，將其製成多樣化的仿肉或魚類製品，如素羊肉、素肉條、糖醋排骨、素肉絲、素肉乾等；或者也可以將其裹粉或包上海苔皮，製成天婦羅、素獅子頭、素雞等。

▲ 香菇製品含較高普林成分，痛風患者需留意食用。

在營養方面，香菇蒂含高量纖維，可以增加飽足感，但其不似黃豆含有豐富蛋白質，所以食用時，最好搭配其它高品質蛋白質來源。且香菇含較高普林成分，痛風病人食用上應特別注意。另外，一些香菇頭製成的零食熱量及鈉含量都不低，食用時要適量，以免攝取過多熱量和鈉。

▌ 選購原則：注意鈉含量及熱量勿過高

很多香菇加工成品在製作過程中會添加調味料、香料、澱粉等。購買時，除了須注意營養標示中的鈉含量，熱量也須留意，避免攝取過量的鈉及熱量。此外，精緻加工素食品，其中的營養成分多已流失，所以建議素食者多選用天然植物食材。

有些香菇製品屬於冷凍加工品，選購時，須注意商家冷凍保存環境是否合格。最後，選擇信譽良好的廠商，適量採購與食用、選購完整包裝、清楚標示的素料，避免選購散裝、價廉、口味重及標示不清的素料。

▌ 保存原則：拆封後盡速用完

密封的香菇製品，拆封後記得盡快使用，如果無法一次用完，也請放入冰箱適當保存。

▌ 烹調原則：避免油炸且調味不要太重

香菇製品通常較耐煮、耐燉，在一般餐飲料理上，舉凡燉湯、煮麵、炒菜、火鍋、油炸或羹湯，香菇製品都很容易融入食物風味中。

健康素食講求少油、少鹽、少糖，所以在烹調素羊肉、糖醋排骨或素獅子頭等食材時，應避免油炸步驟，且大部分香菇製品都已有獨特風味，因此調味不必太重，可直接搭配一些新鮮食材烹調。

膠質製品 這樣選購處理最安心

食用明膠通常為片狀或粉狀，略帶淺黃色，它是從動物的結締組織或骨頭提煉出來的，稱為動物性明膠，主要成分為蛋白質，但為不完全蛋白質；如果是從海中植物提煉出的植物膠或藻膠，則稱為植物性明膠，通常會以吉利T標示，購買前仔細查看，才不會誤買葷食明膠。

植物性明膠為一種水溶性纖維，所以其營養價值不高，口感介在動物明膠與洋菜之間，具有良好的透明度及滑潤感，所以一般多用於製成素魚翅、翠玉羹、素鮑魚、素九孔、果凍甜點等。

卡德蘭膠也是天然膠質的一種，它屬於菌類發酵後的醣類，無味並具有高水凝力的特性，因此能應用在許多食品中，如作為黏稠劑使用，或是用於增加食品的Q感，常用於素海鮮，如海參、花枝、鮑魚等產品。

▌選購原則：選購天然粗糙製品，避免仿葷精製品

因為動物膠質是用動物皮脂提煉，成本較植物膠質低，且無論黏稠度或香味都較植物膠質高。因此有些素食動物膠質產品會摻雜動物膠質，在選購上須特別注意食物標示中之主原料及副原料的來源，避免成分中有動物膠、吉利丁（Gelatin）、膠原蛋白等字眼出現。

▲ 選購膠質製品時，應注意查看成分，以免誤買動物膠質。

植物膠包括：洋菜膠、鹿角菜膠、阿拉伯膠、吉利T、海藻膠、卡德蘭膠等。盡量選擇天然粗糙的製品，避免色彩鮮豔仿葷精製品。

▌保存原則：置於冷凍庫保存

取出要使用的份量後，剩餘的可放回冷凍庫保存。

▌烹調原則：以涼拌為主，避免高溫油炸

屬於膠質食材的素海鮮，一般不適合高溫油炸或油煎，較適合用於燴、涼拌及羹湯的烹調方法。燴煮海鮮或做羹湯時，需注意用油量及調味料的用量，為了達到健康烹調訴求，可將素海鮮食材用水燙熟，做成涼拌菜，也可多多利用檸檬、白醋及各式香草等輔助調味。

一般食品添加物都具有下列幾項特點

· 是額外加入食品中的

· 不能當作食品單獨使用

· 需要量少

· 需要經中央主管機關允許才可上市使用

人工素食加工品添加物有哪些？

為了使素食產品多元化及口味近似葷製品，在加工過程中，素食業者通常會添加食品添加物，但大部分人並不知道吃下肚子的食品添加物是什麼？是不是一定要添加食品添加物？食品添加物一定就是不好的東西嗎？

根據食品衛生管理法第三條，食品添加物是指食品的製造、加工、調配、包裝、 運送、貯藏等過程中用以著色、調味、防腐、漂白、乳化、增加香味、安定品質、促進發酵、增加稠度、增加營養、防止氧化或其他用途而添加，或接觸於食品內的物質。

目前被允許的食品添加物有二種：一為在製造過程中本身經過化學變化或化學反應製成的「化學合成品」；二為天然物原料所取得的「天然成分」，但量較少。

你不可不知的食品添加物種類

食品添加物被允許的最高添加量必須經過動物毒性試驗，若超量使用當然會危害健康，因此食品添加物在使用上須特別小心，尤其是化學合成品。建議購買時能仔細閱讀食品標示，了解目前所購買的食品是否由合格的廠商製造，了解產品的成分以及有什麼樣的添加物，注意製造日期與保存期限（從保存期限大約可以知道是否有加入防腐劑在食品中）。

購買素食類食品時，建議仍應以食品最自然的加工方式所製成的產品，和最自然的食品原色為原則。以營養觀點而言，素食者最好能多食用天然蔬果及傳統豆製品，少吃素食加工製品，以減少攝取過多的食品添加物及鹽分。

▌食品製造加工所必須的添加物

豆腐凝固劑：含硫酸鈣、葡萄糖酸-δ-內酯，使豆漿中的蛋白質產生凝固。

豆漿消泡劑：稱為聚二甲基硅氧烷，主要為了防止在煮豆漿時泡泡溢出，以免豆腐品質和產出率受影響。

▌延長食品保存時間的添加物

殺菌劑：即過氧化氫（雙氧水），具有殺菌及漂白作用，在食品添加物中，屬於殺菌劑的一種。為了使豆腐、豆干、素雞、麵腸等素製品能在室溫下賣一整天不會腐壞，商人多半會添加防腐劑，有些甚至加入殺菌劑；但殺菌劑會刺激腸胃黏

膜，吃多了可能引起頭痛、嘔吐，甚至致癌。依照規定食物中不得殘留殺菌劑，因此建議可藉由水煮不加鍋蓋的方式，並多次換水，以達到去除殺菌劑的效果。

防腐劑：己二烯酸、苯甲酸等都屬於防腐劑的種類，是延長食品保存期限的一種物質，主要作用在抑制黴菌及微生物的生長；其中己二烯酸主要用於果醬、醬菜、豆製品。目前常被使用的非法防腐劑有硼砂（常使用於粽子、蝦類）及甲醛（具防腐和漂白雙重作用），故在選購食品時，應多加留意，以確保吃的安全。

抗氧化劑：包含丁基羥基甲氧苯（BHA）、二丁基羥基甲苯（BHT）、維生素E、維生素C等，為可防止油脂氧化的物質；目前丁基羥基甲氧苯被認定為致癌劑，二丁基羥基甲苯也出現有些研究顯示具有致癌性。

提高食品品質的添加物

黏稠劑（糊料、膠化劑、安定劑）：鹿角菜膠、海藻酸等植物膠，其功能為賦予食品滑溜感與黏性，讓食物口感更佳。

結著劑：主要為磷酸鹽，可增加食物的脆度與彈性，多用於素魚、素魚漿、素肉丸、素火腿等素食製品；此外，素食業者也常以添加蛋粉或乳清蛋白作為產品結著劑，但對於純素消費者並不適合。

維持食品外觀的添加物

著色劑：屬於人工合成色素，給予食品鮮豔外觀，引起購買慾。目前可使用的色素有紅色6號、7號、40號；黃色4號、5號；綠色3號；藍色1號、2號等。

漂白劑：又稱為亞硫酸鹽，常用來處理易褐變的乾物，如蓮子、准山、百合、白木耳、香菇、乾金針、水果乾（如柿乾、芒果乾、芭樂乾、鳳梨乾等）。根據研究顯示，亞硫酸鹽若攝取過量可能會加重氣喘的病情，產生痙攣及暈眩等症狀。需特別留意，過氧化氫（雙氧水）偶爾會被不肖業者用來處理豆製品，購買時建議聞一下味道。

保色劑：亞硝酸鹽、硝酸鹽都屬於保色劑。亞硝酸鹽與硝酸鹽常用來作為肉類食品保色劑，以及預防肉毒桿菌生長的防腐劑，如香腸、臘肉，若使用過量會有致癌的危險，不得不慎。

素食者的調味聖品：香椿

香椿為一種木本蔬菜，屬於楝科落葉喬木。因具有濃郁特殊的香味，有素食蔥之名，其嫩芽及嫩葉均可食用，以嫩葉為主。可將葉片乾燥磨粉當調味品，或打汁、剁碎做為佐料醬汁（需冷藏保存），也可加入麵粉中製成點心。但要注意一點，因香椿中亞硝酸鹽含量較多，食用前先用滾水汆燙、洗淨，可減少亞硝酸鹽含量。

用對素食調味料的健康祕訣

適當運用基本調味料

糖（砂糖、黑糖、麥芽糖、蜂蜜、果糖、冰糖等）及**鹽**：為素食烹調的基本調味料。現代人重口味，常常在烹調時加入太多糖或鹽，造成熱量過高和鈉攝取過多，應隨著健康意識抬頭，將吃粗飽轉化成慢活享受，減少糖及鹽的用量，多使用天然調味料如九層塔、香菜、檸檬等香料。並且細嚼慢嚥，堅持少油、少鹽、多纖維的烹調原則。

素蠔油是另一種常被素食者使用的調味料。為菇類食物加香料、鹽及食品添加物製成像蠔油味的調味品，可蘸食及烹調素菜之用。但素蠔油就如醬油一樣，含有鈉及人工化學添加物，所以使用應酌量，選購時應注意來源廠商及包裝。

聰明利用味精替代品

高鮮味精：是目前市面上常見的新式調味品，是由核甘酸物質或核甘酸與一些胺基酸調和組成，能給予食物特殊的鮮味。高鮮味精的鮮度為傳統味精的6～10倍，用量不多就可達到味精的效果。不僅可適用素食料理的烹調，也可以降低消費者的花費。雖然核甘酸與胺基酸可以在正常人身體正常代謝利用，但痛風患者則須酌量使用，以避免體內尿酸過高。此外，一般高鮮味精內也含鈉，在使用量上須特別注意。

天然素食味素：由自然食材中呈現特殊風味的成分組合而成，其中菇類是素食烹飪的另一重要鮮味料，且菇類含有相當量的鳥苷酸（5'-GMP），香菇含量最多，其次是松茸。這些味素在用量及注意事項，就如使用高鮮味精一樣，必須控制。市售很多標榜天然味素的產品，多含有菇類萃取物。除了菇類，海藻類的昆布，也含豐富的味素；其他還有酵母抽取物，亦有味精和核酸成分；蔬果提取物，包括番茄、洋蔥、大蒜等，也都能增添菜餚的蔬果香味。

巧妙使用辛香料

香料在烹調上占有很重要的地位，它除了能帶出食物原有的味道，更能保有獨特的香味及增進菜餚的美味。目前市售的辛香料有很多種，例如白胡椒粉、黑胡椒粗粒、五香粉、八角粉、花椒粉、桂皮粉、大小茴香粉、薑黃粉、大蒜粉、香草粉等。不論新鮮或乾燥的香料，普遍皆可應用於烹調料理，如涼拌、生食、炒食、煮湯、燒烤、煮飯、烘焙餅乾及醃漬加工等。選購時，建議應選用合格的廠商製造品，外觀有完整營養標示，並注意有效日期、鈉含量和添加物等事項。

Part ②

12大慢性病素食處方

　　臺灣、日本及歐美國家的研究陸續發現，素食者較少罹患癌症、高血壓、高血脂及中風等此類疾病，且素食持續年數愈久，因年齡增長而導致血壓上升的幅度也愈小，這些證據在在顯示素食對健康的確有良好的助益。

　　本單元提供以下常見12大慢性病的素食飲食建議：

- 癌症飲食處方
- 高血脂飲食處方
- 高血壓飲食處方
- 糖尿病飲食處方

- 肝病飲食處方
- 腎臟病飲食處方
- 退化性關節炎飲食處方
- 泌尿道結石飲食處方

- 手術前後飲食處方
- 骨質疏鬆症飲食處方
- 肥胖飲食處方
- 貧血飲食處方

癌症
素食飲食處方

文　歐陽鍾美（臺大醫院新竹分院營養室主任）

建議腫瘤患者，每日應注意六大類食物的均衡攝取，以及食物質地的調整：

- 米飯2～4碗（1碗約200公克）或粥品4～8碗。
- 豆蛋類4～6份（豆腐1塊為1份、蛋1個為1份、豆漿1杯240 c.c.為1份）。
- 牛奶或營養品1～2杯（1杯為240 c.c.）。
- 水果2份（選擇較軟或容易消化的水果）。
- 蔬菜300克（可選擇軟質青菜或將蔬菜剁碎）。
- 油脂2大匙（也可用堅果或種子類食物磨成粉取代）。

簡單認識癌症

2007年全國十大死因排行榜，惡性腫瘤連續35年蟬連榜首。雖然我國癌症死亡率比先進國家低，但10年來國人癌症死亡率增加5成，這項警訊讓我們必須更加正視癌症的預防。

有關癌症形成的機轉，多是因為人們長期暴露在化學性（菸草、酒精、苯、石綿、鎳、鎘、鈾、氡、漂白劑、防腐劑、亞硝胺等）、物理性（紫外線、游離輻射等），與病毒性（病毒感染、黃麴毒素等）致癌原的刺激下，導致正常細胞週期無端的加速或煞車失靈，而發生癌變，倘若再加上細胞老化自然凋零，就會使腫瘤趁勢發展，終至無法阻擋。

然而，從另一個角度來看，約33％的癌症與抽菸有關，35％以上的癌症是與日常生活的飲食習慣與食物種類有關；僅有10％以下的癌症是與先天染色體異常有關。而癌症的預防之道，就在於辨識致癌因子、減少接觸與防範發生，進而建立良好的生活型態與飲食習慣。

目前，大多數的癌症已被視為「慢性病」，是可以將環境與人為因素降至最低，甚至可避免其發生的；倘若未能預防癌症的發生，及早診斷與治療，亦可將傷害減至最低，甚至根治。

另外，癌症病人在接受治療的過程中，除了基本與足夠的營養是個重要課題外，通常最後能痊癒的病人，其成功最大的因素是病人本身積極樂觀的態度。雖然許多人長期處在生活的壓力下（事業受挫、情感傷害，毒物入侵等），但若能將癌症的產生當作是一項警訊，改以正面的態度，欣然接受，徹底檢討長久存在的隱形殺手，尤其是喝酒、抽菸、嚼檳榔，以及不當的飲食等，對於提升癌症的預防與治療，其效果會更加顯著。

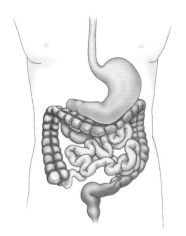

▲ 飲食與癌症息息相關，如攝取高纖維食物，便能預防大腸癌，減少食道癌、胃癌產生。

癌症患者的飲食原則

　　其實90%的癌症並非與生俱來，而是後天環境與習慣所導致，不當飲食與癌症的發生有著相當密切關係，因此個人飲食偏差與習慣不佳，更是導致癌症的主要原因之一。

　　許多研究證實，飲食與癌症是息息相關的，如攝取過多的脂肪或是肥胖的女性，很容易增加卵巢癌、子宮內膜癌以及膀胱癌等罹患的機率；相反地，進食多量的高纖維食物，如蔬菜、水果、全穀類等，卻可以預防大腸癌，並減少乳癌、食道癌、胃癌、攝護腺癌、子宮內膜癌及卵巢癌的發生。而食用足量的蔬菜水果，也已證實可以減少包括口腔癌、咽癌、食道癌、肺癌、胃癌、大腸癌等發生。

小心日常飲食中的致癌物

　　在我們飲食中的確存在著一些與飲食相關的致癌因子（Cancer promoters），這些因子包括了脂肪、醃漬、烤焦食物、發霉食品、食品添加物（人工甘味劑、防腐劑、螢光增白劑）等。有關脂肪與癌症的關係已被研究的相當徹底，高脂肪飲食引起大腸直腸癌、乳癌及攝護腺癌的機會很高；醃漬與發霉食品則可能與胃癌的發生有關。

　　除了食物內容含有致癌原外，人們不當的飲食習慣也與癌症的發生息息相關，譬如肉類攝取過量、纖維質攝取不足、營養不均、酸鹼不平衡（酸性食物，指的是肉類與甜食攝取過多；鹼性食物，指的是蔬果類食物攝取過少）等。另外，肥胖（身體脂肪過多）也與有些癌症發生相關，如食道癌、胰臟癌、大腸癌等，而體脂肪過多主要的原因是進食熱量攝取過多，活動量過少所導致。

　　雖然不恰當的食物帶有致癌原，但仍有許多食物中也含有防癌物質（Cancer protectors），如維生素A、C、E、硒、類胡蘿蔔素、茄紅素、膳食纖維、多酚類、黃酮類等的食物，都是具有預防癌症（具保護作用）的營養素。飲食恰當與否與癌症的發生絕對相關，而且與長期飲食習慣不良累積的結果有關，若不能即時修正飲食，回歸健康自然的食物，腫瘤細胞可能已慢慢地在體內擴散，甚至危害生命。因此，正視癌症問題應該先從健康飲食做起。

　　大多數的癌症都是源自不良的飲食習慣，而這些人為因素是可以預防的，我們應該從改變飲食和生活習慣來降低致癌率；其中，選擇素食可以減少攝取過多肉類食物的危險，且正確的素食的確可以改善體質遠離疾病。

選擇新鮮的食物

新鮮的食物可以減少攝入含腐敗、酸敗、氧化、菌毒的物質,而這些物質通常是致癌物質,因此留意食物的新鮮度,是保持營養素最佳狀態。減少有毒物質攝入的基本原則,無論哪類食物,食物一旦不新鮮,造成身體的傷害是很大的,譬如酸敗的油脂,營養價值大大降低,而且它所產生的過氧化物,還會造成基因突變與細胞老化,像是花生、玉米等在不當的儲存下,容易遭受黃麴毒素的污染,而可能成為導致肝癌發生的兇手。

均衡地攝取多類食物

每類食物含有不同的營養素,因此每天的食物應包括各大類食物(即主食類、豆蛋奶類、蔬菜類、水果類和油脂類),均衡的攝取各大類食物,才能確保營養素的完整與細胞的健康。另外,每天的食物種類愈多愈好,譬如主食選用十穀米或五穀米,就比只吃白米所攝取的營養素多很多;選用堅果種子類食物作為油脂來源,取代一般的食用油,其營養素的種類,如銅、鎂、錳等,也會相對提高許多。

攝取多量的蔬菜與水果

食用多量的蔬菜和水果可以預防大腸直腸癌、胃癌、食道癌、肺癌及咽頭癌,同時也可能預防乳癌、膀胱癌、胰臟癌及喉癌等。蔬菜水果裡除了含有豐富的維生素、礦物質,具有抗氧化作用,可以保護正常細胞外,它們更藏有許多天然植物生化素(Phytochemicals)。

許多研究結果顯示,食用多種顏色與不同種類的蔬果,有助於降低癌症的發生率,因為這些蔬果裡的植物生化素可以保護人體細胞免於傷害,並可以提升免疫系統。另外,蔬果類食物中不乏富含抑制癌細胞形成的成分,像是十字花科蔬菜所含的吲哚(Indoles)與異硫氰酸鹽(Isothiocyanates)、大蒜中所含的硫醚類(Thioethers)成分,草莓與柑橘類水果所含的多酚類(Polyphenols)成分等,都常被提及。

科學家認為每天食用五個份量以上不同種類的蔬菜和水果,可以讓體內保持一個安全而有效的植物生化素成分。

▲ 新鮮蔬果內含許多天然植物生化素,有效降低癌症發生率。

減少油脂與鹽分的攝取

　　高脂肪的飲食容易導致肺癌、大腸直腸癌、乳癌、子宮內膜癌和攝護腺癌，因此避免油炒、油炸與油煎類的食物，可相對減少油脂的攝取。

　　有關油脂的種類，則要減少飽和性脂肪（如豬油、雞油、牛油等動物性脂肪），以及反式脂肪（如酥油、白油、人造奶油、氫化植物油等）的攝取，但可攝取適量的單元不飽和脂肪（如橄欖油、芥花油、苦茶油、芝麻油等）。

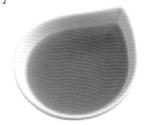

▲ 油脂的選擇應攝取單元不飽和脂肪酸，如橄欖油、芥花油、苦茶油、芝麻油等。

　　高鹽食物攝取過量，或常期攝取鹽漬食品，都容易造成胃癌，其主要原因是因為鹽本身會破壞胃黏膜細胞，致使癌變產生，因此不宜多吃。另外，嗜辣、煙燻製品、食用過冷或過熱的食物等飲食習慣，都是誘發食道癌的原因，所以平日的飲食習慣要多留意。

飲酒要適量

　　少量飲酒雖然可以預防心臟疾病，但是飲酒過量卻容易造成口腔癌、咽頭癌、喉癌、食道癌和肝癌，同時因為過量酒精會轉變為油脂，造成肥胖，也可能提高大腸直腸癌和乳癌的機率，因此不過量飲酒是非常重要的。

　　女性飲酒每天不宜超過一個酒精當量。一個酒精當量是32盎斯啤酒，即一瓶易開罐；或5盎斯的葡萄酒（釀造酒）；或1.5盎斯的烈酒（蒸餾酒）。男性飲酒每天不宜超過二個酒精當量。

治療及調養期的素食處方

先諮詢醫師相關治療方式的副作用

　　目前用於抗癌治療的放射治療、手術、化學治療以及免疫治療等,常被單獨或合併於治療癌症;多種合併的抗癌治療,常會造成較多的副作用,而且是較嚴重的副作用,且這一類的治療,常常會導致腸胃功能一定程度的影響。所以化療期間,便應當注意水分的供應,因為水分有助於營養的吸收和廢物的排出,以減輕腎臟和膀胱的負擔,還能幫助減少因藥物而引起的副作用。

　　癌症治療所產生的副作用常因人而異,治療部位、時間長短及治療藥物劑量等,都是影響副作用發生的因素;建議可先詢問醫師有關的治療方式,會有什麼樣的副作用影響,以便在飲食調整或變化上預做準備。

▲ 化療期間需留意水分的攝取,幫助吸收營養及排出廢物。

維持一定的體重

　　在治療期間一定要維持「體重」,由於治療對身體產生的副作用,經常會導致腸胃功能一定程度的影響,譬如噁心、嘔吐、腹瀉等,還可能會有食慾下降和味覺喪失、口腔炎等副作用,直接影響到患者的攝食量,因此體重常常在短期間內下降許多。為了要修補受傷害的組織,加強身體的抵抗力,飲食上可能要「少量多餐」,譬如每隔2～3小時進食一次,勉強自己多吃高熱能與高營養素的食品,家人也應配合病人的反應選擇口味適中,濃稠度恰當的食物,鼓勵其進食。

注意營養的均衡

　　治療期間與調養期間的飲食,基本上都是要注意營養的「均衡」,亦即每天每大類食物都要攝取,且多選擇不同的食物種類和多樣化的食物,這樣才能讓營養素的攝取更完整,且治療期間蛋白質的攝取特別需要充足,才有修護正常細胞的能力,並增加作戰的力氣。

素食者雖然蛋白質來源不像葷食者多，但有許多植物性來源也是屬於優質蛋白（高生物價值），如黃豆蛋白等，故對補充患者治療期間的蛋白質營養，是沒有問題的，且治療期間，除非是嚴重營養不良或體重減輕過多者，一般仍要少吃高動物性脂肪和高糖分的食物。

多注意身體的反應

倘若治療期間有噁心症狀，使得對某些特定的食物覺得反感或容易反胃，則可以改選擇覺得容易接受的食物。舉例來說，如果吃炒過的菜覺得不舒服，而吃煮或滷的食物則較不會不適，就可多吃煮或滷的食物，少吃炒過的食物。

改變食物型態

有時可試著改變食物的型態，以減輕咀嚼時的困難與不適，且方便進食；譬如吃整個新鮮水果覺得太硬或有問題，可以打成果汁，或將水果和牛奶混合打成果汁牛奶來攝食。

嘗試新食物

配合醫療人員建議，多嘗試新的食物是很重要的。任何可以增加熱量攝取，維持體重的方法，以及改善營養狀況的建議，都是值得鼓勵。有特別情況時，濃縮配方或其他特殊營養品，可提供癌症患者需要攝取特殊營養。

因此，在治療期間，攝取適當的營養補充品，來獲得足夠的蛋白質、熱量及其它營養素，是有其需求性的。

此外，住院時若有任何膳食或營養問題，則可請教專業營養師解答，或設計適當的飲食。

▲ 癌症治療及調養期，若有咀嚼困難或不適的副作用，可以改變食物的型態幫助進食，例如蔬果汁或水果牛奶等。

食慾降低或攝食量減少時的飲食改善

方法	飲食改善
少量多餐	·食慾降低時，應增加攝食頻率，約每隔2～3 小時進食一次，每日進食6～8次。 ·除了正餐外，可補充五穀粉、麥粉、杏仁粉、酪梨等易消化的食物當點心，熱量不足時，可加營養補充品，如一般均衡配方等。 ·倘若體重繼續下降，則應加入濃縮營養配方，以增加熱量攝取。
改變食物型態	·倘若固體食物太乾，進食量有限，則可考慮改變食物的型態，如半流質或流質飲食，以方便吞嚥；必要時可加入濃縮營養配方，以增加熱量攝取。
增加色、香、味	·從顏色搭配增加色澤，如紅、橘、黃、紫、綠、白、黑等顏色的食物搭配。 ·利用薑、香椿、九層塔、芹菜、香菇、五香、八角等辛香料食物調味，以增加食物風味與食慾。
增加高濃度食物	·每次進食時，都能添加高蛋白或高熱量食物，這樣可適量提升熱量的攝取；譬如將堅果或種子類磨成粉，並加入食物中，或加入營養補充品於濃湯中，以增加熱量與風味。
隨時準備可取食的點心	·家中或住院期間，隨時準備可取食的點心，如素包子、餅乾、水果、營養補充品等，方便取食的食物，以增加熱量的攝取。
適量攝取蔬菜與水果	·每日必須攝取足夠的蔬菜水果，以確定維生素與礦物質，以及其他含抗氧化成分的存在。
飯前散步	·幫助促進腸胃道蠕動。

聰明吃外食的素食處方

早餐注意熱量攝取

傳統的中式早餐如清粥小菜，只要配菜內容新鮮，軟且易消化者，大致上還可以，但是較常見的早餐如素飯糰、素蘿蔔糕等，因油脂含量過高、纖維質太少、所以較不易消化。

另外有些病人需要少量多餐進食，除了要注意各類食物均衡搭配外，還要留意熱量是否足夠。所以早餐內容可以加入某些營養補充品，以增加熱量，如鹹粥中加入高熱能配方、雜糧饅頭加豆漿或營養品等。

午餐搭配均衡營養

一般午餐內容較晚餐簡單，但均衡搭配是基本的組合，如要有主食（米飯、麵食、板條等）、蛋白質類（蛋或黃豆類）、蔬菜（各類蔬菜），譬如素食自助餐就是選擇性多的地方，但要盡量選擇少油易消化的菜。

腸胃道功能不佳者，則可多選擇軟質蔬菜如瓜類、菇類、根莖類和嫩葉菜類等，避免造成腸胃負擔。其他如素湯麵加燙青菜、素蒸餃配小菜和清湯等，也都是不錯的選擇，最後若能再加上新鮮水果或果汁則更理想。

晚餐注重清淡營養

清淡均衡的晚餐是基本訴求，素火鍋與素菜館的素食，只要搭配得宜（均衡、少油、高纖、易消化），並依個人身體狀況與需求調整食物內容，則可以維持適度的營養。

外食餐廳健康吃

▊吃到飽先吃沙拉吧

當素食者想要有多元化的選擇且能大快朵頤盡情的吃，則可能會想到素食吃到飽餐廳用餐。用餐時，建議先到沙拉吧取食，盡量拿取多種生菜組合，再加上數種堅果種子，並淋上適量的沙拉醬（最好選擇低油低鹽的油醋醬或和風醬）調味。

冷盤，則應盡量避開加工品或醃漬類的食物，可以改選天然食物如涼拌珊瑚草（或海藻）、蜜汁黑豆等。熱食則需注意油脂的攝取，因為可能會有油炒、油煎和燒烤的食物，一旦油脂攝取過量，除了腸胃道消化較差之外，油脂所造成的問題也隨之而來。

湯品部分可能包括熱湯與甜湯，熱湯要考量的也是油脂是否含量太高。甜點與水果部分，則建議用水果取代蛋糕、布丁等，因為水果的油脂含量少，營養素與纖維素含量較豐富。

▲ 在吃到飽餐廳用餐時，建議先選用沙拉，並佐以低油低鹽的油醋醬或和風醬。

▋自助餐多蔬菜少油炸

傳統素食自助餐，多以自行取食後秤重計價，因此顧客可以決定食物喜好，然後夾取食物，在選擇食物時應避免油炸食物如油豆包、炸素春捲等，或是太油的食物；盡量多選擇蔬菜類食物，其烹調方式也以蒸、煮、燒、燉、拌、滷、燙、淋等為優先選擇。

蛋白質部分，應以黃豆類食物為主，如豆腐、豆乾、豆包等；而麵筋類食物因其蛋白質品質較差，應減少其份量。

▋涮涮鍋減少加工類食物

火鍋類餐食屬於「燙與煮」的烹調方式，對於油脂的攝取問題較少。但由於大部分是吃到飽方式，所以食物任由顧客取食；取食原則仍應以青菜類為主，如大白菜、萵苣、空心菜、高麗菜、茼蒿等。由於食物選擇多元，除了南瓜、地瓜、番茄、洋蔥等不同的蔬菜，建議多攝取其他種類的食物，才能增加不同營養素的攝取，如豆腐、腐皮等豆類，都是素食者重要的蛋白質來源，需要適量攝取，但油豆腐與油豆包類，因含油脂熱量高則應控制。此外，注意調味醬的用量、減少加工類食物等，也都是必須注意的原則。

▋小吃多選擇新鮮、少油、易消化

在傳統市場或小店面所提供的小吃多半油脂含量過高、加工成分多、纖維質少，如素肉羹、素肉圓等，且有些食物不易消化，對腫瘤病人在治療或恢復期並不適宜，需要審慎選擇新鮮、少油、易消化的小吃才恰當。

潤餅蔬菜份量多，熱量並不高，算是一項不錯的小吃；但因其內含花生粉，需留意有無黃麴毒素污染問題，若能以小麥胚芽取代花生粉會較理想，腫瘤病人若食量小或腸胃吸收不良者，可將蔬菜煮軟一點，並加入適量素肉末或豆干絲，略微提高熱量。

零食或點心首重營養素及熱量

腫瘤病人常常食慾不佳且營養攝取不足，想吃東西時若能選對零食，藉著額外的食物增加營養攝取，對體力與營養狀況的提升會很有幫助。咀嚼能力佳者可以嘗試堅果、種子類食物或葡萄乾、黑棗乾等較有熱量與營養素（如鐵、銅、鋅、錳等礦物質）的零食較為理想。

點心則需定時進食，可以增加熱量與營養的攝取，對腫瘤病人尤其重要。點心的種類可依病人需要供給固體、半流質或流質等型態點心，至於內容則需以腫瘤病人飲食原則為基礎，食物份量可能較正餐少，但熱量與各營養素是愈豐富愈好。譬如五穀粉加營養配方、水果牛奶（新鮮水果與牛奶或營養品一起打）、南瓜燉飯、魚片粥或薏仁豆漿等。

喜筵、節慶時如何吃才正確

喜筵的菜色通常約 8 ～ 12 道菜不等，大致上菜色精緻豪華，且多加工品，因此選擇上盡量以好消化吸收的新鮮食材為主，倘若大部分菜太油膩或太多加工品，則建議減少攝食份量，以免造成身體的負擔。

一般的節慶食物，如湯圓、粽子、月餅等，並不太適合腫瘤病人，原因是高油低纖，容易造成腸胃道不適，吃進去的食物難消化又不吸收，對極需營養的腫瘤病人而言，可能造成另一種負擔或傷害。除非所吃的份量很少，身體的狀況允許，才可試點味道，否則還是不要輕易嘗試。

過年期間的年菜，常會有素魚、素雞、素鵝、素鰻魚、素排骨、素火腿、素肉等素食加工食品，其成分多為麵筋類或黃豆類加工品，但其通常加入過多的調味料，較不健康，腫瘤患者應該少吃，以免造成身體負擔。

另外，掌握食物種類的多元變化，盡量選擇以自然食物為主所烹調的菜餚，也是一大原則。至於過年期間常吃到的零嘴，如花生、瓜子、開心果等堅果類食物，宜適量且咀嚼完整；其他還要注意年糕少吃、發糕適量、火鍋湯底不要太辛辣、天天準備蔬菜水果等注意事項，一樣可以健康過好年。

一週三餐素食菜單規劃

　　在治療或調養期間的營養仍然是以「均衡」為主，而且需依照病情狀況調整其質地，如軟質、半流質、流質等。以下為癌症病人術後或調養期間的素食規劃，若質地太硬或太稠，則請自行調整軟硬度，譬如「飯類」可改為「粥品」，或用果汁機打成「流質」，以方便吞嚥。

	早餐	午餐	晚餐
星期一	・五穀杏仁粥 ・柿子	・絲瓜米粉湯 ・銀杏百合燉腐皮 ・清炒萵苣 ・芋泥紅豆糕	・蕎麥麵 ・芝麻拌海帶 ・羅蔓生菜 ・菱角香菇豆腐湯 ・火龍果
星期二	・法國土司 ・藍莓草莓 ・低脂牛奶	・紫蘇松子麵 ・甜椒百頁 ・玉米番茄湯 ・柳丁	・五穀飯 ・紅麴素雞 ・炒雙花菜 ・白菜心燉猴頭菇湯 ・紫米甜湯
星期三	・自製豆漿 ・雜糧饅頭夾蛋	・香椿餅 ・筊白筍燜豆腐 ・紅鳳菜 ・水蜜桃	・蓮子薏仁粥 ・高麗菜滷豆包 ・紅黃甜椒拌蘆筍 ・葡萄
星期四	・小米糙米粥 ・素肉餅	・螺旋藻麵 ・杏菇滷豆干 ・核桃南瓜湯 ・蓮霧	・四季豆拌飯 ・蜜棗山藥燉豆腐 ・皇宮菜 ・白菜金針湯 ・奇異果
星期五	・蔬菜蘋果捲 ・優酪乳	・素菜燉飯 ・竹筍柳松菇拌干絲 ・莧菜 ・鳳梨汁	・豆芽河粉湯 ・栗子素雞 ・香菇菜心紅蘿蔔湯 ・橘子
星期六	・燕麥紅棗餅 ・蒸蛋	・珍菇拌碗粿 ・玉米燜豆包 ・燙龍鬚菜 ・西瓜	・十穀飯 ・燉五目丁 ・炒山蘇 ・冬瓜草菇薑絲湯 ・哈密瓜
星期日	・全麥土司燕麥水果 （加葡萄乾）	・地瓜稀飯 ・秋葵燜百頁豆腐 ・滷牛蒡 ・李子	・芋頭糙米飯 ・枸杞燴豆腦 ・煮四季豆 ・杏仁湯

紫蘇松子麵 `主食` `4人份`

材　料：

螺旋藻麵300克、松子20克、紫蘇葉30克

調味料：

橄欖油10c.c.、醬油1小匙、紫蘇梅汁1小匙

作　法：

1. 煮一鍋滾水，放入螺旋藻麵，煮熟後撈起，趁熱拌入橄欖油與其他調味料。

2. 松子及紫蘇葉分別放入烤箱，稍微烘烤後，松子拌入麵中，紫蘇葉烤好後鋪在麵上即可。

營養分析（1人份）

熱量（大卡）	蛋白質（克）	脂肪（克）	醣類（克）	纖維質（克）
295.8	7.8	6.6	51.3	1.2

【營養師的小叮嚀】

🍙 螺旋藻含完整蛋白質和豐富營養素，能幫助腫瘤患者營養狀況提升。

🍙 松子除含不飽和脂肪酸和礦物質外，還能幫助增加熱量與營養素，也能讓食物的風味及口感更佳。

五穀杏仁粥 `主食` `4人份`

材　料：

白米、小米、蕎麥、燕麥、裸麥和糙米各50克、杏仁20克

作　法：

1. 將所有穀類洗淨後，泡水2小時，瀝乾水分。

2. 把泡好的所有穀類全放入鍋中，加水淹過材料，以小火慢熬成粥狀（記得要不時攪動，以免糊鍋；熬煮過程若水量不夠，可自行添加）。

3. 杏仁以平底鍋小火乾烘一下，取出將其磨成粉狀，把煮好的粥趁熱盛出，上面撒些杏仁粉，即可享用。

營養分析（1人份）

熱量（大卡）	蛋白質（克）	脂肪（克）	醣類（克）	纖維質（克）
274.6	8.5	3.0	53.4	2.9

【營養師的小叮嚀】

🍙 五穀雜糧除了提供澱粉質外，還富含維生素、礦物質及纖維質，比純吃白米飯更健康，而且雜糧的種類愈多，營養就愈均衡。

🍙 杏仁可提供熱量和礦物質，磨粉加入粥中又能增加其風味與營養。

🍙 腫瘤病人在治療期間可能胃口較差，將雜糧煮成易吸收的粥品，可讓患者減輕腸胃道的負擔。

甜椒百頁 主菜 4人份

材 料：

紅甜椒120克、黃甜椒120克、百頁豆腐200克、
四季豆80克

調味料：

鹽適量、薑汁少許、芥花油15c.c.

作 法：

1. 所有食材洗淨；紅、黃甜椒放入烤箱內，烤至外
   皮焦黑，取出浸泡冷水，剝除外皮（透明層）並
   去籽，椒肉切片後，加鹽與薑汁拌勻備用。

2. 四季豆斜切成細片狀，先用鹽壓擠出水，再用
   開水沖掉鹽分，瀝乾水分；百頁豆腐洗淨，切
   條狀備用。

3. 起油鍋，放入四季豆炒熟，再放入百頁豆腐與紅、
   黃甜椒拌炒，最後加少許鹽調味，即可盛起。

營養分析（1人份）

熱量 （大卡）	蛋白質 （克）	脂肪 （克）	醣類 （克）	纖維質 （克）
125.8	7.6	8.6	4.5	1.5

【營養師的小叮嚀】

🍂 甜椒含豐富抗氧化物，有助減少過氧化物產生。

🍂 百頁豆腐所含蛋白質較一般豆腐豐富，可多加以利用。

玉米燜豆包 主菜 4人份

材 料：

新鮮玉米粒200克、生豆包160克、香椿30克

調味料：

芥花油1大匙、鹽少許、玉米粉或太白粉少許

作 法：

1. 將新鮮玉米粒略剁後，加水煮成爛糊狀（也可
   加入些許玉米粉或太白粉，增加黏稠度），加
   鹽調味後備用。

2. 起油鍋，將生豆包以小火，兩面略煎成金黃色
   澤，盛起切成小片狀。

3. 把煎好的豆包加入煮好玉米糊中，另加水50c.c.
   後，以小火繼續燜煮約5分鐘，即可熄火。

4. 香椿洗淨剁碎，用油略炒後，撒在玉米豆包上
   即可。

營養分析（1人份）

熱量 （大卡）	蛋白質 （克）	脂肪 （克）	醣類 （克）	纖維質 （克）
141.8	12.0	4.6	13.0	3.0

【營養師的小叮嚀】

🍂 豆包是品質不錯的蛋白質來源，可多加利用。

🍂 用新鮮玉米粒烹煮，可增加澱粉與維生素的攝取。

🍂 香椿有著特殊風味，深受素食者喜愛。

燉五目丁

配菜

4人份

材　料：

黃豆40克、豆干120克、新鮮香菇80克、紅蘿蔔（已削皮）50克、芥菜心80克

調味料：

醬油2大匙、糖少許

作　法：

1. 黃豆洗淨，泡水2小時，瀝乾水分備用。

2. 其餘材料洗淨後，統一切成1.5公分的丁狀，備用。

3. 鍋中倒入約6碗的水，煮滾後，先將黃豆下鍋煮約15分鐘後，再把其餘材料連同
   調味料加入，蓋上鍋蓋，以小火燉煮至所有材料都熟爛了，即可熄火。

營養分析（1人份）

熱量（大卡）	蛋白質（克）	脂肪（克）	醣類（克）	纖維質（克）
103.4	9.8	4.2	6.6	3.9

【營養師的小叮嚀】

● 紅蘿蔔含豐富的植物生化素胡蘿蔔素，為
良好的抗氧化物。

● 香菇含維生素和多醣體，具有提升免疫力
的功能。

● 黃豆屬於優質蛋白質，且含異黃酮抗氧化
成分，是素食者最佳的食物之一。

配菜

花生豆腐拌豆仁

4人份

材　料：
毛豆仁60克、葵瓜子2大匙、
花生豆腐300克

調味料：
醬油1/2大匙、鹽1/4小匙、
麻油1小匙

作　法：

1. 毛豆仁洗淨，放入鍋中煮熟後，與葵瓜子一同放進果汁機內，再加進8大匙熱水，攪打成泥狀，取出加調味料拌勻，備用。

2. 花生豆腐用熱水汆燙或蒸過後，取出裝盤，淋上毛豆葵瓜子泥即可。

營養分析（1人份）

熱量（大卡）	蛋白質（克）	脂肪（克）
130.3	6.1	8.3

醣類（克）		纖維質（克）
7.8		1.6

【營養師的小叮嚀】

🍙 毛豆仁富含蛋白質，是素食者蛋白質的良好來源。

🍙 花生豆腐的製作方式：

1. 將2杯（一般的量米杯）的新鮮花生泡水至軟，剝除外皮。

2. 把泡軟的花生瀝乾水分，倒入果汁機內，加7杯水一同打成花生漿後，濾渣備用。

3. 鍋中加點油和鹽燒熱，倒入花生漿，邊煮邊攪動，直至花生香味溢出後，加入1.5杯的再來米粉混合攪拌，邊倒邊攪動，煮滾後繼續攪動約2分鐘，讓漿汁慢慢形成糊狀。

4. 把拌勻的漿汁，倒入模具中，經過降溫、翻模與切塊的處理，即成為花生豆腐。（如果無法親自製作，也可上網購買或到一般素食行選購。）

菜心猴菇湯 湯品 4人份

材　料：
芥菜心300克、猴頭菇160克、竹笙30克

調味料：
鹽1小匙

作　法：
1. 芥菜心洗淨，稍微削去老硬外皮，切成塊狀；猴頭菇切塊狀；竹笙洗淨泡水變軟，瀝乾水分後切小段狀。
2. 鍋中倒入約6碗水，把所有材料和調味料放入，蓋上鍋蓋，以中小火煮至菜心熟軟即可。

營養分析（1人份）

熱量（大卡）	蛋白質（克）	脂肪（克）	醣類（克）	纖維質（克）
32.6	2.0	0.6	4.8	2.5

【營養師的小叮嚀】
🔸 使用芥菜心煮湯，質地柔軟且易消化，很適合腫瘤患者食用。
🔸 猴頭菇營養完整，含豐富多醣體，能幫助提升免疫力，用來煮湯，又可增添湯頭的鮮美味。

鄉村濃湯 湯品 4人份

材　料：
高麗菜200克、紅蘿蔔80克、馬鈴薯100克、西洋芹20克

調味料：
鹽1小匙、番茄醬1大匙

作　法：
1. 所有材料洗淨、去皮後，切成小丁狀備用。
2. 鍋中倒入約6碗水，水滾後加入所有材料，蓋上鍋蓋，以中火燉煮，並加入調味料，煮至所有食材熟透即可。

營養分析（1人份）

熱量（大卡）	蛋白質（克）	脂肪（克）	醣類（克）	纖維質（克）
47.6	2.3	0.8	7.8	1.2

【營養師的小叮嚀】
🔸 番茄醬的酸味，可增加腫瘤患者的食慾。
🔸 十字花科的高麗菜，含有預防腫瘤的營養素，可多加食用。紅蘿蔔富含β胡蘿蔔素（天然抗氧化劑），用來煮湯還可增加風味與色澤。

紅豆紫米粥 點心 4人份

材　料：

紅豆80克、紫米60克、風乾新鮮橘皮20克

調味料：

黑糖60克、薑汁2大匙

作　法：

1. 將紅豆與紫米洗淨後，泡水約2小時，瀝乾水分；橘皮洗淨後，切細絲備用。
2. 鍋中放入紅豆與紫米，加約6碗水，蓋上鍋蓋，以中火熬至熟爛後，加入橘皮、黑糖與薑汁拌勻即可。

營養分析（1人份）

熱量 （大卡）	蛋白質 （克）	脂肪 （克）	醣類 （克）	纖維質 （克）
181.9	6.1	0.7	37.8	3.0

【營養師的小叮嚀】

🍚 紫米除含纖維質外，還含天然抗氧化物質花青素。

🍚 紅豆可利尿排水氣，又富含微量礦物質，如鎂、鐵、銅、錳、鋅等。

芋頭核仁泥 點心 4人份

材　料：

芋頭（去皮）200克、去籽黑棗50克、核桃仁40克、葡萄乾20克

調味料：

砂糖60克

作　法：

1. 將芋頭洗淨，去皮切大塊狀，放入電鍋蒸熟後，取出壓成泥狀，趁熱拌入砂糖攪勻備用。
2. 核桃仁以平底鍋小火乾烘一下，磨成粉狀；去籽黑棗剁成泥狀。
3. 將黑棗泥放入芋頭泥中混合，上面撒上核桃仁粉和葡萄乾即可。

營養分析（1人份）

熱量 （大卡）	蛋白質 （克）	脂肪 （克）	醣類 （克）	纖維質 （克）
235.7	3.5	5.7	42.6	4.2

【營養師的小叮嚀】

🍚 此道點心熱量高且營養豐富，非常適合腫瘤病人當點心食用。

🍚 芋頭含高澱粉質；黑棗與葡萄乾可補充鐵質；核桃仁除了含有熱量與礦物質外，亦可增加食物的風味。

高脂血症
素食飲食處方

文 ｜ 陳珮蓉（臺大醫院營養室主任）

建議高脂血素食者，一天六大類的健康飲食攝取量：

- 五穀飯2～4碗（1碗約200公克）。
- 豆蛋類為3～4份（豆腐1塊為1份、蛋1個為1份、豆漿240 c.c.）。
- 低脂奶1～2杯（1杯為240 c.c.）。
- 水果2份（1份約手腕大的水果一個）。
- 蔬菜至少300公克以上，多吃有益。
- 油脂2大匙；堅果可1～2大匙。

簡單認識高脂血症

心血管疾病是國人很常見的慢性疾病，且占國人十大主要死亡人數三分之一，而高脂血症即是心血管疾病最重要的危險因子。這其實與國人飲食習慣的改變息息相關，高熱量、高油脂、高糖分及低纖維的飲食型態，已經逐漸侵蝕我們的健康，特別是趕著放學後補習的學生，還是忙碌的上班族，以及家庭人口數變少，造成外食愈來愈普遍，同樣也使得我們的飲食失衡。此外，許多人因為健康理由吃素，然而，素食餐廳的菜餚除了沒有使用動物性食材，不含膽固醇之外，熱量、油脂及糖分不一定符合健康原則，所以，即便是素食，仍需要有正確的營養概念，才能幫健康加分。

高脂血症正確的說，即是血脂異常（不是所有血脂成分都應該要低，因為好的膽固醇要提高才較佳），包括血中總膽固醇、三酸甘油酯、低密度脂蛋白膽固醇（LDL）等過高，及高密度脂蛋白膽固醇（HDL）過低，都屬於血脂異常。

血脂的控制目標為血總膽固醇＜200mg/dL；血三酸甘油酯＜150mg/dL；血低密度脂蛋白膽固醇（LDL）＜130mg/dL（已經有心血管疾病或糖尿病患者要控制得更低，必須＜100mg/dL）；血高密度脂蛋白膽固醇（HDL）男性≧40mg/dL，女性≧50mg/dL。

高脂血症是動脈硬化的主因

高脂血症被認為是動脈硬化的主要原因之一，由於脂肪堆積在血管內，使血管壁變厚，血管腔變窄而失去彈性，產生動脈粥狀硬化等現象；血脂異常（不論是高膽固醇血症、高三酸甘油酯血症，或二者合併）都是動脈硬化的主因，會增加罹患冠狀動脈心臟疾病與腦中風的機率。

高脂血症引發可能原因	
·總熱量攝取過多。	·總脂肪、飽和脂肪或膽固醇攝取過多。
·缺乏運動。	·遺傳或先天性的血脂代謝異常。
·酒精攝取過量。	·其他疾病引起之併發症。

高脂血症患者的飲食原則

　　高脂血症患者的飲食調整重點，包括體重控制、油脂總量與種類的控管，包含飽和脂肪酸、單元不飽和脂肪酸、多元不飽和脂肪酸、膽固醇，以及纖維質攝取量等，都是需要留意的細節。

　　首先談到良好的體重管理，若體重過重，則應減少熱量攝取並且增加運動量以減輕體重，只要能減輕5～7％的原始體重，即可達到控制血脂的有效性。不過，控制油脂攝取的關鍵不只是量而已，更重要的是「質」的選擇；建議應以單元不飽和脂肪酸為主，輔以適量多元不飽和脂肪酸，同時降低飽和脂肪酸與避免攝取反式脂肪酸。同時也要增加纖維質攝取量，尤其是水溶性纖維質，對降低血膽固醇的功效非常卓著。

治療及調養期的素食處方

以黃豆食品作為蛋白質來源

　　黃豆是良好的蛋白質來源，而且不含膽固醇，因此以黃豆食品取代部分肉類，可以改善血脂肪。可攝取到黃豆營養的食品種類包括黃豆糙米飯、豆腐、豆干、白豆包、無糖豆漿等，但須避免過度加工的黃豆或素食製品，尤其不適合攝取油炸過的豆類製品。

▲ 以黃豆食品作為蛋白質來源、少吃蛋黃、少吃糕餅西點、選擇富含單元不飽和脂肪酸的油脂、多吃蔬果、適量飲酒為高血脂患者的素食原則。

少吃蛋黃

　　奶蛋素者不宜天天吃雞蛋。因為一個雞蛋即含250毫克的膽固醇，超過每天應限制200毫克以下的建議量。

少吃含奶油與氫化植物油的糕餅西點

　　不論動物或植物性奶油，都含高量飽和脂肪或是反式脂肪酸（常見於氫化油製作的植物奶油），應該避免食用。一般人很難理解飽和脂肪是什麼脂肪，自然不知

不覺就吃進很多飽和脂肪，其實一個很簡單的辨別方式，就是室溫下呈固態脂肪就是飽和脂肪，如人造奶油、椰子油、奶精的油脂成分就是固態油脂，且愈硬的油飽和度愈高！另外要禁忌的食物就是糕餅西點，不用懷疑它們含不含飽和脂肪，因為不凝固的油脂烤出來的糕餅怎麼會酥鬆好吃？因此請特別當心美食的陷阱。

選擇橄欖油等富含單元不飽和脂肪酸的油脂

烹調用油最好選擇橄欖油、芥花油及苦茶油等富含單元不飽和脂肪酸的油脂。每餐可使用10～15公克油（約2～3小匙）烹調食物，不需要全部採用水煮或過度少油的烹調方法。平常若能適量吃些核果類，如芝麻、杏仁、核桃等，用來取代部分烹調用油，也是不錯的選擇。

多吃蔬菜及適量水果

每天應攝取2份水果，再加上300公克以上的各種蔬菜。蔬果除含纖維質外，同時含有各種天然抗氧化劑，能增加預防心血管疾病的功效。

適量飲酒

適量飲酒指的是男性每天不喝超過30c.c.酒精的酒（相當於含30c.c.酒精的各種酒，例如紹興酒160c.c.、紅葡萄酒240c.c.）；女性為15c.c.，但若合併有高三酸甘油脂血症或高尿酸血症（或痛風）的患者，則應該忌酒。此外，肥胖者也要注意喝進去的酒類所含熱量，應該在一天總熱量中扣除其他相等量食物，才算正確。

有效降血脂的素食金字塔

除了上述飲食注意事項，還有一個「降血脂的素食金字塔飲食內容」，可以參考。整體來說，整天的飲食搭配仍然需要考量均衡的飲食搭配；下圖以食物金字塔說明素食者的飲食攝取內容，及第77頁「素食者健康飲食內容」表中的份量分配。

素食者健康飲食的內容（以一天應攝取量為基準）

健康素食的飲食建議份量

五穀飯：2～4碗（1碗約200公克）。

豆蛋：3～4份（豆腐1塊為1份、蛋1個為1份、豆漿240 c.c.）。

低脂奶：1～2杯（1杯為240 c.c.）。

水果：2份（1份約手腕大的水果一個）。

蔬菜：至少300公克以上，多吃有益。

油脂：2大匙。

堅果：1～2大匙。

聰明吃外食的素食處方

把握金字塔均衡飲食原則

　　首先，記住上述食物金字塔的均衡搭配原則，然後控制份量。蔬菜類可以多吃，但是高油烹調的蔬菜則應該少吃，其次，豆類等高蛋白質食物，一天只需要4份左右，即一餐只需要2份，也就是說，吃一塊豆腐加兩塊豆干，已經足夠一餐所需，太多蛋白質反而會增加身體負擔，所以多吃無益。

　　另外，許多素食加工食品或菜餚常含有較多的味精、香油、素雞粉及素香菇蠔油等調味料，此類菜餚也應該少吃為宜。

節慶時注意糕餅西點的攝取

　　如果碰上年節、婚宴、生日聚餐、下午茶等外食需要，素食者飲食最需要注意的就是糕餅西點的攝取量，像是專為素食者所製作的元宵、月餅、生日蛋糕、鬆餅、叉燒包等，這些食物都含有高量的飽和脂肪，雖然美味卻嚴重影響健康。另外，全素者還需要注意避免含蛋黃的食品。

　　此外，油炸類的食物，如炸蔬菜、炸芋頭酥、炸香菇等，也是高熱量來源，必須小心不要誤踏美食陷阱。

一週三餐素食菜單規劃

（份量請參照高脂血症患者的飲食原則內容建議）

	早餐	午餐	晚餐
星期一	·低脂牛奶 ·地瓜核果三明治	·素咖哩飯 ·玉米濃湯 ·青菜 ·水果	·芝麻燕麥糙米飯 ·燴豆皮捲 ·紫山藥牛蒡湯 ·青菜 ·水果
星期二	·優格 ·水蜜桃 ·貝果	·素水餃 ·酸辣湯 ·水果	·五穀飯 ·仙草燉烤麩 ·涼拌洋菜絲 ·青菜 ·水果
星期三	·豆漿 ·雜糧饅頭	·菜飯 ·滷油豆腐 ·青菜 ·水果	·芋頭香飯 ·素蘆筍手捲 ·素關東煮 ·青菜 ·水果
星期四	·枸杞燕麥粥 ·荷包蛋	·雜菇麵 ·涼拌干絲 ·青菜 ·水果	·五穀飯 ·芋頭麵腸 ·番茄炒豆腐 ·青菜 ·水果
星期五	·烤地瓜 ·優酪乳	·絲瓜粥 ·雪菜百頁 ·青菜 ·水果	·五穀飯 ·咖哩素蝦鬆 ·三杯素雞 ·青菜 ·水果
星期六	·薏仁漿 ·茶葉蛋 ·金棗寒天水晶凍	·南瓜米粉 ·海菜豆腐湯 ·青菜 ·水果	·紅麴毛豆薏仁飯 ·滷海帶百頁結 ·炒素肚 ·青菜 ·水果
星期日	·果菜汁 ·法國麵包 ·起司片	·素春捲 ·黃豆芽湯 ·青菜 ·水果	·五穀飯 ·青椒炒豆干 ·南瓜豆腐湯 ·青菜 ·水果

芝麻燕麥糙米飯 主食 4人份

材　料：

燕麥160克、糙米160克、黑芝麻粉32克

作　法：

1. 燕麥與糙米洗淨後泡水2小時，瀝乾水分後，加入比燕麥與糙米量多一倍半的水，放入電鍋內以一般煮飯方式煮熟。

2. 將煮好的燕麥糙米飯盛碗，食用前再拌入黑芝麻粉即可。

營養分析（1人份）

熱量（大卡）	蛋白質（克）	脂肪（克）	醣類（克）	纖維質（克）
347.6	8.5	9.6	56.8	6.8

【營養師的小叮嚀】

- 燕麥與糙米都是富含纖維質的優質食物，有助於降低血脂肪。

- 芝麻含有豐富油脂成分，具有降低血脂保健功能、抗氧化、延緩低密度脂蛋白氧化時間，達到保護器官組織，預防老化的效果。

紅麴毛豆薏仁飯 主食 4人份

材　料：

薏仁320克、毛豆100克

調味料：

紅麴醬40克、橄欖油2小匙、薑片適量、鹽適量

作　法：

1. 薏仁泡水2小時，洗淨、瀝乾水分後，加入比薏仁量多一倍半的水，再加入紅麴醬拌勻，放入電鍋內以一般煮飯方式煮熟。

2. 鍋中小火爆香橄欖油與薑片，續放入毛豆拌炒，炒熟後與煮好的薏仁飯拌勻，加少許鹽調味即可。

營養分析（1人份）

熱量（大卡）	蛋白質（克）	脂肪（克）	醣類（克）	纖維質（克）
348.6	14.6	9.0	52.3	2.3

【營養師的小叮嚀】

- 紅麴含有可以降低血脂功能的成分物質Monakolin K，因此具有降低血脂的保健功能。

- 毛豆每50公克含7公克蛋白質，是素食者蛋白質的良好來源；薏仁與毛豆都是富含纖維質的食物，適量食用有助於降低血脂肪。

主菜

素蘆筍手捲

4人份

材　料：

紅蘿蔔60克、蘆筍4支、
素火腿30克、壽司海苔2大張、
低脂優格100克、小麥胚芽20克

調味料：

芥花油1小匙

作　法：

1. 紅蘿蔔洗淨去皮、切長條狀；蘆筍洗淨。
2. 煮一鍋滾水，放入紅蘿蔔、蘆筍汆燙，撈起備用。
3. 鍋內倒入芥花油，以小火將素火腿煎成兩面黃，切成條狀，
   備用。
4. 壽司海苔2大張切成4小片。把作法2和3的材料捲入壽司海苔
   內，食用前淋上優格，撒上小麥胚芽即可。

營養分析（1人份）

熱量（大卡）	蛋白質（克）	脂肪（克）
98.6	4.8	4.2
醣類（克）		纖維質（克）
10.4		1.7

【營養師的小叮嚀】

 以低脂優格取代一般沙拉醬，除了可減少
油脂攝取量外，還能增加鈣質及乳酸菌的
攝取。

 小麥胚芽富含維生素E、B$_1$及蛋白質，營養
價值非常高；其中，維生素E屬於脂溶性抗
氧化維生素，對油脂擁有很好的親合力，
因此可減少脂質過氧化的現象發生，進而
降低心血管疾病的發生機率。

材　料：

美生菜4片、綠竹筍100克、乾香菇2朵（已泡水變軟）、松子14克、毛豆仁60克、素蝦仁80克、素香鬆20克

調味料：

芥花油2小匙、咖哩粉1小匙、鹽少許

作　法：

1. 美生菜洗淨；綠竹筍與乾香菇洗淨，切丁備用。

2. 將松子放入鍋內，不需加油，以小火炒香後，撈起備用。

3. 鍋內放入芥花油，以小火炒香香菇丁後，加入毛豆仁、綠竹筍丁拌炒，並加少許水燜熟，最後加入素蝦仁拌炒，再加入咖哩粉與鹽調味即可。

4. 將上述炒好的食材分成4小份，舀入美生菜內，撒上松子與素香鬆，包捲起來，即可食用。

營養分析（1人份）

熱量（大卡）	蛋白質（克）	脂肪（克）	醣類（克）	纖維質（克）
108.9	5.6	6.5	7.0	3.3

【營養師的小叮嚀】

● 素蝦仁主原料為蒟蒻，是含纖維質的低熱量食品。

● 松子除含不飽和脂肪酸，同時還可增加菜餡的風味與口感。

仙草燉烤麩　配菜　4人份

材　　料：

仙草乾200克、蒟蒻160克、烤麩140克、枸杞10克

調味料：

鹽少許

作　　法：

1. 仙草乾洗淨後，剪小段，放入湯鍋，加水蓋過仙草乾，蓋上鍋蓋，以小火熬煮2小時後熄火。把仙草乾撈出，同時將仙草湯汁過濾，備用。

2. 蒟蒻放入熱水內先汆燙過，再與烤麩一起放入仙草汁中，以小火煮到入味，再加鹽及枸杞續煮一下即可。

營養分析（1人份）

熱量 （大卡）	蛋白質 （克）	脂肪 （克）	醣類 （克）	纖維質 （克）
55.9	7.3	0.7	5.1	2.0

芋頭麵腸　配菜　4人份

材　　料：

削皮芋頭120克、生栗子60克（已去除薄膜）、麵腸240克、素香鬆20克

調味料：

芥花油1大匙、鹽少許

作　　法：

1. 芋頭洗淨去皮，切塊後與栗子放入電鍋內，蒸熟備用。

2. 起油鍋，以小火炒香麵腸，再加入芋頭塊與栗子拌勻，最後加鹽調味，撒上素香鬆即可。

營養分析（1人份）

熱量 （大卡）	蛋白質 （克）	脂肪 （克）	醣類 （克）	纖維質 （克）
204.7	14.0	6.3	23.0	2.0

【營養師的小叮嚀】

🍠 仙草乾可以提供天然香味，以減少過多調味料的使用。

🍠 食譜中採用低熱量食材與無油烹調法，選用幾無熱量且有飽足感的蒟蒻，對於減重者，可降低熱量攝取；此外，蒟蒻富含豐富纖維質，多食還有助於降低血脂肪。

【營養師的小叮嚀】

🍠 芋頭可以增添菜餚風味，減少調味料的使用量。

🍠 芋頭1人份30公克約等於1/8碗飯，因此若以芋頭做為配菜時，則應酌量減少當餐飯量，以求平衡各類飲食的攝取量。

南瓜豆腐湯 `湯品` `4人份`

材　料：

南瓜200克、中華豆腐200克、鴻喜菇100克、薑片2片

調味料：

鹽少許

作　法：

1. 南瓜洗淨去皮、切小片；豆腐切片，備用。
2. 取一湯鍋，倒入4碗的水量，煮滾後，加入南瓜片與薑片，煮至八分熟。續加入鴻喜菇和豆腐，稍煮一下，最後加鹽調味即可。

營養分析（1人份）

熱量 （大卡）	蛋白質 （克）	脂肪 （克）	醣類 （克）	纖維質 （克）
68.3	4.5	1.5	9.2	2.0

【營養師的小叮嚀】

🍠 南瓜富含 β 胡蘿蔔素，為天然抗氧化劑，可經常食用。

🍄 鴻喜菇、柳松菇、金針菇等菇類，皆含有豐富的黏多醣體（Mucopolysaccharide）、蛋白質、胺基酸、維生素、硒元素、纖維質及礦物質等，不但營養價值高，又能有助於降低血中膽固醇，幫助抗癌，具有高纖、低熱量的特性。

紫山藥牛蒡湯 `湯品` `4人份`

材　料：

紫山藥200克、牛蒡80克、乾金針20克

調味料：

鹽少許

作　法：

1. 紫山藥洗淨去皮、切小條狀；牛蒡洗淨去皮、切絲；乾金針洗淨，備用。
2. 取一湯鍋，倒入4碗的水量，把牛蒡絲放入鍋內，加水熬煮至味道出來；再加入紫山藥條，煮至八分熟。最後加入金針，煮滾後加鹽調味即可。

營養分析（1人份）

熱量 （大卡）	蛋白質 （克）	脂肪 （克）	醣類 （克）	纖維質 （克）
64.1	1.8	1.3	11.3	2.3

【營養師的小叮嚀】

🍠 牛蒡富含纖維質，用來煮湯還可增加湯頭的鮮美風味。

🍠 西式湯品的作法，常加入奶油或乳酪調味，使得飽和脂肪酸含量偏高，容易造成血脂肪升高。所以高脂血症患者製作湯點時，應運用能增加風味的蔬菜類，像是牛蒡、乾金針等，以降低油脂使用量。

地瓜核果三明治 `點心` `4人份`

材　料：

地瓜40克、市售綜合南瓜子堅果30克、
葡萄乾30克、全麥吐司2片

作　法：

1. 地瓜洗淨後、去皮，放入電鍋內蒸熟，取出壓成泥狀。
2. 將地瓜泥、綜合南瓜子堅果及葡萄乾，一層一層夾入吐司中，再將吐司對切成4小塊即可。

營養分析（1人份）

熱量 （大卡）	蛋白質 （克）	脂肪 （克）	醣類 （克）	纖維質 （克）
114.8	3.8	4.0	15.9	3.2

【營養師的小叮嚀】

🫐 此點心同時富含纖維質，其含量已達一日建議量（最少20公克）的1/6。

🫐 一般西點的材料不外乎奶油（含有飽和脂肪酸）與糖，不利於血脂控制。此點心設計，是運用地瓜天然甜味與綜合堅果的油脂（為不飽和脂肪酸），非常符合健康的需求。

金棗寒天水晶凍 `點心` `4人份`

材　料：

新鮮金棗100克、洋菜粉（寒天）30克

調味料：

冰糖20克

作　法：

1. 金棗洗淨，放入果汁機內，加入適量冷開水，攪碎備用。
2. 把打碎的金棗泥放入鍋內（不必加水），以小火熬煮至香味溢出，加入冰糖續熬煮至濃稠狀，即成金棗醬。
3. 洋菜粉加入1000 c.c.水熬煮至洋菜均勻溶解，倒入方形平盤，移入冰箱內，讓其冷卻凝固。
4. 取出洋菜凍切成小丁塊，放入碗中，淋上少許金棗醬即可。

營養分析（1人份）

熱量 （大卡）	蛋白質 （克）	脂肪 （克）	醣類 （克）	纖維質 （克）
55.3	0.2	0.1	13.4	6.1

【營養師的小叮嚀】

🫐 洋菜富含水溶性纖維，用來製作甜點，除可降低熱量，也具有降低血脂的效果。

🫐 若直接使用市面販售的金棗醬，建議不要再加冰糖，以免糖分、熱量都攝取過量。

高血壓
素食飲食處方

文 劉秀英（前臺大醫院營養師）

高血壓患者每日飲食注意事項（高血壓患者的每日攝取總熱量，因個人體位、活動量及有無疾病而異，必要時可諮詢營養師）：

- 應多攝取低脂、低鹽、高鈣和高纖維，均衡、新鮮且多樣化的飲食。
- 每天要從六大類食物中吃到主食2～4碗（最好是全穀類主食）。
- 低脂牛奶1～2杯（每杯約240c.c.）。
- 豆製品、麵製品或堅果類4～6份（每份約1兩重）。
- 青菜4～5碟（約一斤半以上）。
- 水果2～3份（每份約棒球大小）。
- 油脂2～3大匙（每大匙15公克）。

簡單認識高血壓

　　認識高血壓之前，應先了解什麼叫做血壓？血壓指的是血流衝擊血管壁引起的一種壓力，可分為收縮壓及舒張壓兩種。收縮壓又叫心縮壓，是當心臟收縮時，把血液打到血管，所測得的壓力；舒張壓則又叫心舒壓，是心臟在休息不收縮時，所測得的壓力。

　　一般來說，舒張壓值會小於收縮壓值。正常的血壓值又是多少？在平穩狀態下坐著測量，收縮壓在130毫米汞柱以下，舒張壓在85毫米汞柱以下，都算是正常值。但若是收縮壓在130～139毫米汞柱，舒張壓在85～89毫米汞柱之間，雖屬於正常但偏高的血壓值，需小心注意；而根據世界衛生組織的定義，收縮壓超過140毫米汞柱，舒張壓超過90毫米汞柱就稱為高血壓。

　　在臺灣，年齡超過四十歲以上的人口當中，有高達20～25％的人罹患高血壓，隨著年齡的增加，高血壓的患者也愈來愈多。事實上，高血壓在開始發病時通常沒有明顯症狀，有的只是暫時性的頭暈、頭痛、頭很重或頸部緊繃感，因此超過一半以上的病人根本不知道自己的血壓過高，更遑論到醫院檢查或做治療。高血壓患者通常是等到發生併發症，如腦中風、心肌梗塞、心臟衰竭、腎衰竭及視網膜出血等，生命和健康已經遭到嚴重威脅，才意識到必須趕緊到醫院就診，但通常為時已晚，這就是為什麼高血壓被稱為「隱形殺手」的主要原因。

▲ 高血壓在初期較無明顯的症狀，通常只有暫時性的頭暈、頭痛或頸部的緊繃感等現象而已。

高血壓分為原發性及續發性

▌原發性（本態性）高血壓

　　此類型高血壓約占90％，原因不明，早期看不出任何病理變化，後期可能出現末梢血管抵抗力增加，發生血管硬化現象，因而造成腎臟血管、冠狀動脈、視網膜血管、腦血管等重要器官受損。此類型高血壓因無法根治，多有賴長期服藥控制，以防止併發症出現。

原發性高血壓的可能原因	
家族遺傳	·父母本身有高血壓，子女也較容易得到高血壓。
環境影響	·**年齡**：隨著年齡的增加，血管彈性降低，末梢血管的阻力增加，血壓容易逐漸上升。 ·**飲食**：鈉（鹽和味精）、脂肪（尤其是飽和性脂肪）及酒類攝取過多，而鈣、鎂、鉀、葉酸及膳食纖維攝取太少，也較容易得到高血壓。 ·**體重**：體重愈重，心臟需更加費力，才能將血液送至全身，因而容易造成血壓上升。 ·**生活型態**：抽菸、壓力、生活緊張、容易興奮及焦慮，都會使血管收縮，血管構造因而發生變化，造成血管阻力增加，血壓自然上升。

▍續發性高血壓

可能是某些疾病的部分表現，像是糖尿病、腎臟病、內分泌失調（如庫氏症候群、副腎髓質腫瘍、甲狀腺機能亢進等）以及神經系統疾病（如腦瘤、腦炎、鉛中毒、脊髓受傷等），也會併發高血壓。

續發性高血壓可以是暫時性或永久性，在高血壓病人中約占10％，但如果疾病治癒，血壓便不再增高。

此外，口服避孕藥也會增加高血壓發生的機率，部分婦女懷孕時也會有高血壓的情形出現。

世界衛生組織成年人血壓值一覽表

血壓分類	收縮壓（毫米汞柱）	舒張壓（毫米汞柱）
理想血壓	＜120毫米汞柱	及＜80 毫米汞柱
高血壓前期	120～139毫米汞柱	或80～89毫米汞柱
第一期高血壓	140～159 毫米汞柱	或90～99 毫米汞柱
第二期高血壓	≧160 毫米汞柱	或≧100毫米汞柱

高血壓患者的飲食原則

少鈉幫助降低血壓

目前所知約有九成的高血壓屬於原因不明，可能與家族遺傳、環境因素，如肥胖、吃的太鹹等有關，而其中不當的飲食，更是誘發高血壓的重要因素之一；特別是食物中鈉含量的多寡，對高血壓患者而言，可說影響深遠。

根據流行病學的調查，及許多臨床試驗的結果，都顯示飲食中鈉的攝取量和血壓值，有明顯的相關性；也就是說鈉攝取過多時，高血壓的罹患率會相對地提昇；而減少鈉的攝取，不論對一般人或是高血壓患者，都能幫助降低血壓，尤其對高血壓患者的效果更為顯著。

（夾心餅乾，100克／包）

	營養標示
每一份量	20克
本包裝含	5份
	每份
熱量	80大卡
蛋白質	1克
脂肪	4克
碳水化合物	10克
鈉	10毫克

▲ 購買調味料或加工食品時，都應特別留意食品標示，以控制鈉的攝取量。

許多的飲食試驗也發現，不論是短期或中長期的減鈉飲食，的確可使平均血壓值下降，而降低幅度也和鈉的攝取量有關，因此限制鈉的攝取量，是控制高血壓的重點之一。

可能許多人仍有疑問：「鈉是什麼？」鈉其實是一種礦物質，主要幫助控制體內水分的平衡；當鈉攝取過多時，會使水分滯留在體內，增加血壓及心臟負擔；攝取太少或缺乏時，身體又容易會有疲勞、虛累、倦怠的現象產生。

鈉一般可以從自然食物、加工食品、調味品或某些藥物中獲得，而其中最主要來源是食鹽；1公克食鹽中含有約400毫克的鈉，而1公克味精中也有約130毫克的鈉。除了鹽和味精以外，豆瓣醬、辣椒醬、素沙茶醬、甜麵醬、素蠔油、烏醋、番茄醬、胡椒鹽等調味料，也都含有鈉，因此烹調食物時減少以上調味料的使用，也就間接減少了鈉的攝取。此外，許多加工食品在製作過程中也會添加大量含有鈉的調味料，所以在購買時應特別留意食品標示，以控制鈉的攝取量。

▲ 減少日常調味品中的鈉攝取，有效預防高血壓。

飲食中含有高鈉成分的食物

種類	食物來源
奶製品	・如各式各樣的乳酪。
魚、肉、蛋及豆類	・**醃漬、滷製、燻製食品**：如素燻雞、滷味、豆腐乳、素肉鬆等。 ・**罐製食品**：如素肉醬、醬菜類罐頭等。 ・**加工食品**：如各式素肉丸子、素餃類等。
五穀根莖類	・麵包、蛋糕及甜鹹餅乾、奶酥等。 ・油麵、麵線、速食麵、速食米粉、速食冬粉等。 ・**油脂類**：奶油、瑪琪琳、沙拉醬等。
蔬菜類	・醃漬蔬菜，如榨菜、酸菜、醬菜等。 ・加鹽的冷凍蔬菜，如豌豆莢、青豆仁等。 ・各種加鹽的加工蔬菜汁及蔬菜罐頭。
水果類	・乾果類如蜜餞、脫水水果等 ・各類加鹽的罐頭水果及加工果汁。
其他	・味精、豆瓣醬、辣椒醬、素沙茶醬、甜麵醬、素蠔油、烏醋、番茄醬等。 ・炸洋芋片、爆米花、米果、各式素食零嘴。 ・運動飲料。

小心肥胖容易導致高血壓

除了攝取高量的鈉，肥胖與高血壓也有明顯相關，但致病生理機轉並不很清楚。肥胖者的血液總容量增高，心臟的輸出量也增多，每分鐘排入血管的血量增加，這是造成肥胖者易於合併高血壓的重要原因。

此外，肥胖者常多食，他們血液中的胰島素濃度常較高，且有胰島素阻抗的現象，這種多食與高胰島素血症會刺激交感神經功能，使血管收縮，進而增加血管壁的阻力，而造成血壓升高。高胰島素血症也會引起腎臟對鈉的回收增多，增加血液容量，也可使血壓升高。

值得注意的是，與正常體重的高血壓患者相比，肥胖高血壓患者同時還容易合併血脂異常和糖尿病，加上活動相對較少，動脈硬化發生的危險性大大提高，而硬化的血管難以隨著血流量的進入而擴張，結果導致血壓更高；惡性循環，相對危險性更高。然而，經過減肥，肥胖者的高血壓是可以明顯減輕，甚至有機會恢復正常。在降低血壓的同時，減肥還可以減輕糖尿病和血脂異常的病況，也大大降低心腦血管疾病的危險。

避免攝取過量飽和脂肪與反式脂肪

脂肪是提供食物美味和體內必須脂肪酸的主要來源，但過多或不好的脂肪則會威脅身體健康。並非所有脂肪都不好，對身體不好的是「飽和脂肪」以及「反式脂肪」，而適量的單元或多元不飽和脂肪對身體是有益的。

飽和脂肪通常以固態存在，大部分為動物食品，如牛油、豬油、奶油製品、乳酪、肉類的脂肪等；但也有兩種常用的植物油：椰子油（90％飽和）和棕櫚油（50％飽和），其主要運用在糕餅類、餅乾、派、糖果和巧克力中，廣泛被採用的原因是價格便宜、容易取得和保存，以及不易變質。

當液體狀態的植物油經過「氫化」會變為固體，便會形成反式脂肪，氫化過的植物油，如糕餅中常用的起酥油、人造奶油；天然的動物食品，如牛奶、羊乳、牛肉、羊肉等，也含少量的反式脂肪。反式脂肪耐高溫、不易變質，可延長許多加工食品的保存期限，但特性類似飽和脂肪，會增加冠狀動脈心臟病和中風危險。總之，攝取過量的飽和脂肪和反式脂肪，均會增加動脈硬化等心臟血管疾病的風險。

糖類容易使血液中的脂肪上升

過多的糖在肝臟中會轉變成中性脂肪（又稱三酸甘油脂，俗稱血油），會促成血液中脂肪的上升，導致高脂血症，特別是精緻糖類，如糕餅和飲料中的糖；另外攝取過多的澱粉和水果，或是長期酗酒，也會造成高脂血症。

高脂血症的主要危害是導致動脈粥狀硬化，進而引起冠狀動脈心臟病（簡稱冠心病），是一種致命性的疾病；嚴重的高脂血症也會誘發急性胰臟炎，是另一種致命性疾病。此外，高脂血症也常併發高血壓、高血糖、脂肪肝、肝硬化及膽結石等疾病。

高血壓患者的8大飲食原則

▌維持理想體重

體重盡量維持穩定，若體重因反覆減肥而造成起伏不定，反而會對血壓控制和身體健康不利。

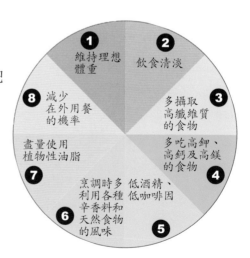

▌飲食清淡

應採用低鈉、低脂肪及低膽固醇的飲食原則，避免重口味、高油脂或高膽固醇的食物，以維持血壓和體重的穩定。

▌多攝取高纖維質的食物

提高新鮮蔬菜水果的攝取量，每日蔬菜約為5～6份，水果3～4份；若同時患有高血脂或糖尿病的患者，水果每日不要超過2份，其餘的水果以蔬菜替代。除了多食用蔬果外，也應多攝取全穀類食物，並避免攝取精製的甜點、含有蔗糖或果糖的飲料、各式糖果、蛋糕、餅乾及水果罐頭等加糖的製品。

▌多吃高鉀、高鈣及高鎂的食物

可增加低脂乳製品的攝取，若飲用低脂鮮奶會腹瀉的人（乳糖不耐症），可以食用優酪乳或優格，只是此類製品在國內的產品中含有太多的糖分，對健康不利，宜適量食用。

▌低酒精、低咖啡因

若有飲酒習慣，請控制酒精攝取量在每日2份以內，約相當於葡萄酒90c.c.。

▌烹調時多利用各種辛香料和天然食物的風味

烹調時可利用薑、八角、肉桂、五香粉等辛香料，使菜餚口味富於變化；至於香味和風味，則可利用芹菜、花生、芝麻等；甘美味可用香菇、草菇、海苔、海帶等；甜酸味可用白糖、白醋、鳳梨、番茄、檸檬汁等；鮮味則可用蒸、燉、烤的方式來保持。

▌盡量使用植物性油脂

烹調用油宜選擇苦茶油、橄欖油、沙拉油、花生油或紅花籽油等植物性油脂。

▌減少在外用餐的機率

增加在家用餐的次數，可以避免外食時，攝取過多的鹽、味精等調味料，若無法避免外食情況，則忌食湯汁和醃漬食品。

治療及調養期的素食處方

　　高血壓的控制除了按時服藥、生活正常及養成運動習慣之外，飲食控制也是很重要的一環。過去對於高血壓的飲食防治對策是體重盡量維持穩定，將鈉的攝取量控制在每日3公克以內（約相當於7.5公克的食鹽），同時增加鉀的攝取，以及將酒精的攝取量控制在每日2份以內。

　　飲食遵從低鈉和低脂原則，不僅可以降低血壓，還能降低罹患冠狀動脈心臟病的風險。但若高血壓患者已採行低鈉飲食，仍無法將血壓控制在目標值以內，應諮詢醫師，同步進行降血壓藥物治療才行；而配合低鈉飲食的原則，也可使降壓藥物效果發揮得更好，甚至可因此降低藥物劑量。

高血壓防治飲食對策（DASH）多蔬果少油脂

　　近年來，高血壓的飲食防治，首推經由美國心肺血管研究院採用的「高血壓防治飲食對策」（Dietary Approaches to Stop Hypertension Trial, 簡稱為DASH Trial）；DASH的飲食特色為富含蔬菜、水果、低脂食物，以及增加乳品與堅果類的攝取，同時避免食用含高油脂、高飽和脂肪酸及高膽固醇的食品。

　　進一步的探討更發現，將食物中脂肪總量減少，尤其是避免飽和脂肪酸的這一項改變，對於降低血壓，效果也很顯著。這也顯示了DASH飲食中含有各種有助於降低血壓的營養素，不僅僅適用於有高血壓的患者，也適合一般成人的健康飲食，對於防治心血管疾病也有很大的益處。

　　DASH的飲食計畫，除了低油和中度限制鈉的攝取（1500～2400毫克／每天，相當於4～6公克鹽／每天）外，也特別強調鉀、鈣、鎂三種礦物質的攝取。鉀、鎂有助於維持心臟的正常功能，而鈣質則有鬆弛血管平滑肌，及安定神經的作用。此外，DASH飲食中特別加強了蔬菜、水果及低脂乳製品的份量，並減少陸上動物性肉類食品，增加種子及乾豆類食品的攝取。

▲ 為了控制高血壓，除了多蔬果少油脂外，還需攝取乳品及堅果，才能避免尿鈣排出增加的現象。

　　由參與的實驗者中也發現，執行DASH飲食的參與者，其收縮壓下降的平均值較對照組多了5.5毫米汞柱，而舒張壓則多減了3.0毫米汞柱；而若是只有增加蔬果攝取量，與對照組比較，在收縮壓及舒張壓上，分別只能減低2.7和1.9毫米汞柱，由此可見DASH飲食的優異效果。此外，參與DASH飲食計畫的人，改變飲食習慣之後的2週，就開始產生降血壓的效果，且作用可持續6週以上。

　　綜觀DASH飲食的特色有：多蔬果、多乳品與堅果以及少油脂，雖然很簡單卻有極大保健及治療上的助益，故高血壓患者應確實遵行。但飲食中若只是增加蔬果（高纖維食物）攝取量，會發生尿鈣排出增加的現象，過去也有研究指出，若是食用大量動物性蛋白質食物，會使尿鈣的排出量增加。但DASH研究卻發現：在食用高纖食物的同時，增加低脂乳製品的攝取，就不會發生這種現象，這對骨質疏鬆症的防治也應當具有效果（奶蛋素者可以喝乳製品）。

　　因此對有輕微高血壓的患者，不論他是否已經需要服用高血壓藥物，DASH飲食可以減少藥物使用，或是延後給予高血壓藥物的時間；研究也發現，對於沒有高血壓的個案，他們血壓下降的數值，雖然比不上那些患有高血壓的患者，但應當也可以用來作為預防高血壓的策略之一。

▲ 素食者日常飲食便多以蔬果、豆製品、堅果類為主，只要再注意奶製品攝取，及低脂低鹽的烹調，便能符合DASH的飲食原則。

　　其他針對高血壓與疾病的相關研究，也都提到，DASH飲食降血壓的效果，可以使高血壓引起的心血管疾病減少15％，而中風則可減少27％。因此，若一般民眾可以將DASH飲食原則實踐在日常生活中，可連帶減少這些疾病的發生機率。

　　對於素食者來說，飲食是以植物性食物為主，植物性食物本身沒有膽固醇，食材多為各式各樣的蔬菜，再搭配適量的水果、全穀類主食、豆製品、堅果類和低脂或脫脂牛奶，若再採用低脂和低鹽的烹調方法，就能符合DASH飲食的精神。因此，只要掌握正確的素食，就能輕輕鬆鬆遠離高血壓。

高血壓期間的素食處方

▌加強全穀類的主食

多食用糙米、胚芽米、十穀米等五穀雜糧類當作主食，不僅可增加纖維質、維生素及礦物質的攝取，並有助於血壓的控制。至於每天的攝取量，應依個人需求和活動量而定，一般人約2～4碗。

▌多吃蔬菜及適量的水果

成人每天應攝取約7～10份的蔬菜水果，其中蔬菜至少5份以上，至於蔬果的種類愈多愈好，顏色搭配盡量像彩虹般，包含紅、橙、黃、綠、藍、紫、黑及白色。每天吃進豐富的蔬果，不僅纖維多，也能增加鉀、鈣及鎂離子的攝取，更有助於血壓的控制；但對於體重過重或糖尿病患

▲ 主食類可盡量選擇五穀雜糧，幫助纖維質及維生素等營養攝取。

者，則應注意水果僅能適量食用即可，以免攝取過多的糖分，讓血糖升高或體重更重。

▌適量攝取堅果類食物

植物性蛋白質可避免膽固醇和過多飽和脂肪的攝取，危害血管的健康；建議可以適量攝取堅果類食物，以增加維生素、礦物質及抗氧化物質的攝取。

▌飲用低脂乳製品

奶蛋素者每天可飲用2杯（每杯240c.c.）的低脂或脫脂乳品，以增加鈣質攝取，幫助血壓控制。

▌採用低鈉飲食

每天約能攝取1500～2400毫克的鈉，相當於4～6公克的鹽。除了選用天然食物，避免醃漬或加工食品外，烹調時也可利用酸、甜、甘、辛香料、中藥材以及低鈉的食材和調味品等，來增加口味的變化。

▌減少油脂的攝取量

每天約攝取2大匙（30公克）的烹調用油，並使用低油的烹調方法，如清蒸、水煮、涼拌、烤、燒、燉、滷等方式，減少油煎、油炸等高油脂的烹調；但即使是使用植物油也要減少用量，且烹調用油宜選用單元不飽和脂肪酸高的油，如苦茶油、橄欖油等。此外，也要注意減少反式脂肪，如蛋糕、餅乾等，其所使用的烤酥油或氫化過的精緻油，容易影響健康。

低鈉飲食的烹調小撇步

口味運用	烹調方法
糖醋的利用	烹調時使用糖醋來調味，可增添食物甜酸的風味。
酸味的利用	在烹調時使用白醋、檸檬、蘋果、鳳梨、番茄等，可增加風味。
甘美味的利用	可利用香菜、菇類、海帶等來增添食物的美味。
中藥材與辛香料的利用	使用人參、當歸、枸杞、川芎、黑棗等中藥材及辛香料，可以減少鹽量的添加。
焦味的利用	可以使用烤、燻的烹調方式，使食物產生特殊的風味，再淋上檸檬汁，即可降低因少放鹽造成淡而無味的感覺。
鮮味的利用	用烤、蒸、燉等烹調方式，保持食物的原有鮮味，以減少鹽及味精的用量。
食物天然風味的利用	多用薑、胡椒、八角、花椒及香草片等低鹽佐料，或味道強烈的蔬菜，如彩椒、香菜、芹菜、九層塔、香菇等，利用其特殊香味，達到變化食物風味的目的。
低鈉調味品的利用	可使用含鈉量較低的低鈉醬油或食鹽來代替，但須按照營養師的指導使用。

聰明吃外食的素食處方

依據行政院衛生署統計資料顯示，國內外食人口每天約1,770萬人次，平均每餐約六百萬人次，其中有高達70～80％的人屬於上班族。一天中有兩餐是外食，且有偏食的習慣，再加上吃飯時間不定，很多人因長期外食進而對健康產生了負面影響。

對高血壓素食者而言，在外食時應把握的飲食重點為**三低一高：低油、低鹽、低糖及高纖維**，才能顧好肚子又不傷身體；同時三餐正常食用，掌握營養均衡及定時、定量等飲食原則，留意多種食物的搭配，以獲得完整的營養，也能吃得健康、吃出美味。

低油

高油的飲食是造成心血管疾病的主要原因之一，所以點餐時應避免選擇油炸類食物或油酥類點心，改食用清蒸、水煮、涼拌、燉、烤、燒、滷等少油烹調的食物。如果買的菜餚含油量偏高，建議先瀝乾湯汁或過一下開水後再吃為宜；西餐麵包則以不塗奶油方式為佳。

低鹽

飲食過鹹易使血壓更高、加重心臟及腎臟負擔，但外食口味大部分都很重，不知不覺鹽分就會超量攝取。因此若情況允許，點菜時可先叮嚀餐廳，調味要清淡；另外，加工食品、醃漬食品及速食泡麵，鹽分都很高，還是少吃為妙。

而上班族常吃的涮涮鍋，表面看似清淡，但其高湯和醬料都含較高的鹽分及熱量，對高血壓患者也是一項負擔，可以要求以清水代替，利用高麗菜、番茄、香菇等先下鍋熬湯，以增加湯頭甜味，火鍋材料也要避免加工食品，盡量以新鮮食材為主。除正餐所吸收的鹽分外，也不要忽略零食中的鹽分，像是蜜餞、洋芋片等，都不宜多吃。

低糖

過多的糖量會使體內脂肪堆積，導致肥胖、血脂過高及血管硬化等問題，對高血壓患者而言不可不注意。更常被忽略的是，含澱粉高的食物，如過多的白飯、麵條、糕餅、麵包等，這類食物在進入體內後，通常

▲ 外食族選用白飯、糕餅、麵包等食物時，需多加留意，以免不自覺地吃進過多熱量和糖分。

直接轉變成葡萄糖而被吸收,使得外食族常為了方便快速,不自覺地吃進過多熱量和糖分。還有,市售的餅乾和甜點類食品,也使用大量的砂糖、精緻麵粉及人工奶油來製作,均不宜多吃。

因此在外食的選擇上,應盡量選用全穀類主食(不可額外加糖),每餐飯量約一碗,不吃勾芡類食物,因其中含大量的太白粉和油。另外,不喝含糖飲料,用無糖茶或白開水來替代。特別值得注意的是,新鮮水果也屬於含糖量高的食物,成人一天的建議量約為2～3份(1份的量約一個棒球大小)。

高纖維

高纖維的食物較有飽足感,可以減少進食高脂肪的食品。但外食者纖維的攝取常見不足,此時需靠個人刻意多選擇蔬菜,以增加纖維的攝取。除此之外,主食可以選擇糙米、胚芽米、五穀飯、豆類等,不僅含有高纖維,也富含維生素。

一週三餐素食菜單規劃(份量依個人情況而定)

	星期一	星期二	星期三	星期四	星期五	星期六	星期日
早餐	·高鈣雜糧堡(雜糧饅頭夾蔬菜起司) ·芒果優酪乳	·綠豆稀飯 ·紅椒炒蛋 ·芹菜豆干 ·青菜	·蔬菜起司蛋餅 ·山藥薏仁漿 ·水果	·素蘿蔔糕 ·茶葉蛋 ·青菜 ·豆奶	·杏菇養生菜包 ·黑豆漿 ·水果	·茶油拌麵 ·番茄豆腐 ·紅燒麵腸 ·青菜	·蔬果三明治 ·低脂牛奶 ·水果
午餐	·黃豆胚芽飯 ·三杯素豬肚 ·絲瓜豆腐 ·青菜 ·鮮菇牛蒡湯 ·水果	·奶香蔬菜燉飯 ·豆包蔬菜捲 ·腰果彩椒海鮮 ·青菜 ·十全大補湯 ·水果	·素花壽司 ·青菜 ·味噌豆腐湯	·紅豆糙米飯 ·芝麻豆皮 ·銀芽拌豆干 ·青菜 ·大黃瓜湯 ·水果	·香椿義大利麵 ·青菜 ·黃金蔬菜湯 ·香蕉優格	·地瓜飯 ·羅漢齋(麵輪) ·回鍋肉 ·青菜 ·當歸湯(麵筋丸) ·水果	·彩虹養生火鍋 ·蕎麥麵
晚餐	·炒粄條 ·素燴海鮮(豆腸) ·青菜 ·佛跳牆(烤麩)	·花素水餃 ·青菜 ·酸辣湯	·大滷麵 ·乾扁四季豆(素肉絲) ·青菜 ·水果	·焗烤通心粉 ·白果豆腐煲 ·青菜 ·洋芋蘑菇湯 ·水果	·五穀飯 ·糖醋烤麩 ·豆苗三絲 ·青菜 ·蘿蔔海帶芽湯 ·水果	·咖哩米粉 ·樹子油豆腐 ·青菜 ·筍片湯 ·水果	·燕麥薏仁飯 ·黑棗香菇素雞片 ·炒四寶(豆干丁) ·青菜 ·花菜湯 ·水果

主食
4人份

高鈣雜糧堡

材　料：

雜糧饅頭4個、低脂低鹽起司4片、
紫色高麗菜2～3片、
紅色大番茄1個、小黃瓜1條

作　法：

1. 雜糧饅頭橫切開（不要切斷）；紫色高麗菜洗淨，瀝乾水分
　 後，切細絲；大番茄、小黃瓜洗淨，切片狀。

2. 把起司和作法1中處理好的蔬菜，隨意夾進雜糧饅頭中間，
　 即可享用。

營養分析（1人份）

熱量（大卡）	蛋白質（克）	脂肪（克）
322	13.5	4
醣類（克）		
58		

【營養師的小叮嚀】

● 起司屬於高鈣食物，只要記得選擇低脂低
　鹽的起司，就是高血壓患者的最佳鈣質攝
　取來源。

● 蔬菜的種類沒有限制，可自由搭配，如苜
　蓿芽、紅蘿蔔絲、蘿蔓生菜、彩色甜椒、
　高麗菜、萵苣等。

主食

奶香蔬菜燉飯

4人份

材 料：

胚芽飯800克、青江菜200克、高麗菜200克、黑木耳4片、紅蘿蔔1/3條、起司絲100克、低脂鮮奶500c.c.

調味料：

橄欖油2小匙、鹽1/2小匙

作 法：

1. 青江菜、高麗菜及黑木耳分別洗淨，切細絲（青江菜也可切小段）；紅蘿蔔洗淨去皮，切絲備用。

2. 起油鍋，放入紅蘿蔔絲、高麗菜絲炒香，再加進青江菜和黑木耳翻炒一下，即可盛起備用。

3. 鍋中放適量水加熱，水滾後放入胚芽飯，待其再次滾煮後，再加入炒過的青菜拌勻，然後放入起司絲（此時要不停攪拌，避免黏鍋）。

4. 最後加入鮮奶攪拌一下，待湯汁收到半乾狀態，即可熄火。

營養分析（1人份）

熱量（大卡）	蛋白質（克）	脂肪（克）	醣類（克）
452	19	9.3	73

【營養師的小叮嚀】

- 燉飯不像炒飯需要用很多的油量：再搭配低脂鮮奶和起司絲，鈣質高、油脂低，很適合高血壓患者食用。
- 米飯和蔬菜的種類，可依個人喜好自由搭配，但記得多選擇高纖維和多樣化的五穀類及蔬菜類。

主菜 芝麻豆皮

4人份

材　料：

豆皮（厚、薄均可）120克、
白芝麻20克、香菜末少許

調味料：

橄欖油2大匙、醬油1大匙、
糖1小匙、鹽1/2小匙

作　法：

1. 起油鍋，放入豆皮和調味料拌炒，起鍋前，撒下白芝麻和香
   菜末翻炒一下，即可熄火。

營養分析（1人份）

熱量（大卡）	蛋白質（克）	脂肪（克）
115	8.6	7.6
醣類（克）		
3		

【營養師的小叮嚀】

- 芝麻富含鈣質和抗氧化物質，也具有降血脂的保健功能。
- 橄欖油或苦茶油富含單元不飽和脂肪酸，是目前較被推薦的健康的油脂。
- 若使用厚豆皮需先煮一鍋滾水，放入汆燙後再撈起，以去除過多的油脂。

材　料：

生豆包4個、綠蘆筍8根、紅蘿蔔1條、刈薯1個、橄欖油4小匙、太白粉末少許

調味料：

素蠔油少許

作　法：

1. 綠蘆筍洗淨、削去老硬粗皮，切段；紅蘿蔔和刈薯洗淨、去皮，分別切成和綠蘆筍長度相同的小條狀。

2. 煮一鍋滾水，把作法1處理好的蔬菜，分別放入熱水中汆燙至熟，撈起備用。

3. 把生豆包攤開，灑上少許太白粉末後，隨意排放上燙熟的蔬菜條，再將其壓緊捲起來。

4. 起油鍋，以小火將生豆包卷煎至兩面金黃，即可起鍋，將其斜切開，蘸素蠔油享用。

營養分析（1人份）

熱量（大卡）	蛋白質（克）	脂肪（克）	醣類（克）
144	11.5	9.5	3

【營養師的小叮嚀】

- 刈薯若買不到，可用山藥替換。
- 生豆包搭配各式蔬菜，再用健康的油以小火慢煎，清爽又不油膩，還富含纖維質。
- 素蠔油也可改成水果優格、水果醋或是日式和風醬汁，不但鈉更低，又能享受另一種風味。

腰果彩椒海鮮　配菜　4人份

材　料：

腰果20克、紅甜椒1/3個、黃甜椒1/3個、
青椒1/3個、素蝦仁20克、素魷魚20克

調味料：

橄欖油4小匙、鹽少許

作　法：

1. 除腰果外，將所有食材洗淨，三種椒類去籽
　後，切滾刀塊，大小如同素蝦仁。
2. 煮一鍋滾水，放入素蝦仁和素魷魚，汆燙一
　下，撈起備用。
3. 起油鍋，放入素蝦仁和素魷魚翻炒，再放入三
　種椒類和腰果大火快炒，加點鹽拌勻即可。

營養分析（1人份）

熱量 （大卡）	蛋白質 （克）	脂肪 （克）	醣類 （克）
102	1.8	7.5	6.9

【營養師的小叮嚀】

- 彩色甜椒顏色漂亮，有特殊風味又含抗氧化物質，是健
　康美味的食材，也可減少調味品的使用。
- 堅果類的食物富含抗氧化物質，有益健康，但因堅果類
　富含油脂，應注意攝取量，以免熱量過高。

糖醋烤麩　配菜　4人份

材　料：

烤麩140克、新鮮鳳梨600克、青椒2個、
紅蘿蔔1/2條

調味料：

橄欖油4小匙、糖2小匙

作　法：

1. 鍋中加油燒熱，放入切塊的烤麩過油，撈起後
　沖一下冷水備用。
2. 鳳梨切小塊狀；青椒洗淨、去籽，切片狀；紅
　蘿蔔洗淨、去皮，切小片狀。
3. 鍋中放適量的水煮滾，加入烤麩、鳳梨和紅蘿
　蔔，蓋上鍋蓋以小火燜煮，待紅蘿蔔快熟時，
　加入糖和青椒煮一下，即可熄火。

營養分析（1人份）

熱量 （大卡）	蛋白質 （克）	脂肪 （克）	醣類 （克）
154	8	8	12.5

【營養師的小叮嚀】

- 多利用鳳梨、青椒及紅蘿蔔等食物的天然風味，可減少
　烹調時調味料的使用，是高血壓飲食控制重點之一。
- 烤麩稍微過油後口感較佳，建議過油起鍋後，除了沖一
　下冷水，也可利用餐巾紙吸油，避免太多油脂附著。

黃金蔬菜湯 `湯品` `4人份`

材　料：

南瓜500克、蘑菇8朵、
巴西里末少許（新鮮或乾燥的都可以）

作　法：

1. 所有食材洗淨；南瓜去皮、去籽，切小塊狀，
   放入果汁機內，加水淹過南瓜，攪打成汁狀。
2. 蘑菇切片，與打好的南瓜汁一起放入湯鍋中，
   再加入4碗水，以小火煮至濃稠狀（記得要不停
   攪動，避免糊鍋）。
3. 熄火前撒上巴西里末即可。

營養分析（1人份）

熱量 （大卡）	蛋白質 （克）	脂肪 （克）	醣類 （克）
74	2	0	16.5

【營養師的小叮嚀】

- 南瓜口感香甜，又富含抗氧化物質，不用加任何調味
  料，好吃又健康。
- 蘑菇也可改用其他菇類，如杏鮑菇、柳松菇等替代。

鮮菇牛蒡湯 `湯品` `4人份`

材　料：

牛蒡1/2條、新鮮香菇8個、
香菜少許（可依個人喜好加入）

調味料：

鹽1小匙

作　法：

1. 牛蒡、香菇和香菜，分別洗淨；牛蒡以刀子輕
   刮表皮，再切成滾刀塊；香菇分切成四等分。
2. 鍋中倒入4碗水煮滾，把切好的牛蒡放入，蓋上
   鍋蓋，以中火煮至聞得到牛蒡香味後，續放入
   香菇，讓其滾煮約5～10分鐘，放入鹽和香菜，
   即可熄火。

營養分析（1人份）

熱量 （大卡）	蛋白質 （克）	脂肪 （克）	醣類 （克）
100	3.6	0.7	19.9

【營養師的小叮嚀】

- 牛蒡和香菇均富含豐富的纖維質，不僅可增加飽足感，
  又能讓飲食更健康。而且牛蒡、香菇和香菜都有天然香
  味，可減少調味品的使用，非常適合高血壓患者作為飲
  食入菜用。起鍋後也可依個人喜好加點香油，又是另外
  一種風味。

水果燕麥粥 點心 4人份

材　料：

木瓜1個、香蕉1根、燕麥片120克

作　法：

1. 木瓜洗淨、去皮，切小丁；香蕉去皮，切小片，備用。
2. 先將燕麥片放碗中，倒進熱開水沖泡開（水量要淹過燕麥片），再加入作法1處理好的木瓜和香蕉拌勻，即可。

營養分析（1人份）

熱量 （大卡）	蛋白質 （克）	脂肪 （克）	醣類 （克）
196	4	0	45

【營養師的小叮嚀】

● 燕麥片富含水溶性纖維，經常食用可幫助降低體內膽固醇；也可與牛奶一起沖泡，更能增加鈣質。

● 水果可依個人喜好和季節不同，換成其他水果，如草莓、芒果、哈密瓜、鳳梨、奇異果、蘋果等。

香烤地瓜 點心 4人份

材　料：

地瓜4小條

作　法：

1. 將地瓜以菜瓜布刷洗乾淨（不必去皮），瀝乾水分。
2. 烤箱先預熱至200℃備用。把地瓜排放入烤箱內烤約60～80分鐘，烤熟後即可。

營養分析（1人份）

熱量 （大卡）	蛋白質 （克）	脂肪 （克）	醣類 （克）
136	4	0	30

【營養師的小叮嚀】

● 地瓜含有豐富的纖維質和抗氧化物質，是當紅的健康食品。若不想吃烤地瓜，也可改成用蒸的，或是和老薑、紅糖一起熬煮成地瓜薑湯。

糖尿病
素食飲食處方

文　彭惠鈺（臺大醫院營養師）

本章食譜使用建議如下：

- 本食譜有2道主食：豆豆飯及高纖涼麵。豆豆飯1人份有2份主食，高纖涼麵則有3份；一般來說，建議男生每餐主食份數為4份，女生則為3份，糖尿病友則可依自己可食的份數做增減。

- 糖醋番茄豆腐及乾煎豆皮，屬於蛋白質食物，每餐可擇一種食用；至於其他示範菜色，皆為高纖維食物，可多加攝取，以增加飽足感，又不會使血糖上升。

- 點心中的地瓜凍可作為1份主食。

- 若以一餐500大卡為標準，建議可搭配菜色如：高纖涼麵（265大卡）＋乾煎豆皮（112大卡）＋和風蒟蒻捲（52.8大卡）＋高纖樂（39.2大卡）＋1份棒球大小的水果或美人湯，即是健康美味的一餐。

簡單認識糖尿病

　　糖尿病是一種葡萄糖代謝異常所引起的慢性疾病，主要是血中葡萄糖濃度會升高；根據美國糖尿病學會對糖尿病診斷的建議標準：空腹血糖 $\geq$ 126 mg/dl（毫克／百分升）即為糖尿病；血糖 $<$ 100 mg/dl為正常血糖值；介於100～125mg/dl則為空腹葡萄糖障礙。

　　引起糖尿病的主要原因為胰島素的阻抗及胰島素分泌不足；胰島素阻抗指的是有一定量的胰島素，卻無法發揮其正常生理功能，簡單地說，即胰島素分泌是正常的，但利用率不佳。胰島素是由胰臟的胰島 β 細胞所分泌，為影響葡萄糖代謝的主要因子，其作用為促進葡萄糖進入脂肪及肌肉等細胞，作為能量的儲存與利用。

　　根據目前的研究指出：遺傳、肥胖、自體免疫、病毒感染、壓力、營養失調、懷孕、藥物影響等因素，都與糖尿病發生相關連，但每個人發生的原因並不一定相同。

糖尿病的分類

　　根據1997年美國糖尿病學會的分類，依據病因將其分為：第1型糖尿病、第2型糖尿病、其他特異型糖尿病及妊娠性糖尿病。

　　目前臺灣第1型糖尿病約占3％，其主要的原因為胰島素絕對性缺乏，治療方式必須施打胰島素；第2型糖尿病約占97％，發生原因以胰島素相對性缺乏及胰島素阻抗性增加，使得胰島素利用不佳所造成，治療方式為飲食、運動及藥物治療；至於懷孕時發生的糖尿病稱之為妊娠性糖尿病，臺灣發生率約為5.7％，治療方式以控制飲食為主，若飲食仍無法控制血糖至正常範圍，則會採施打胰島素。

　　▲ 胰臟的胰島 β 細胞所分泌的胰島素，是影響葡萄糖代謝的主要因子，其作用為促進葡萄糖進入脂肪及肌肉等細胞，作為能量的儲存與利用。

> ···········• 糖尿病的症狀 •···········
>
> 　　典型糖尿病的症狀為三多一少，即多吃、多喝、多尿和體重減輕，但並不一定每個人都會有這些症狀。有些人只是疲勞、傷口不易癒合、皮膚搔癢、視力模糊等，甚至完全沒有症狀，卻得到了糖尿病。

糖尿病的急性與慢性併發症

　　糖尿病的急性併發症若未做適當處理，可能會造成死亡或後遺症。

　　急性併發症分為以下三類：

糖尿病酮酸血症

　　主要發生在第1型糖尿病患，臨床症狀包括噁心、嘔吐、腹痛、虛弱、多尿、口渴、呼吸過速及呼吸有丙酮味（水果味）。

高血糖高滲透壓昏迷

　　主要發生在第2型糖尿病患，臨床症狀包括意識逐漸變差、虛弱嚴重時還會導致昏迷。

低血糖

　　服用降血糖藥物及打胰島素的患者，若藥物劑量不適當時，或未與飲食及運動配合得當，就可能會發生低血糖，症狀包括發抖、冒汗、飢餓、心悸等，嚴重時會導致昏迷或死亡。

　　至於糖尿病的慢性併發症，若長期血糖控制不佳，則會造成身體其他器官的病變，包括眼睛病變、心血管病變、末梢和自主神經病變，以及腎臟病變等併發症。

糖尿病的治療

　　想要控制好糖尿病，飲食、運動及藥物治療缺一不可；飲食控制在以下的文章中將會進一步詳述；至於運動方面，建議每星期能運動150分鐘，且最好是選擇有氧運動，如游泳、慢跑、快走等。而關於糖尿病的藥物治療，是依血糖情形決定是否需要降血糖藥物或胰島素注射，對初發病的病患來說，飲食與運動控制可將血糖維持在標準範圍內的話，是不需要使用藥物的，若經飲食與運動控制血糖仍表現不佳時，就需要搭配藥物的使用。

糖尿病患者的飲食原則

什麼樣的人容易得到糖尿病呢？我有糖尿病，家人會得到嗎？糖尿病可以預防嗎？喜歡吃甜食容易得到糖尿病嗎？不吃糖及甜食為何會得糖尿病呢？很多的病友得到糖尿病時心中大都有以上的疑問。

到底是什麼樣的飲食容易造成糖尿病？請先想一想：是不是早餐吃燒餅油條，喝一杯甜豆漿；午餐是炸排骨便當，外加一瓶養樂多；到了晚餐則是乾麵加上貢丸湯；青菜吃的少，每天又喝一杯珍珠奶茶或飲料，如此便利解決的結果，讓你天天都在當老外（老是在外吃）。每天的飲食特色成為三多一少：肉多、油多、鹽多、蔬菜少，也難怪現代人文明病纏身，糖尿病、高血脂、高血壓的人口愈來愈多。

由飲食所造成的問題還是得從改變飲食習慣開始，才能根本解決問題；因為愈正確的飲食習慣，得到慢性病如糖尿病的機會也相對減少許多。根據文獻探討，高油脂的飲食容易造成肥胖，而肥胖正是罹患糖尿病的危險因子之一。所以體重若能減輕5～7％，就能改善血糖、血脂肪數值，減少糖尿病的發生機率。

善選醣類食物

糖尿病患者應如何控制血糖？醣是身體最主要的熱量來源，每天還是應攝取全穀類、水果類和低脂奶類作為醣類的來源，不能因害怕血糖高而不吃，只要攝取量不超過身體所需即可。此外，血糖升高時應調整運動或藥物量，如果所攝取的醣量（主食、水果、牛奶）未超過你該吃的量，血糖仍控制不佳時，需考慮調整的是運動及藥物是否有不足，而不是調整飲食份量；相對來說，如果你的飲食未控制，血糖上升時，首要考慮的，當然是飲食量的調整，用餐時間和醣類攝取量，若能保持固定，都有助於血糖控制。

醣類（碳水化合物）是主要影響血糖上升的食物，不管是糖或醣皆會影響血糖，不同的是讓血糖上升的速度各有差異，例如若攝取了葡萄糖、蔗糖、果糖、乳糖、麥芽糖等食物，血糖便會快速升高。

▲ 高纖的蔬菜、豆類、藻類、五穀根莖類等，都能延緩血糖上升，讓飯後血糖控制較佳。

讓飯後血糖上升較快的食物來源則包括葡萄糖、砂糖等；澱粉、纖維等醣類食物，卻會延緩血糖上升，因此建議大家應多攝取五穀根莖類、豆類、蔬菜類、種子、水果類含果皮（指的是水果皮內的纖維）、藻類等食物。

所以選擇可以讓血糖上升慢一點的食物，對血糖控制是有幫助的，如富含可溶性纖維及抗性澱粉食物，因為它能延緩或減少醣類的消化和吸收。可溶性膳食纖維因其具黏稠性，可延緩或降低醣類吸收，對改善飯後血糖較非水溶性纖維佳，其主要食物來源有燕麥、大麥、柑橘類水果、洋菜類、果膠、蒟蒻膠、仙草膠、愛玉等；而抗性澱粉則是一種無法被人體完全消化、吸收及利用的澱粉，主要食物來源有乾豆類、小麥、蕎麥、大麥、地瓜、豆薯、玉米、馬鈴薯、蓮藕等，都有助於改善飯後血糖。

減少攝取飽和脂肪、增加膳食纖維

從飲食習慣開始改變，減少油脂的攝取，建議每日脂肪量應占總熱量30％以下，其中又以減少飽和脂肪為主，包括肥肉及反式脂肪；另外應增加全穀類及膳食纖維的攝取量，可以有助於減少糖尿病發生，建議每日應攝取14克／1000大卡膳食纖維量，也就是一個成人每日若需要1500大卡熱量，則膳食纖維要占21克／1500大卡。

透過飲食及運動能預防糖尿病

國外預防糖尿病的大型研究中指出，血糖值在100～125毫克／百分升的一般人，若能積極改變生活型態，特別是飲食及運動方面，將有助於減少發生糖尿病的機會。研究中也發現給予實驗組受試者生活型態改變介入教育，包括飲食修正及增加活動量，經過3年的研究發現，實驗組得到糖尿病的機會比控制組減少58％；由此可知，糖尿病的預防最重要的就是飲食及運動的改變。

讓飯後血糖上升較快的食物來源	讓飯後血糖上升較慢的食物來源
・葡萄糖、蔗糖、果糖、乳糖、麥芽糖等食物。 ・過度精緻的甜食、白飯、白麵條等。	・燕麥、大麥、小麥、蕎麥。 ・玉米、蓮藕、地瓜、豆薯、馬鈴薯。 ・乾豆類。 ・柑橘類水果。 ・洋菜類、果膠、蒟蒻膠、仙草膠、愛玉等。

治療及調養期的素食處方

　　很多糖尿病人在得到糖尿病後，常常會想說改成素食是否有利血糖的控制？如果你所吃的素食為健康素食，即以青菜、全穀類為主的素食，由於吃入的纖維素含量高，對血糖的控制的確有所助益。

　　因為糖尿病患每日需要25～30克的纖維，如此高量的纖維必須靠進食大量的蔬菜、全穀類，才能達到此需求，並幫助血糖的控制。

　　此外，由於植物性食物不含膽固醇且飽和脂肪含量低，加上含豐富的纖維素、植物固醇及天然抗氧化維生素，因此對糖尿病患在預防心血管疾病上是很有助益的。但仍應特別注意，選擇上必須以天然食材為主要食物來源，少吃加工食品，這樣的素食才是有利於糖尿病的控制。

注意碳水化合物攝取量

　　糖尿病患不管是吃葷或吃素，都必須要做量的控制，尤以主食類、奶類及水果類最為重要。素食料理常常會運用許多的全穀類及豆類食物，這些食物皆含有豐富的碳水化合物，糖尿病患在吃的時候必須掌握份量的控制（根據每個人的身高體重而決定可吃的份量，每日碳水化合物量不可小於130公克）。一般會建議男生每餐主食份量為3～4份，女生為2～3份，水果每2份，牛奶1份；至於每個人正確的份量，還是得視個人身高、體重及活動量決定；不過，醣類食物中全穀類應占一半，這點非常重要。

糖尿病友10大飲食處方

▌定時定量

　　用餐應養成定時定量的習慣，飲食習慣不佳的人，較容易攝取過多的熱量，造成肥胖。

▌均衡攝取各種類食物

　　所有種類的食物都應攝取，不要因害怕血糖高而不敢吃含醣食物（如五穀根莖類、水果類及奶類等）。

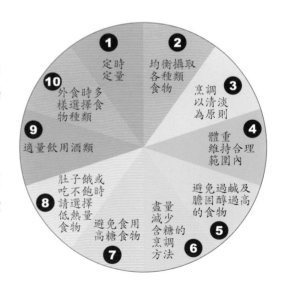

▌烹調以清淡為原則

烹調時建議多選用水煮、清蒸、涼拌、清燉、烤、燒、滷等低油烹調的健康料理方式。

▌體重維持合理範圍內

肥胖的糖尿病患，應進行減重，讓BMI值盡量維持在18～24之間。

▌避免過鹹及膽固醇過高的食物

罐頭或醃漬品、內臟類、蛋黃、魚卵等，都屬於含鈉量高及高膽固醇的食物；建議應以食用新鮮食物為原則。

▌盡量減少含糖的烹調方法

糖醋、茄汁、蜜汁、醋溜等料理，雖然美味含糖量卻高，若真要使用糖烹調，不妨改以適合加熱的代糖，或者用檸檬、醋、胡椒粉、五香、咖哩粉、八角、花椒等，來增加食物的美味。

▌避免食用高糖食物

蛋糕、甜甜圈、餅乾、冰淇淋、果凍、各式汽水、加糖飲料、果汁、糖果等含糖的食物及零食，都應盡量不要吃，若真的有此口慾需求，也應先請教營養師如何代換。

▌肚子餓或吃不飽時請選擇低熱量食物

蔬菜類的食物、低熱量的可樂、無糖的咖啡及茶、無糖或代糖做的果凍、洋菜、愛玉、仙草、蒟蒻等，這些低熱量的食物，相當適合糖尿病友享用。

▌適量飲用酒類

對於肥胖需減重及三酸甘油脂高的人而言，並不適合喝酒；但血糖、血脂肪、體重控制良好的病人可適量喝酒，男性每天應小於2個酒精當量，女性減半。1個酒精當量等於14克酒精，等於二份脂肪的熱量。如果你喝40％濃度的酒100c.c.，將100×40％＝40克的酒精，等於2.8個酒精當量。

適量飲酒指的是男性每日飲酒量不超過80毫升的白蘭地或2罐（360毫升）的啤酒，女性則減半。另外，服用口服降血糖藥物及胰島素注射的病人，必須嚴禁空腹喝酒，因為會增加低血糖發生的危險性。

▎外食時多樣選擇食物種類

外食時應選擇適當烹調方法的菜餚，如水煮、清蒸、涼拌、清燉、烤、燒、滷等低油烹調的菜色，並且多樣化選擇食物種類，牢記自己可吃的份量，盡量不超量多食。

聰明吃外食的素食處方

糖尿病人吃素時需考慮菜色選擇，應多由天然食物中攝取，加工的素食製品不建議病友多攝取，因加工製品含過多的鈉、糖及其他不知名的添加物，會影響健康及血糖。如果是能採用奶蛋素，是較能兼顧營養的吃素方式。每天至少攝取1份奶類或奶製品，再輔以豆腐、豆干等豆製品，作為蛋白質的來源。

多選用全穀類主食

建議主食類可多選擇全穀類來源，如糙米飯、糙薏仁、紅豆、綠豆等，但仍需依照自己的份量食用。

▲ 每天的主食可依個人的份量選用糙米飯等全穀類食物，並搭配豆製品，增加蛋白源來源。

對糖尿病有益的相關營養素及食物			
營養素	食物來源	營養素	食物來源
鉻	未精緻穀類、酵母、啤酒酵母、乳製品。	鎂	全穀類、乳製品、綠色蔬菜、豆類、堅果類。
維生素E	植物油、堅果類。	纖維	乾豆類、燕麥。
天然藥草	肉桂、薑黃（咖哩）。	其他食物	苦瓜、番茄、洋蔥、大蒜、南瓜、地瓜、芭樂、梅子、桑椹（其中南瓜、地瓜、芭樂、梅子、桑椹等為含醣食物，須適量攝取）。

每日攝取定量蛋白質

很多糖尿病人會提到說：醫生告誡他們少吃豆製品，以免影響腎臟功能，那是指吃了肉、魚等蛋白質食物，又再加上豆製品，攝取的量便超過每日應吃的蛋白質量，就容易影響腎臟的功能（糖尿病患者攝取蛋白質，應以每天每公斤體重0.8～1.0公克蛋白質為主）。

研究發現，以黃豆蛋白質取代部分動物性蛋白質，因同時減少飽和脂肪的攝取，可顯著降低糖尿病腎病變患者，血中膽固醇和三酸甘油酯的濃度，甚至減緩腎功能的衰退和降低尿蛋白。糖尿病素食者，以豆製品為蛋白質的攝取，不失為一個好的選擇。

外食3大祕訣

▌清楚吃進的食物份量

需先熟悉牢記自己可吃食物的份量，尤其是主食份量。少選擇可以吃到飽的餐廳，較能節制吃進去的食物份量。

▌少油清淡的烹調

多選擇低油及清淡的食物，如水煮、清蒸、涼拌、清燉、烤、燒、滷等低油烹調的菜餚。

▌服藥及用餐時間應配合

注意藥物作用時間與吃飯時間上的配合。服用口服降血糖藥物的病人，只要吃藥就記得要吃飯，用餐時間及份量需固定，不要大小餐。

使用胰島素治療，應配合飲食和運動習慣，劑量也應隨之調整。千萬要記得，飯前須打胰島素者，只要打胰島素就要吃東西，尤其是含醣食物，一定要攝取。每餐醣量固定，另應自我監測血糖，以了解藥物與飲食的配合，是否適當。

主食

豆豆飯

4人份

材　料：

黃豆40克、糙薏仁40克、
皇帝豆40克、糙米40克、
紅豆40克、天山雪蓮40克

作　法：

1. 將所有材料洗淨，浸泡一晚；第二天倒掉浸泡的水，重新加
   水200c.c.，將其放入電鍋或電子鍋內，按照一般煮飯方式炊
   熟即可。

營養分析（1人份）

熱量（大卡）	蛋白質（克）	脂肪（克）
152	9.6	2.4
醣類（克）		纖維質（克）
27		5.7

【營養師的小叮嚀】

- 天山雪蓮其富含水分、熱量低、不含澱粉，蛋白質及脂肪極少，同時富含果寡糖。果寡糖並不會讓血糖上升，但對改善腸道菌叢生態有幫助。

- 糖尿病中腎病變的病友應注意豆類不要攝取過量，因豆類蛋白質的含量較高。豆類含豐富膳食纖維，建議糖尿病友可在主食中添加豆類，幫助飯後血糖的控制。不喜歡放這麼多種豆類的人，可只放糙薏仁，有研究指出每天吃100克的糙薏仁，也有益血糖控制。

高纖涼麵

主食

4人份

材　料：

小黃瓜80克、去皮紅蘿蔔80克、紫高麗菜80克、黃豆芽120克、蕎麥麵（生）360克

調味料：

市售香菇醬油8大匙（請先用開水或素高湯，以1:5比例稀釋）

作　法：

1. 所有食材洗淨；小黃瓜、紅蘿蔔及紫高麗菜，全部切絲；黃豆芽摘掉尾巴。

2. 起一鍋滾水，放入黃豆芽汆燙至熟，撈起備用。

3. 蕎麥麵放入滾水中煮至九分熟即可，撈起後以冷開水沖涼，捲成一球一球（每球約60克），排入盤中，備用。

4. 把小黃瓜、紅蘿蔔及紫高麗菜絲鋪在蕎麥涼麵上，再放上黃豆芽，淋上已調好的香菇醬油，吃之前再將所有食材混合即可。

營養分析（1人份）

熱量（大卡）	蛋白質（克）	脂肪（克）	醣類（克）	纖維質（克）
265	9.3	2.2	50.8	6.2

【營養師的小叮嚀】

● 1人份約3球的蕎麥麵，小心不要過量。

糖醋番茄豆腐

材　料：

大番茄 200克、秋葵80克、豆腐320克

調味料A：

芥花油 1小匙、醬油1大匙、
肉桂粉2小匙

調味料B：

黑醋1小匙、代糖1小匙、罐裝番茄糊1小匙、水1杯

作　法：

1. 所有食材洗淨；大番茄切成丁狀；秋葵放入熱水中汆燙，撈起切細段，備用。
2. 豆腐以水略沖，切成小方塊狀，以醬油、肉桂粉抹勻表面，醃約10分鐘。
3. 把黑醋、代糖、番茄糊及水1杯混合均勻，即成為糖醋醬。
4. 起油鍋，將番茄丁入鍋炒勻，再放入調好的糖醋醬，煮約5分鐘，放入豆腐續煮3分鐘，即可裝盤，撒上秋葵即可。

【營養師的小叮嚀】

 添加一些番茄糊，會讓菜的色澤更美麗，當然，也可不使用，直接炒番茄丁即可。

番茄為茄紅素的主要來源，可抑制氧化自由基的活動；另含穀胱甘肽（Glutathione, GSH）為強抗氧化劑，是維持細胞正常代謝不可缺乏的物質，且煮熟的番茄吸收率會比生吃的好。

營養分析（1人份）

熱量（大卡）	蛋白質（克）	脂肪（克）	醣類（克）	纖維質（克）
88.3	6.3	4.3	6.6	2.9

材　料：

蒟蒻270克、瓠干80克（泡過水的）、四季豆50克、紅蘿蔔70克、茭白筍50克、綠花椰菜280克、枸杞1/2大匙（裝飾用）

調味料：

香菇醬油2大匙、水1杯

作　法：

1. 所有食材洗淨；蒟蒻，放入滾水中氽燙2～3分鐘，撈出泡冷水；瓠干用鹽稍抓一下，靜置5～6分鐘後，以開水洗淨備用。

2. 四季豆摘去頭尾硬絲，洗淨後、切小段，放入鍋內燙熟，撈起泡冰水，瀝乾水分備用；紅蘿蔔去皮和茭白筍都切段，放入鍋內燙熟，撈出備用。

3. 綠花椰菜，分切成小朵、燙熟後撈起備用。

4. 蒟蒻攤平，將四季豆、紅蘿蔔、茭白筍鋪在中間，用瓠干上下捆住放入鍋中，加入香菇醬油，以小火滾煮一下。

5. 將蒟蒻捲擺在盤中，盤邊以青花椰菜圍邊，再撒上幾粒枸杞裝飾即可。

營養分析（1人份）

熱量（大卡）	蛋白質（克）	脂肪（克）	醣類（克）	纖維質（克）
52.8	3.7	0.4	9.9	7.4

【營養師的小叮嚀】

- 蒟蒻含豐富的纖維質、熱量低，糖尿病友肚子餓時可多吃，不必擔心會讓血糖急速上升。

- 綠色花椰菜含豐富抗氧化物，而糖尿病是氧化壓力（當體內自由基量超過維持正常生理機能所需，再加上體內抗氧化劑量不夠，無法抵擋自由基攻擊時，將會對體內細胞組織造成傷害）的疾病，故多攝取綠花椰菜，可減少自由基對血管的傷害。

山苦瓜涼拌鳳梨

材　料：

山苦瓜（或一般苦瓜）320克、
新鮮鳳梨120克、新鮮紫蘇葉1克

調味料：

梅子粉2小匙、代糖1大匙

作　法：

1. 山苦瓜洗淨，對剖後去籽、切薄片，加鹽後拌勻，醃約10分鐘後，擠去水分。
2. 鳳梨切小塊狀；紫蘇葉洗淨，甩乾水分，切成細絲備用。
3. 把醃好的山苦瓜片，以冷開水沖淨後，再放入冰開水內，泡約20分鐘。
4. 把山苦瓜片撈出，瀝乾水分，拌入梅子粉、代糖、鳳梨丁、紫蘇葉絲即可。

【營養師的小叮嚀】

 苦瓜泡過冰水，會讓其口感較脆。

 若覺得鳳梨的味道已足夠，可不加代糖。

 研究發現山苦瓜的萃取物，可增加胰島素分泌及周邊組織對葡萄糖的利用，但目前並未有大型實驗能證實其效果，未來需要做更多的研究證明其功效。建議成人一天吃80～100克的山苦瓜或綠皮苦瓜，以生吃或打汁的效果較佳。

營養分析（1人份）

熱量（大卡）	蛋白質（克）	脂肪（克）
49.8	2.6	1.2
醣類（克）		纖維質（克）
8.5		8.1

配菜

乾煎豆皮

4 人份

材　料：
生豆皮140克、起司片 72克、海苔片4片、麵粉水適量

調味料：
胡椒鹽1小匙

作　法：

1. 將生豆皮攤開，放上起司片及海苔片後，再摺合起來，摺邊並以少許麵粉水黏合起來。

2. 把組裝完成的生豆包，放入煎鍋內，以小火乾煎至表皮呈金黃色澤（也可使用烤箱，以100℃烤8分鐘），撒上胡椒鹽即可。

營養分析（1人份）

熱量（大卡）	蛋白質（克）	脂肪（克）	醣類（克）	纖維質（克）
112	12.7	5.3	3.2	0.3

【營養師的小叮嚀】

● 建議使用生豆皮，熱量較低，而非炸過的豆皮。

● 胡椒鹽的用量，可依個人口味做調整。

● 研究發現，以黃豆蛋白質取代部分動物性蛋白質，因同時減少飽和脂肪的攝取，可顯著降低糖尿病和腎病患者血中膽固醇和三酸甘油酯的濃度，甚至減緩腎功能的衰退和降低尿蛋白。

高纖樂

湯品

4人份

材　料：

紅蘿蔔300克、高麗菜600克、
大番茄300克、金針菇80克、
黃豆芽80克、鮮香菇80克、
黑木耳80克

調味料：

鹽 1/2小匙

作　法：

1. 所有食材洗淨；紅蘿蔔去皮，切滾刀塊；高麗菜、大番茄，
   切大塊狀備用。
2. 黃豆芽摘去尾部；鮮香菇、黑木耳分別切成粗絲備用。
3. 把紅蘿蔔、高麗菜及大番茄放入鍋中，加水3000c.c.，蓋上鍋
   蓋，以中小火熬煮約20～30分鐘。
4. 再把其餘處理好的材料，通通放入鍋內，煮約15分鐘，加點
   鹽調味，就是好喝營養的蔬菜高湯。

【營養師的小叮嚀】

 香菇、金針菇、杏鮑菇、秀珍菇、珊瑚
菇、美白菇等菇類，都含有豐富的膳食纖
維，可幫助降低血糖及膽固醇。

 除上述材料，另可依個人喜好，加入大白
菜、白蘿蔔、牛蒡、西洋芹、洋蔥等各式
蔬菜一起熬煮。

營養分析（1人份）

熱量（大卡）	蛋白質（克）	脂肪（克）
39.2	2.8	0.4
醣類（克）		纖維質（克）
7		5.5

材　料：

竹筍280克、生香菇120克、乾金針20克、豌豆莢20克

調味料：

蔬菜高湯4碗（作法請參照第120頁「高纖樂」）、鹽2小匙、香油1小匙

作　法：

1. 所有食材洗淨；竹筍、生香菇分別切薄片；乾金針浸水泡軟後備用。
2. 豌豆莢撕去頭尾硬絲，放入滾水內汆燙，撈起泡入冰水中，保持其鮮綠色澤。
3. 鍋中加入蔬菜高湯，放入竹筍片先煮10分鐘後，再加入生香菇片、乾金針，續煮約5分鐘，加鹽和香油調味，熄火後放入豌豆莢即可。

筍片湯　湯品　4人份

營養分析（1人份）

熱量（大卡）	蛋白質（克）	脂肪（克）	醣類（克）	纖維質（克）
46	3.2	1.4	6.1	3.9

【營養師的小叮嚀】

● 此道食譜中的高纖維可幫助延緩及穩定血糖上升。

● 如果不熬蔬菜高湯，也可直接用清水烹煮；另可加些許薑片一起煮，喝來別有一番風味。

美人湯  點心　4人份

材　料：

白木耳20克、紅棗約15顆、枸杞2大匙、水8碗

調味料：

代糖8克（請選用可以烹調用的代糖）

作　法：

1. 白木耳泡水待其變軟後，摘除黃頭、髒污處，清水沖洗淨，剪成小片狀；紅棗、枸杞以清水略沖洗淨，備用。

2. 將所有材料和水放入鍋內，煮至白木耳呈透明狀，即可熄火，加入代糖攪拌均勻。

營養分析（1人份）

熱量 （大卡）	蛋白質 （克）	脂肪 （克）	醣類 （克）	纖維質 （克）
71	1.2	0.1	16.1	4.3

地瓜凍　點心　4人份

材　料：

地瓜200克、白木耳（已煮熟）60克、枸杞 1大匙、寒天粉1克

作　法：

1. 地瓜洗淨、去皮，放入電鍋內蒸熟後，取出壓成泥；白木耳撕碎；枸杞洗淨，備用。

2. 將1克的寒天粉倒入130c.c.的水中，加熱邊煮邊攪讓其滾沸，再加入地瓜泥、白木耳及枸杞攪勻，倒入深度較淺的方盤內，讓其放涼後移入冰箱內冷藏，待其結凍後，即可取出切小塊食用。

營養分析（1人份）

熱量 （大卡）	蛋白質 （克）	脂肪 （克）	醣類 （克）	纖維質 （克）
91	1.1	0.1	20.5	3.0

【營養師的小叮嚀】

🍠 白木耳又稱為「銀耳」，含豐富的多醣體及膳食纖維，很適合糖尿病友食用。

🍠 也可不加代糖，因紅棗、枸杞熬煮後也有甜味；紅棗若不吃可不需要算醣量，熬煮時會釋放多少醣量，並不清楚，若怕影響血糖，建議吃前、後可測量血糖做比較。

【營養師的小叮嚀】

🍠 地瓜含維生素C、E及豐富的膳食纖維，膳食纖維可幫助降低膽固醇，也可預防便祕；不過，地瓜屬於澱粉類，不宜大量攝取。

肝病
素食飲食處方

文　蕭佩珍（前臺大醫院營養師）

肝病患者的飲食建議：

- 請先了解個人的標準體重並將體重維持在理想體重的範圍內（請參閱本書第133頁「調養期素食飲食處方」之「維持理想體重、避免肥胖」）。而每日所需熱量建議量為每公斤體重30～35大卡，例如體重60公斤的人，其每日所需熱量約為1800～2100大卡。

- 掌握營養均衡的攝取六大類食物、選擇新鮮天然的食材、避免過多的加工與醃漬食品、不酗酒等原則，才能遠離肝病的威脅，擁有彩色人生。

簡單認識肝病

常聽人說：「肝若好，人生是彩色的！」可見肝臟對我們健康的重要性。而且慢性肝病、肝硬化及肝癌（肝細胞癌），是臺灣地區最常見的本土病。據估計在臺灣地區每年約有五千人死於肝癌，而每年死於肝硬化者約有四千人之多。在衛福部的十大死因統計中，因為慢性肝病、肝硬化及肝癌死亡的人，均名列前茅；且肝癌還是國人男性癌症死因第一位，女性癌症死因第二位。

肝臟位於我們身體的右上方，是人體最大的器官，功能為負責營養素的合成與代謝、合成膽固醇、製造膽汁、解毒作用（包含藥物）及酒精代謝。由於肝臟是沉默的器官，內部沒有神經存在，因此肝病初期的症狀如食慾不振、疲倦、體重減輕等，往往很容易被忽視，甚至於不覺得有疼痛或其他不適感，除非是肝腫瘤大到撐破表面包膜的痛覺神經，才會有明顯的脹痛感。因此肝病難以做到早期發現早期治療，唯有透過定期追蹤檢查，才不容易錯失治療的良機。

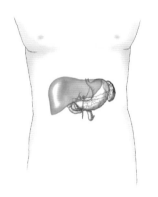

▲ 肝臟是人體最大的器官，負責營養素的合成與代謝、合成膽固醇、製造膽汁、解毒等功用。

肝病的分類與成因

▌病毒性肝病

受病毒感染引起的肝臟疾病，主要有A、B、C、D、E五種；其中B、C、D型肝炎會導致慢性肝炎和肝硬化，甚至惡化成肝癌。

為了讓大家更清楚各型肝炎的區別，將逐一區分說明：

A型肝炎：傳染途徑為口、糞傳染。A型肝炎大都能痊癒，不會惡化成慢性肝炎、肝硬化或肝癌。需注意食物和飲水的衛生安全，才是預防A型肝炎的最佳方法。未被感染者或無抗體者可藉由施打疫苗，降低感染的危險。

B型肝炎：據統計臺灣地區的成年人，每五人就有一個是B型肝炎帶原者；其傳染途徑分為經由母子的「垂直傳染」，與經由血液與體液的「水平傳染」。沒有抗體也沒有抗原者，最好趕快接種疫苗，讓身體產生抵抗力。

C型肝炎：在臺灣約有2～4％的人口感染過C型肝炎，僅次於B型肝炎；C型肝炎的感染途徑主要是經由輸血，其他包括使用不潔的針頭、針灸、刺青、穿耳洞等。C型肝炎目前並無疫苗可注射。

D型肝炎：D型肝炎病毒只會感染B型肝炎患者。D型肝炎主要由嫖妓和靜脈毒癮而感染，因為性工作者和靜脈毒癮患者大部分都是D型肝炎的病毒。預防D型肝炎的方法就是預防感染到B型肝炎，同時避免靜脈毒癮及不正常的性行為。

E型肝炎：傳染途徑與A型肝炎相同，為經口傳染，主要是因出國旅遊在疫區感染而得。如何杜絕「病從口入」才是預防E型肝炎之道。

▌酒精性肝病

酒精的代謝主要在肝臟，其代謝產物為乙醛，會對肝細胞造成傷害。長期酗酒會導致脂肪肝、酒精性肝炎或肝硬化，造成維生素B群與維生素C的缺乏，減少鈣、鎂、鈉、鉀、鋅及鐵等多種礦物質的吸收。

▌藥物或毒物性肝病

吃到受汙染的食物、服用不明或過量藥物以及體內代謝所產生的有害物質，最終都需經由肝臟解毒，然後排泄出體外，長期下來，這些毒害物質會對肝臟造成損傷，導致肝病發生，例如黃麴毒素就是來自受污染的米、花生等食物，嚴重時會造成肝癌。

▌新陳代謝異常性肝病

例如威爾遜氏症，就是一種體內對銅的代謝出了問題，所導致的肝病。

肝病的三部曲：肝炎→肝硬化→肝癌

除了上述常見的病毒性肝炎，其他引發肝臟發炎的原因尚有寄生蟲、藥物等原因。肝病又號稱隱形殺手，因此肝病病人通常不會有明顯的症狀，若一旦出現噁心、嘔吐、食慾不振、疲倦、黃疸、腹脹、腹部疼痛或發燒時，就要趕快就醫檢查，避免延誤病情，讓普通肝炎，轉化成肝硬化，甚至變成令人聞之色變的肝癌，從此人生由彩色變黑白。

▌肝硬化

是指肝細胞壞死引發纖維組織增生，造成肝臟變硬且逐漸萎縮。原因包括B型肝炎、C型肝炎、酗酒、膽管阻塞、藥物、自體免疫問題、新陳代謝異常等。肝臟擁有很強的再生能力，只要有四分之一的健康肝臟，就能維持正常的功能，然而已纖維化的肝臟細胞是無法修復的，若無法盡早就醫，進一步避免肝臟持續受到損壞，那麼像食道靜脈曲張、腹水、出血、肝性腦病變等併發症，甚至肝癌都會提早出現。

▌肝癌

　　肝病的第三部曲就是肝癌，跟大多數的肝病一樣，早期肝癌是無症狀的，如果等到症狀出現才就醫，多半已經變成晚期了，許多名人的現身說法就是最好的例子。造成肝癌的元兇之一就是肝硬化，因此肝硬化病人更應做好定期追蹤檢查，避免惡化成肝癌。另外，其他癌症也可能轉移成肝癌，必須小心留意。

▌另一種常見的肝病：脂肪肝

　　肝細胞內有過多的脂肪囤積，即稱為脂肪肝。一般而言，輕微程度的脂肪肝，是不會影響肝功能的，亦不會出現不適或疲勞等症狀。根據統計，目前約有超過四成的臺灣上班族罹患脂肪肝，而肥胖者更有高達一半的比率。脂肪肝形成的原因除了上述的肥胖外，還包括酗酒、糖尿病、高脂血、藥物等因素。因此，找出致病原因，對症治療才能有效改善脂肪肝。

保肝十大守則	
（摘錄自行政院衛福部疾病管制局指導的〈好心肝健康照護〉）	
· 謹記規律生活、避免熬夜、注意充分休息及睡眠外，及避免酗酒及抽菸。	· 避免不必要的輸血、打針、穿耳洞、刺青、紋眉等；宜小心避免感染，不要共用針頭、針筒、牙刷及刮鬍刀。
· 注意均衡的飲食，並且避免不新鮮或發霉的食物。	· 請勿亂服偏方。
· 多吃蔬菜水果，少吃油膩的食物。	· 不要注射毒品、嫖妓。
· 注重飲食及飲水的衛生。	· 接種肝炎疫苗。
· 注意應定期接受追蹤檢查。	· 保持輕鬆的心情，並每日做適量的運動。

肝病患者的飲食原則

　　飲食不當、生活不正常與酗酒是罹患肝病的主要原因。要避免讓肝病惡化，首先要從生活習慣著手，例如避免熬夜、不酗酒、減少外食機會及養成規率的生活作息等。

注意營養攝取不過量

　　據統計國人外食比例超過七成，若是去吃到飽餐廳用餐，有著吃到就是賺到或是吃一餐抵兩餐的貪小便宜心態，就很容易攝取過多的熱量，這種因營養過剩而導致脂肪肝的人，正日益增多。

　　當食物吃進體內，經過消化吸收後，肝臟會把攝取進入體內的葡萄糖，先以肝醣的型式儲存以備不時之需，而一頓大餐下來，肝醣儲存很快就達飽和，其餘的葡萄糖只能轉換為中性脂肪，也就是三酸甘油脂，囤積在肝臟內，造成脂肪肝或原有肝病的人會加重病情。

　　如果吃進體內的脂肪繼續往脂肪組織堆積，日積月累終究變成肥胖，其他慢性疾病也就慢慢上身。此外，特別喜歡吃精緻糖類如珍珠奶茶、蛋糕、餅乾、麵包、甜食或油炸食物的人，都可能是脂肪肝的高危險群！

植物性蛋白質可預防肝昏迷

　　肝病病人最怕的就是肝性腦病變（Hepatic Encephalopathy），嚴重者會陷入肝昏迷。當肝臟嚴重受損引起代謝異常，毒素進入腦部，形成錯誤的神經傳導物質，因此會有行為改變、嗜睡、昏睡、進而引發昏迷等症狀。多發生於末期肝硬化或猛爆性肝衰竭的病人，且會反覆發病。

　　為了減輕或預防肝性腦病變的發生，建議飲食中可以攝取支鏈胺基酸（Branch chain amono acid, BCAA）較高的食物來改善。支鏈胺基酸屬於必需胺基酸，只能經由食物獲得，人體無法自行合成。而芳香族胺基酸（Aromatic amino acid, AAA）與甲硫胺基酸會導致錯誤的神經傳導物質合成，造成肝昏迷。植物性食物含有較高的支鏈胺基酸含有較少的芳香族胺基酸與甲硫胺基酸，因此一般認為「素食」，如黃豆、豆腐、豆漿等相關豆製品，可以減輕肝臟的負擔，進而減少肝昏迷的症狀。反觀，香腸、火腿、臘肉、含筋

▲ 豆製品如豆腐、豆漿可減輕肝臟負擔，進而減少肝昏迷症狀的可能。

皮類等動物性食物，以及乳酪、洋蔥、花生醬等，含胺量都偏高，很容易加重肝昏迷症狀，平時即應盡量少吃，甚至避免食用。

植物性食物不只完整提供五大營養素：碳水化合物、脂肪、蛋白質、維生素與礦物質，由此看來，植物性食物所提供的蛋白質更能保護肝臟，遠離肝昏迷危險。

食用植物性蛋白質能改善或預防肝昏迷的好處：

- 含較少的甲硫胺基酸，可減少硫醇的產生；硫醇是一種神經毒素，因此植物性蛋白質食物可降低對腦部造成毒性。
- 含較多的纖維質，可以加速排便，避免便祕，減少有毒物質被吸收。
- 可以改變腸道的菌叢分布。
- 含有較高的支鏈胺基酸，較少的芳香族胺基酸與甲硫胺基酸。

肝硬化出現肝腦病變合併症的原因假說

有毒物質的堆積

氨（Ammonia）、硫醇（Mercaptan）、酚類（Phenols）、短鏈脂肪酸（Short chain fatty acid）等都具有腦神經毒性。腸道細菌將食物中的蛋白質與胃腸道出血的血液分解成氨，由於肝功能與肝循環不良，氨無法在肝臟中轉換成尿素，造成高血氨，進而對中樞神經產生毒性而引起肝昏迷（Hepatic coma）；在肝昏迷的病人身上可發現硫醇、酚類與短鏈脂肪酸的濃度升高。

神經傳遞物質障礙

肝昏迷病人的胺基酸代謝發生異常，支鏈胺基酸（BCAA）如纈胺酸（Valine）、異白胺酸（Isoleucine）、白胺酸（Leucine）可在肌肉組織代謝而濃度減少；而芳香族胺基酸（AAA）如酪胺酸（Tyrosine）、苯丙胺酸（Phenylalanine）與色胺酸（Tryptophan）則需靠肝臟代謝導致濃度過高，當血液中的芳香族胺基酸／支鏈胺基酸（AAA/BCAA）比值升高時，芳香族胺基酸就容易經過腦血管障壁進入腦中，進一步在腦中合成錯誤神經傳導物質（False neurotransmitters, FNT），因而引發肝昏迷。

治療及調養期的素食處方

急性肝炎的素食處方

▌採高熱量、高蛋白及適當脂肪的飲食

　　熱量的攝取維持在每公斤體重30～35大卡；蛋白質為1～1.5公克／公斤／天，以幫助肝細胞修復與再生。脂肪的攝取不需嚴格的限制，除非有脂肪消化不良的現象發生。

▌少量多餐

　　急性發作期時，病人容易有食慾不振、噁心等症狀，以少量多餐的飲食型態能彌補攝取量的不足。此外，食物質地以流質或軟質為主，可選擇蛋白質及熱量高且體積小的食物更適合，例如豆花、蛋糕、布丁、蒸蛋等。

每100公克食物的胺基酸含量（mg/100g）

　　支鏈胺基酸屬於必需胺基酸，必需經由食物獲得，人體無法自行合成。選擇支鏈胺基酸／芳香族胺基酸（BCAA/AAA）比值愈高的食物，愈有益於肝昏迷的預防。

名稱	粗蛋白（g）	纈胺酸（Val）（mg）	異白胺酸（He）（mg）	白胺酸（Leu）（mg）	BCAA（mg）	酪胺酸（Tyr）（mg）	笨丙胺酸（Phe）（mg）	色胺酸（Trp）（mg）	AAA（mg）	BCAA/AAA
豆漿粉	37.4	1840	1749	3015	6604	1437	1927	477	3841	1.72
黃豆粉	37.4	1733	1641	2902	6276	1378	1927	0	3305	1.90
黃豆	35.9	1643	1591	2699	5933	1332	1790	532	3654	1.62
傳統豆腐	8.5	397	396	682	1475	336	456	70	862	1.71
嫩豆腐	4.9	220	216	374	810	192	252	36	480	1.69
五香豆乾	19.3	964	950	1632	3546	803	1101	286	2190	1.62
豆腐皮	25.3	1378	1381	2453	5212	1179	1619	289	3087	1.69
花生（生）	26.3	1339	1119	2260	4718	1465	1838	265	3568	1.32
黑豆	34.6	1541	1420	2421	5382	1109	1521	379	3009	1.79
麵筋（乾）	44.4	1461	1354	2591	5406	1321	1936	92	3349	1.61
麵腸	20.6	728	698	1396	2822	646	982	0	1628	1.7
油炸花生	26.3	1219	984	1930	4133	1255	1526	293	3074	1.34
小麥胚芽	29.8	1488	978	1920	4386	842	1071	321	2234	1.96
綠豆	23.4	1241	1039	1856	4136	660	1401	227	2288	1.81
綠豆仁	24.1	1286	1076	1989	4351	723	1518	284	2525	1.72
乳酪	18.1	1218	957	2007	4182	1286	1139	182	2607	1.60
低脂鮮奶	3	188	152	296	636	163	144	0	307	2.07
雞蛋	12.1	764	671	1105	2540	543	670	163	1376	1.85

▌選擇高生理價的蛋白質

高生理價蛋白質以動物性食物如魚、豬、雞、牛奶及蛋為主；素食者則可選擇同為高生理價值的植物性蛋白質如黃豆、豆腐、豆乾、豆漿等製品，且攝取量至少占每日蛋白質總量的一半以上。至於麵腸、麵筋等麵筋製品、五穀根莖類與蔬菜類雖然也含有蛋白質，但皆屬於低生理價值的蛋白質，因此，若能增加蛋或牛奶的食物搭配，則飲食的變化度更大，更能刺激病人的胃口。

肝硬化的素食處方

初期的肝硬化因為肝臟能維持正常的代謝，不易有營養缺乏的現象，但是當出現病情惡化時，營養不良的危險就急速升高。正因為肝臟在營養素的代謝合成上扮演重要的角色，據統計肝硬化的病人高達50％以上，呈現蛋白質熱量營養不良（Protein calorie malnutrition, PCM）的比例。蛋白質熱量營養不良的出現在臨床上代表了不好的預後，並增加手術危險性，且容易感染與延長住院天數，因此預防營養不良是肝硬化病人的首要之急。

▌採高熱量、高蛋白及適當脂肪的飲食

熱量的攝取維持在每公斤體重30～35大卡；蛋白質為1～1.5公克／公斤／天，以幫助肝細胞修復與再生。

▌少量多餐

肝病病人易有食慾不振、噁心等症狀，建議以少量多餐的飲食型態，彌補攝取量的不足。

▌選擇高生理價的蛋白質

應占每日蛋白質總量一半以上，純素者應選擇黃豆、豆腐、豆乾及豆漿等黃豆製品；奶蛋素者的高生理價蛋白質食物的來源較多，如蛋或牛奶，可多加利用。

肝硬化合併有食道靜脈曲張的素食處方

食道靜脈曲張的發生原因，為肝細胞纖維化後，造成肝臟血液循環變差，門脈壓升高，使得食道的靜脈受到擠壓而曲張。此時，應採用軟質易消化的食物，避免已曲張的食道靜脈破裂出血。烹調應避免煎炸，建議改以蒸、燉、滷、燜等方式，將食物煮至軟爛，亦可善用食物調理工具如刀具、果汁機或食物調理機來幫助改變食物的質地，且盡量以新鮮自然的食物為主，進食時也應注意細嚼慢嚥。

▲ 食道靜脈曲張時可食用軟質食物如粥品、果汁，幫助進食。

軟質食物選擇表

食物類別	可食	忌食
奶類及其製品	各式奶類及其製品。	無
蛋類	蒸蛋、蛋花。	烹調過久的硬蛋。
豆類及其製品	加工後的豆製品，如豆漿、豆腐、豆花等。	無
蔬菜類	嫩而纖維低的蔬菜及瓜果類。	粗纖維多的蔬菜，如竹筍、芹菜等。蔬菜的梗部、莖部和老葉。
水果類	去皮、去籽的水果，如木瓜、葡萄、香蕉、新鮮果汁。	含皮、籽、粗纖維多的水果，如芭樂、鳳梨。
五穀根莖類	五穀類及其製品，如麵條、稀飯、冬粉等。	太粗硬的米飯。
油脂類	均可。	堅果類。

肝硬化合併有腹水或四肢水腫的素食處方

　　腹水與四肢水腫是肝硬化常見的合併症，這是因為肝功能下降，導致肝臟合成白蛋白的能力減少，而血中白蛋白濃度降低，造成血漿膨脹壓降低，導致水分滯留在細胞間隙。此外，伴隨著肝功能的下降，肝臟處理留鹽激素（Aldosterone）的時間延長，造成鈉積留，水分難以排除。另一方面，因為肝臟組織嚴重纖維化，造成血液進入肝臟的阻力增加，門脈血壓升高，使得血管中的水分往腹腔移動造成腹水。

　　此時的飲食要採取低鈉飲食，限制鹽分的攝取，採用新鮮，天然的食物以及足夠的營養，避免醃漬加工食品。由於限制鈉的攝取，食物口味變得平淡，加上病人普遍食慾不振，因此烹調時可以用糖、白醋、薑、八角、花椒、肉桂、檸檬汁或西式香料等調味品，增加食物的可口性。

　　此外，有腹水或肝腫瘤過大患者會伴有飽脹感，造成進食量下降，在飲食上應避免容易產氣食物，如全豆類、地瓜、洋芋、芋頭、洋蔥、韭菜、青椒、汽泡式飲料。進食時應細嚼慢嚥，不要邊吃邊說話。

▲ 腹水或肝腫瘤過大患者應避免容易產氣食物，如豆類、地瓜、青椒等。

低鈉食物選擇表

食物種類	可食	忌食
奶類及其製品	全脂奶、脫脂奶及奶製品，每日不超過二杯。	乳酪。
蛋類	新鮮蛋類。	鹹蛋、皮蛋、滷蛋。
豆類及其製品	新鮮豆類及其製品，如豆腐、豆漿、豆花、豆干、素雞、花生等。	醃漬、罐製、滷製的成品，如加味豆干、筍豆、豆腐乳、花生醬等。
五穀根莖類	米飯、冬粉、米粉、自製麵食。	麵包及西點，如蛋糕、甜鹹餅乾、蘇打餅乾、蛋捲、奶酥等；麵線、油麵、速食麵、速食米粉、速食冬粉、義大利脆餅等。
蔬菜類	新鮮果汁及自製蔬菜汁。（芹菜、紅蘿蔔等含鈉量較高的蔬菜宜少食用。）	紫菜、海帶、紅蘿蔔、芹菜、發芽蠶豆。醃漬蔬菜，如榨菜、酸菜泡菜、醬菜、梅干菜、雪裡紅、筍干等。冷凍蔬菜，如豌豆莢、青豆仁等。加工蔬菜汁、玉米及各種加鹽的蔬菜罐頭。
水果類	新鮮水果及自製果汁。	乾果類，如蜜餞、脫水水果。各種罐類水果及加工果汁，如番茄汁、果汁粉。
油脂類	植物油，如大豆油、花生油、紅花子油等。	奶油、瑪琪琳、沙拉醬、蛋黃醬。
調味品	蔥、薑、蒜、白糖、白醋、肉桂、五香、八角、杏仁露、香草片等。辣椒、胡椒、咖哩粉等較刺激的食物用品宜少食用。	味精、蒜、鹽、花椒鹽、豆瓣醬、沙茶醬、辣醬油、蠔油、蝦油、甜麵醬、番茄醬、豆鼓、味噌、芥茉醬、烏醋等
其他	太白粉、茶。	雞精、牛肉精、海苔醬、速食湯、油炸粉、炸洋芋片、爆米花、米果、運動飲料、碳酸飲料，如汽水、可樂等。

特別說明：摘自中華民國飲食手冊

肝硬化合併有肝性腦病變的素食處方

一般肝硬化病人仍需要攝取足夠的蛋白質,但當有肝昏迷傾向時,則需減少蛋白質40〜50克/天,且應送醫住院觀察與治療。當陷入深度肝昏迷時,就不能吃含有蛋白質的食物,應改以醣類或脂肪為主,例如葡萄糖、果汁及米湯,必要時採用管灌方式供應營養,待病情好轉時,再以每週增加10〜15克的蛋白質,逐漸增加蛋白質的攝取量。另外,素食者的蛋白質主要是來自於植物性蛋白質,但乳酪與花生醬的含氨量高,必須避免。

調養期素食飲食處方

除了上述治療期間的飲食處方,其他如健康帶原者、慢性肝病、脂肪肝病況穩定、肝指數正常者或是早期肝硬化患者,都屬於肝病調養期的患者,除了要維持均衡飲食、多吃蔬果、遠離煙酒和規律生活,還應避免肥胖、不亂服用成藥等,方可真正遠離肝病惡化的威脅。

▍維持理想體重、避免肥胖

預防慢性病的最好方法就是維持體重在合理的範圍內;體重過輕會降低免疫功能,但是當體重過重甚至肥胖,則容易引起許多慢性疾病,造成肝功能失調,更可能導致脂肪肝,加重肝臟發炎。所以減輕體重很重要,尤其是過高的體脂肪率。對於體重過重或肥胖的病人是當務之急;至於體重不足者,則應補充適當熱量,以避免營養不良。

▍均衡攝取六大類食物、天天五蔬果

均衡飲食是維護身體健康的基礎,素食者的飲食原則應與葷食者相同,皆需重視均衡的攝取各類食物,包含蔬菜類、水果類、五穀根莖類、豆類與麵製品及油脂類等六大類食物。素食者因為少了豬肉、魚肉、雞肉等高生理價的動物性蛋白質攝取,更應該由黃豆、豆腐、豆乾或豆漿這類同屬高生理價的植物性蛋白質,補充身體所需的營養,這對於肝病病人是非常重要的。

衛福部健康署提倡的「天天5蔬果,健康又快活」,建議每天至少要吃3份蔬菜與2份水果,促進均衡飲食維護身體健康。一份蔬菜是100克,煮熟後大約是半個飯

計算理想體重

理想體重計算方式:
理想體重(Ideal Body Weight)=
身高平方(公尺^2) × 22 ± 10%。

或以性別區分:
男性〔身高(公分)−80〕× 0.7±10%
女性〔身高(公分)−70〕× 0.6±10%

碗的量，其中至少一樣為深綠色或深黃色蔬菜；而水果最好有一份是柑橘類水果，一份相當於1個拳頭大小的水果，或大約是飯碗八分滿的量。

▋避免攝取過多熱量

限制過多的熱量攝取，可以減少肝臟脂肪的堆積，避免加重肝功能失調。油脂1公克就能產生9大卡的熱量，所以烹調食物時應該避免油炸、油煎的方法，才能真正減少熱量攝取。此外，素食者常被建議多攝取堅果或種子類來增加蛋白質的來源，別忘了這些食物同時富含高油脂，其熱量不可小覷！

▋選用新鮮、天然的食物；採清淡的烹調方式

食物選擇應多樣化，減少過度精緻食品的攝取。不吃過期或發霉的食品，如發霉的米、花生或玉米等食物，容易產生黃麴毒素而致癌。避免添加人工香料、人工色素、防腐劑、醃漬、發酵釀造類的食品，因為容易含有毒素，都會增加肝臟的負擔，不吃為妙。

減少刺激、辛辣、高鹽和調味品的使用，盡量利用食物原來的鮮味來烹煮，如鳳梨、柳橙、檸檬、香菇、洋蔥、薑等材料。而燻烤、碳烤、油炸、油煎的食物容易含有毒素，也會危害肝臟健康。

▋避免喝酒及便祕

酒精主要在肝臟代謝，而酒精或其代謝產物都可能傷害肝細胞；過量飲酒也會影響營養素的吸收，除了造成營養不良，也會增加高血壓、中風、乳癌、肝臟與胰臟發炎，以及心臟與腦部傷害的危險。研究指出，肝炎帶原者又有喝酒習慣，其罹患肝癌的機會比不喝酒的人多4～5倍。另外，多攝食粗糙及含纖維素高的食物，養成天天排便的習慣，減少有毒物質吸收，也是讓肝臟保持健康的方法之一。

▲ 多攝取粗糙及纖維含量高的食物，養成天天排便習慣，減少肝臟吸收有毒物質的機會。

▋不亂服用藥物與偏方

民以食為天，國人相當重視「吃」，而且普遍存在著吃補的觀念，所謂「有病治病，無病強身」，尤其肝病病人特別喜歡藉助食療，或到一些青草店買草藥熬煮來喝，號稱可以補肝，但往往卻弄巧成拙，反而加重肝功能失調。

身體質量指數（Body Mass Index, BMI）＝
體重（公斤）／身高平方（公尺²）

定義	WHO	國人肥胖指數	危險程度
過輕	＜18.5	＜18.5	
正常	18.5～24.5	18.5～24.0	正常
過重	25.0～29.9	24.0～27.0	低危險群
肥胖（1度）	30.0～34.9	27.0～30.0	輕度肥胖，中危險群。
肥胖（2度）	35.0～39.9	30.0～35	中度肥胖，重危險群。
肥胖（3度）	＞40	＞35	病態肥胖

特別說明：
男性理想體脂肪率：年齡小於30歲為14～20％；大於30歲為17～23％，若超過25％則為肥胖。
女性理想體脂肪率：年齡小於30歲為17～24％；大於30歲為20～27％，若超過30％則為肥胖。

聰明吃外食的素食處方

據統計臺灣有超過七成的外食人口，尤其是學生跟上班族，許多人沒有A型肝炎抗體，缺乏抵抗力，很容易透過飲食感染，因此有專家預言未來有可能爆發A型肝炎流行。所以外食族應首重衛生安全，如選擇乾淨清潔的用餐場所、避免洗滌設備不佳的路邊攤、自備環保餐具等。

此外，營養不均衡是外食最常見的問題。當中以缺乏蔬菜水果與高油脂的攝取最為普遍，且根據調查僅3％的外食人口蔬果有達到建議攝取量；因此肝病病人又是外食族，更應該特別注意六大類食物的攝取是否足夠與均衡。

素食自助餐或便當選擇五穀及天然食材

主食類若有五穀飯或糙米飯應優先選擇，其次為白米飯，最後為炒飯或炒麵；主菜應以天然不加工、不油炸的食物為佳，例如天然的黃豆製品就比素食加工品好。而蔬菜的選擇也應以彩虹繽紛的顏色來挑選，吃進的蔬菜顏色種類愈多，即代表攝取到的營養素愈多元。

素食麵食可選擇蔬菜麵條

蔬菜麵的營養優於白麵條，盡量少吃熱量較高的油麵；且應避免添加榨菜、酸菜等醃漬品。通常麵食的蔬菜量會較少，故可以選擇涼拌小菜或燙青菜以彌補蔬菜攝取的不足。

素食涮涮鍋或火鍋小心攝取調味料

避免素食加工的火鍋料，以及素沙茶醬、辣椒醬等調味料的攝取過量。

▲ 外食的主食盡量選擇糙米飯、五穀飯或粥，其次才為白米飯、炒飯、炒麵。

便利商店的食品可搭配生菜沙拉

很多人為求方便，會在便利商店解決一天三餐大計；不管是便當、泡麵、三角飯糰或冷凍即時調理餐盒，共同的缺點都是缺乏蔬菜，特別是綠色蔬菜，而現在有不少商家推出生菜沙拉盒與水果盒，建議可搭配選擇，以補充纖維素、維生素與礦物質的不足。

一週三餐素食菜單規劃（依個人情況調整份量）

	早餐	午餐	晚餐
星期一	・豆漿 ・黑糖饅頭夾蛋 ・涼拌小黃瓜	・胚芽飯 ・滷豆腐 ・紅燒栗子素雞 ・小白菜 ・柳丁 ・石蓮蘆薈汁	・五穀飯 ・角瓜豆腐 ・白果素蝦仁 ・燙地瓜葉 ・番茄高麗菜湯 ・蘋果
星期二	・綠豆稀飯 ・荷包蛋 ・涼拌三絲	・素南瓜米粉 ・紅燒烤麩 ・毛豆豆干 ・炒青江菜 ・木瓜	・地瓜飯 ・海結燒麵腸 ・素咕咾肉 ・燙菠菜 ・素酸辣湯 ・水梨
星期三	・低脂牛奶 ・穀類早餐	・稻荷壽司 ・茶碗蒸 ・芹菜涼拌干絲 ・涼拌秋葵 ・草莓	・小米飯 ・素佛跳牆 ・珍珠素丸 ・芝麻蘆筍 ・什錦菇湯 ・奇異果
星期四	・優酪乳 ・高麗菜包 ・茶葉蛋	・炒素粿仔條 ・涼拌豆腐 ・樹子燜苦瓜 ・魚香茄子 ・芭樂 ・桂圓紅豆薏仁湯	・薏仁飯 ・羅漢齋 ・紅番百葉豆腐 ・金菇芥菜 ・蘿蔔湯 ・水果
星期五	・低脂牛奶 ・乳酪夾蛋三明治	・素潤餅 ・素豆腐羹 ・河粉紫菜捲 ・炒油菜 ・哈密瓜	・芋頭飯 ・三絲豆腐捲 ・腰果素蝦仁 ・麻油川七 ・四神素肚湯 ・香蕉
星期六	・苦茶油麵線 ・四喜豆腸 ・涼拌大頭菜	・炒通心麵 ・茄汁素明蝦 ・青花菜 ・玉米濃湯 ・西洋梨	・黃豆飯 ・紅燒素獅子頭 ・彩椒美人腿 ・白菜滷 ・杏鮑山藥椰子盅 ・西瓜
星期日	・養肝素粥 ・山藥炒豆干 ・涼拌海帶芽	・枸杞麵線 ・糖醋豆包 ・油燜雙冬 ・燙高麗菜 ・蓮霧	・糙米飯 ・燒素鵝 ・香椿豆腐 ・炒芥藍菜 ・養肝蔬菜湯 ・甜桃

枸杞麵線　主食　4人份

材　料：

枸杞40克、當歸10克、黃耆10克、薑片2片、麵線300克

作　法：

1. 鍋中倒4碗水，煮滾把枸杞、當歸及黃耆放入鍋內，蓋上鍋蓋，以中小火熬煮約30分鐘。再把薑片加入略煮滾後，把當歸與黃耆撈起。
2. 另起一鍋滾水，把麵線放入煮熟後，撈起盛入作法1的湯汁中即可。

營養分析（1人份）

熱量 （大卡）	蛋白質 （克）	脂肪 （克）	醣類 （克）	纖維質 （克）
257	9	1	53	1.8

【營養師的小叮嚀】

🍙 當歸具苦味，放適量即可；枸杞有保護肝臟功能，及促進肝細胞新生的作用。

🍙 一般市售麵線多會添加鹽分以利存放，因此最好先以熱水煮過，避免攝取過多的鹽分。

稻荷壽司　主食　4人份

材　料：

紫米40克、壽司米200克、日式豆皮12個、黑芝麻少許

調味料：

白醋3大匙、糖5小匙、鹽少許

作　法：

1. 紫米洗淨後，泡水約2小時；壽司米洗淨，泡水30分鐘備用。
2. 把紫米和壽司米混合，加2杯水於內鍋中，電鍋外鍋加1杯的水炊熟。
3. 把所有調味料充分拌勻，淋入煮好的紫米壽司飯中，趁熱攪拌讓米飯入味。把調好味的紫米壽司飯，取適量塞入日式豆皮內，輕輕壓平後，沾上少許黑芝麻即可。

營養分析（1人份）

熱量 （大卡）	蛋白質 （克）	脂肪 （克）	醣類 （克）	纖維質 （克）
350	8	5	68	1.3

【營養師的小叮嚀】

🍙 調味過的壽司米飯，口感酸酸甜甜的，能改善肝病病人的食慾不振，而日式豆皮又能提供質優的蛋白質，是一道營養又可口的餐點。

角瓜豆腐

材　料：

澎湖絲瓜300克、竹笙10克、枸杞10克、豆腐240克、薑片2片、橄欖油1大匙

調味料：

鹽1/2小匙、太白粉1小匙、香油1/4小匙

作　法：

1. 澎湖絲瓜洗淨後，去皮切塊狀；竹笙泡軟、洗淨後切小段；枸杞先以冷水浸泡5分鐘後，撈起瀝乾水分；豆腐切塊備用。

2. 煮一鍋滾水，將絲瓜和竹笙放入汆燙一下，撈起備用。

3. 起油鍋，放入薑片爆香，再放入切塊的豆腐與絲瓜和竹笙拌炒一下，再加水100c.c.，燜煮約20分鐘。

4. 最後放入枸杞和鹽，以小火煮至入味，並以少許太白粉水勾芡，再淋上少許香油即可。

營養分析（1人份）

熱量（大卡）	蛋白質（克）	脂肪（克）	醣類（克）	纖維質（克）
1.6	5.9	6	7.2	1.6

【營養師的小叮嚀】

● 澎湖絲瓜屬夏令蔬菜，富含維生素C，與豆腐搭配，口感滑嫩，味道相當清甜爽口！

● 豆腐屬於黃豆製品，可說是最優質的植物蛋白質，不含膽固醇，又有豐富卵磷脂，可幫助清除壞膽固醇，避免血管硬化。

● 絲瓜含豐富水分、膳食纖維、維生素B群、C、蛋白質、脂肪、醣類、菸鹼酸、鐵、鈉、鈣及磷，是低熱量、低脂肪及含糖量低的高鉀食物；此外，絲瓜中的楊梅素、櫞皮素及芹菜素，還能幫助血管保持暢通，預防心血管疾病。

肝　病
食譜示範

主菜

4人份

海帶結燒麵腸

材　料：
麵腸160克、紅蘿蔔80克、
海帶結300克、毛豆30克

調味料：
烏醋1小匙、醬油1大匙、八角2粒

作　法：

1. 所有食材洗淨；麵腸切塊；紅蘿蔔去皮，切塊備用。

2. 煮一鍋滾水，將海帶結放入汆燙後，撈起備用。

3. 另準備一只空鍋，倒入半碗水（約120c.c.）以及所有調味料
   煮開，再將所有材料加入，以小火燒煮約15分鐘即可。

營養分析（1人份）

熱量（大卡）	蛋白質（克）	脂肪（克）
86	10	1.2

醣類（克）	纖維質（克）
8.5	3.4

【營養師的小叮嚀】

● 海帶又稱「長壽菜」，富含蛋白質、碘、
鈣、磷、鐵等多種礦物質及纖維質和藻
酸，可調節血糖值及降低血膽固醇含量，
有助於調理人體生理機能。

● 麵腸屬小麥製品，選購時要避免添加防腐
劑與漂白劑的製品。

146

配
菜

芝麻蘆筍

4
人
份

材　料：

蘆筍300克

調味料：

芝麻醬4小匙、白醋2小匙、醬油2小匙、糖1小匙

作　法：

1. 先用2大匙冷開水將全部調味料調勻，備用。

2. 蘆筍洗淨後，切除根部過老部分。

3. 煮一鍋滾水，將蘆筍放入水中燙熟，撈起後泡入冷開水內。

4. 將作法**3**的蘆筍撈起，瀝乾水分後，切段排盤，最後淋上芝麻醬汁即可。

營養分析（1人份）

熱量（大卡）	蛋白質（克）	脂肪（克）	醣類（克）	纖維質（克）
62	1.4	2.7	8	1.8

【營養師的小叮嚀】

● 蘆筍富含葉酸與維生素E，烹煮時要避免高溫破壞葉酸。此外，蘆筍是很好的抗氧化、防癌食物，同時具有降血壓、利尿、治水腫、消除疲勞的功效，可防止壞膽固醇積存在血管，並強化血管，防止心血管病變。

● 芝麻中的芝麻素具抗氧化作用，能修復壞損細胞，增強我們的免疫力，減少肝臟受到自由基的破壞。

紅番百葉豆腐

材　料：

大番茄50克、洋菇20克、
芹菜20克、百葉豆腐480克、
橄欖油1小匙

調味料：

糖1/2小匙、鹽1/2小匙

作　法：

1. 大番茄、洋菇及芹菜分別洗淨後，切成小丁狀；百葉豆腐切小塊備用。
2. 起油鍋，加入大番茄、洋菇及芹菜丁，以中火炒香。
3. 再把切小塊的百葉豆腐放入鍋內，加水3大匙煮滾後，再加鹽與糖調味，燜煮約10分鐘即可。

【營養師的小叮嚀】

 番茄含有的番茄紅素（Lycopene）是強而有力的抗氧化劑，具防癌效果，尤其烹煮過後更容易被人體所吸收；而茄汁酸酸甜甜的口感，亦幫助能提振食慾。

 芹菜葉所含的維生素C與胡蘿蔔素含量高，建議烹調時不要將芹菜葉摘除。

 洋菇熱量低，其所含乙醇萃取物，具有降血糖作用；也含有多種抗腫瘤的活性物質，對於消除膽固醇，降低血壓及慢性肝炎都有一定的效果。

營養分析（1人份）

熱量（大卡）	蛋白質（克）	脂肪（克）
124	7	9.8
醣類（克）		纖維質（克）
2		0.5

養肝蔬菜湯 　湯品　4人份

材　料：

蓮藕300克、高麗菜200克、綠花椰菜200克、
乾香菇50克、柴胡10克

調味料：

鹽適量

作　法：

1. 所有食材洗淨；蓮藕及高麗菜切小塊；綠花椰
   菜分切成小朵；乾香菇泡水變軟後，去蒂對切
   四半備用。

2. 柴胡以清水沖淨後，放入鍋內，加水6碗，再放
   入蓮藕、高麗菜、乾香菇，以大火煮滾後，改
   轉小火煮約30分鐘。

3. 最後放入綠花椰菜，改轉大火煮滾後，加鹽調
   味即可。

營養分析（1人份）

熱量 （大卡）	蛋白質 （公克）	脂肪 （公克）	醣類 （公克）	纖維質 （公克）
81	4	0.5	15	4

【營養師的小叮嚀】

- 柴胡為中藥材，含皂苷A、B，有抑制肝炎病毒的作用。
  蓮藕含有鈣、磷、鐵及多種礦物質，且含有維生素C和
  纖維質，非常適合用來煮湯。

- 高麗菜與綠色花椰菜皆為十字花科蔬菜，具有良好的防
  癌作用。此外因含有豐富的維生素C，可增強肝臟解毒
  能力並能預防心血管疾病。

杏鮑山藥椰子盅 　湯品　4人份

材　料：

香水椰子4個、紫山藥240克、杏鮑菇200克、
豆包120克、紅棗12粒、黑棗8粒

調味料：

鹽少許

作　法：

1. 所有食材洗淨；把椰子自頂端橫向剖開，椰子
   汁留著備用。

2. 山藥去皮，切塊狀；杏鮑菇與豆包切塊備用。

3. 把上述作法2的材料，連同紅棗、黑棗與椰子
   汁，全部放入椰盅內。將椰盅開口封上保鮮
   膜，移入電鍋內蒸熟，取出加鹽調味即可。

營養分析（1人份）

熱量 （大卡）	蛋白質 （克）	脂肪 （克）	醣類 （克）	纖維質 （克）
305	11.9	17.9	24	7.8

【營養師的小叮嚀】

- 研究指出，山藥可以降低肝功能指數與脂質過氧化，有
  保肝作用。椰子汁具生津解渴，果肉富含蛋白質與脂
  肪，適合體力虛弱，易倦怠的病人使用。

石蓮蘆薈汁 　點心　 4人份

材 料：

石蓮12片、蘆薈4片、冷開水2又1/2杯、
蜂蜜4大匙、冰塊少許

作 法：

1. 石蓮洗淨；蘆薈去外皮，取出果肉備用。
2. 將石蓮和蘆薈果肉放入果汁機中，再倒入冷開
   水、蜂蜜及少許冰塊，一起攪打成汁即可。

營養分析（1人份）

熱量 （大卡）	蛋白質 （克）	脂肪 （克）	醣類 （克）	纖維質 （克）
60	0.5	0.5	13	1.1

【營養師的小叮嚀】

● 石蓮含豐富纖維質、維生素B、C以及鈉、鈣、鉀、鎂、
鐵等礦物質。

● 蘆薈含有蘆薈素，有調節新陳代謝，與增強免疫能力等
作用；與石蓮一樣都具有保肝的功能。

桂圓紅豆薏仁湯 　點心　 4人份

材 料：

紅豆60克、薏仁60克、桂圓肉20克、冰糖3大匙

作 法：

1. 紅豆和薏仁洗淨後，浸泡約1小時備用。
2. 再把紅豆、薏仁及桂圓肉，全部放入鍋中，加4
   杯水，移入電鍋內煮熟。
3. 待電鍋跳起來後，續燜5分鐘，最後再加入冰糖
   調味即可。

營養分析（1人份）

熱量 （大卡）	蛋白質 （克）	脂肪 （克）	醣類 （克）	纖維質 （克）
166	5.7	1.2	33	2.2

【營養師的小叮嚀】

● 中醫認為，紅豆性平，有滋補強壯、健脾養胃、利水除
濕及補血的功能，特別適合各種水腫病人的食療。

● 薏仁則可以降低血液中膽固醇與三酸甘油脂的濃度，並
有殺死癌細胞，增強免疫力的功能。

腎臟病
素食飲食處方

文 郭月霞（前臺大醫院營養師）

本章節食譜使用建議：

- 食鹽主要成分為「氯化鈉」，一公克食鹽含有400毫克鈉，所以食譜上記載含鈉1200毫克，即等於含鹽3公克。

- 本食譜使用原則為一天三餐有一餐的主食類以低蛋白澱粉取代；穀物是熱量的主要來源，正常飲食的穀物一天可提供18～24公克的蛋白質，但對於須嚴格限制蛋白質的慢性腎臟病患而言，所占的比例很大，故最好的方法就是使用低蛋白的穀物和澱粉。

簡單認識慢性腎衰竭

腎臟位於人體腹腔後方，脊椎骨兩側，左高右低，如呈蠶豆狀。

根據統計，至2005年12月31日止，臺灣地區共有41,675名末期腎衰竭病患，正接受長期透析治療，盛行率為每100萬人中有1,830人，均名列世界前茅。

同時衛福部歷年來公布國人最常見十大死因中，慢性腎臟病也一直榜上有名。這些數據可能造成民眾對「腎臟病」有一股莫名的恐懼感，以為罹患「腎臟病」就等同「尿毒症」，非得「洗腎」不可，也難怪坊間充斥著各種「補腎偏方」的不實廣告。

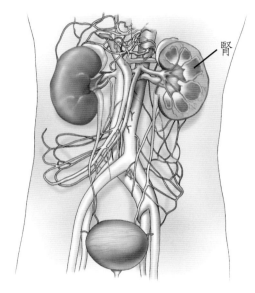

▲ 腎臟位於人體腹腔後方，可為我們代謝廢物、穩定體內水分含量等功能。

事實上大部分的腎臟病是可以預防、治療或控制的，站在民眾個人立場，只要平時能夠多獲取正確的醫藥資訊，培養健康的飲食和生活型態，就可以大大降低腎臟病上身的威脅，而對於不幸已經罹患腎臟病的患者，更應該建立正確的醫藥、飲食及生活習慣，並接受專業的醫療照護。

為什麼會有腎臟病產生？原因有許多，其中包含以下：

- 糖尿病所引起的代謝異常。
- 免疫功能異常，造成腎絲球腎炎。
- 高血壓造成血管傷害。
- 尿路阻塞，泌尿道結石，因而引發阻塞性腎病變。
- 感染或藥物傷害，而引起腎間質腎炎。
- 全身性疾病侵犯到腎臟，像是痛風腎病變、紅斑性狼瘡腎炎。
- 遺傳，如多囊腎、遺傳性腎炎。
- 惡性腫瘤破壞正常腎臟功能，引起阻塞，必須開刀。

但無論是什麼原因引起的，腎臟病在早期是沒有症狀的，頂多只有泡沫尿、潛血尿（肉眼看不到）或高血壓，因此唯有透過定期量血壓（正常收縮壓／舒張壓低

腎臟替我們做哪些工作？	
・清除代謝廢物，使我們不致於噁心、嘔吐、疲倦。	・穩定體內水分含量，維持適當尿量，讓身體不致於水腫。
・維持電解質平衡，不致於造成電解質異常。	・幫助排泄藥物，免於藥物中毒的情形發生。
・協助製造紅血球，不致於貧血。	・調節血壓，不致於引發高血壓。

於120/80毫米汞柱）、驗血（血糖、尿素氮及肌酸酐）、驗尿（潛血、蛋白尿），才有機會早期發現。

對於尿毒症的6大高危險族群：糖尿病、高血壓、蛋白尿、有腎臟病家族史、長期服用藥物及65歲以上老年人，更應該定期接受量血壓、驗血及驗尿檢查，以確保腎臟健康。

一般來說腎臟病可分為急性和慢性兩大類，所謂急性腎臟病是指正常的腎臟在受到某種原因的傷害後，原有的正常功能突然消失，導致水、尿素及其他代謝廢物的排泄發生障礙的一種狀況，但急性腎臟病只要經過適當的治療，其腎功能通常都可以恢復正常；而慢性腎衰竭則是指腎臟長久以來一直有毛病，隨著時間的累積，腎臟的情形一直損壞，雖然無法完全治癒，但是目前醫界有很好的治療和控制方式，可以阻緩病情的惡化，並不一定會走上「尿毒症」，更遑論「洗腎」，這和高血壓或糖尿病雖無法「治癒」，卻可以控制得非常穩定是一樣的道理。

慢性腎衰竭的病程會因每一個人飲食調控、個人病程進展、體重而異，可分為初期是第一、二期；中期是第三、四期；晚期為第五期。為防止腎臟惡化，基本上就是要攝取充足適量的熱量，並於飲食上調整蛋白質和鹽分的攝取，這是為了減輕腎臟的負擔，不讓無法代謝乾淨的廢物一直積存在體內。

慢性腎衰竭發生的原因

▌腎臟本身的病變所引起

通常這類腎衰竭發生後，除了少數人可以痊癒之外，大部分的患者都無法痊癒，且會持續惡化，像是腎絲球腎炎；所謂腎絲球就像是腎裡面的一個過濾器，過濾器的功能就是將有用的、好的東西留下來，排除不好的雜質，如尿液及毒素，當這個過濾器發生問題時，腎的功能自然無法正常運作，造成腎衰竭。

▌其他疾病所引起的腎衰竭

以臺灣地區而言，目前比例最高的是糖尿病，其他還有紅斑性狼瘡和痛風等疾病，都會引起慢性腎衰竭。

▌先天性的腎臟病變

最常見到的是多囊性腎臟病，這是一種遺傳性的疾病，分為顯性和隱性兩種，一般大約都是顯性的，通常到了中年後才會發病；而罹患隱性多囊性腎臟病的病人，通常不會繼續存活。

慢性腎衰竭病程

分期	病程	血清肌酸酐（毫克／100毫升）	肌酸酐廓清率（Ccr）（毫升／分鐘）	血液/尿液檢查異常	臨床症狀	飲食
第一期	腎功能正常	<1.5	>90	無	無症狀	正常飲食
第二期	輕度腎衰竭	<1.5	60～90	蛋白尿	無症狀	· 均衡飲食 · 避免大魚大肉
第三期	中度腎衰竭	1.5～2.9	30～59	· 尿素氮 · 酸酐 · 尿酸	· 輕度貧血 · 血壓升高	· 減少鹽分 · 均衡飲食 · 肉類減少
第四期	重度腎衰竭	3～6.9	15～29	· 尿素氮 · 肌酸酐 · 酸中毒 · 鉀鈣磷	· 貧血 · 水腫 · 胃口變差	· 維持體重 · 低蛋白飲食 · 低磷
第五期	尿毒症	>7.0	<15	· 尿素氮 · 肌酸酐 · 酸中毒 · 鉀鈣磷	· **一般症狀**：全身倦怠無力，水腫、頭痛或頭暈、呼吸困難。 · **皮膚症狀**：病黃色、乾燥、搔癢。 · **神經症狀**：手腳麻木，意識變化，昏睡，倦怠，譫妄，昏迷。 · **血液症狀**：流鼻血、牙齦出血、皮膚與黏膜下出血。 · **心臟症狀**：高血壓、心臟肥大、心臟衰竭、心包炎與心包滲液。 · **腸胃症狀**：食慾不振、噁心嘔吐、呼吸困難。 · **腎臟症狀**：血尿、泡沫尿、夜尿。	· 高熱量 · 低蛋白飲食 · 低鉀 · 低磷

腎臟病患者的飲食原則

得到腎臟病時，飲食首重鹽分的控制，因為鹽分會造成水腫，不能吃辛辣或刺激的食物和飲料，要避免吃有化學添加物的食品。

因為腎臟已生病無法去負擔這些額外的東西，故飲食要以清淡為主，且一定要配合醫生的指示保持一定的喝水量，以及按時吃藥，並按時回診，平時也不要做劇烈的運動，不熬夜並多休息，同時控制自己的情緒，不要太激動或太興奮。

自我健康管理更是不可或缺，務必盡量做到「四不一沒有」和「三控三避」的口訣。

「**四不**」包括不抽菸；不用偏方、草藥、來路不明的藥丸或坊間所謂「健康食品」；不用非醫師處方的止痛藥、抗生素或減肥藥；不憋尿並適量喝水。

「**一沒有**」則是沒有鮪魚肚（保持理想體重和適量運動）。

「**三控三避**」，包括控制血壓、控制血糖、控制蛋白尿；避免過度疲累、避免感冒以及避免接受會傷害腎臟的檢查（如顯影劑）和藥物。

正確限制蛋白質的攝取量

蛋白質燃燒後會產生含氮化合物，腎臟功能變差後，排泄含氮化合物的能力變差，需依據腎功能來攝取適當的蛋白質，也就是採取低蛋白飲食法。

建議慢性腎臟病第三、四、五期病友，蛋白質攝取量為0.6～0.75公克／理想體重／天，且其中1/2以上需來自「高生理價值蛋白質」，像是奶類、蛋、豆製品等優質蛋白質，剩餘的蛋白質則以五穀根莖類、青菜、水果為輔助。

此外，也應盡量避免攝取低生理價值的蛋白質，如紅豆、綠豆、蠶豆、菜豆、豌豆、麵筋、麵腸、烤麩、花生、瓜子、腰果、核桃等。

▲ 腎臟病患者選擇蛋白質來源時，應選用奶類、蛋等優質蛋白質。

各類食物中蛋白質含量及熱量表

項目	一份	蛋白質（克）	熱量（卡）
奶類	鮮奶1杯（240c.c.）＝低脂奶粉3大匙＝優酪乳1瓶	8	120
蛋、豆製品	蛋1顆＝傳統田字形板豆腐1塊＝五香豆乾3塊＝豆漿1杯＝豆包2/3塊＝素雞2/3根＝盒裝豆腐1/2塊	7	75
五穀根莖類	飯1/4碗＝麵條、稀飯半碗＝土司半片＝中型饅頭1/4個＝水餃皮3張＝小蘇打餅3片＝2大匙麥片	2	70
青菜	4大匙或1小碟或2/3碗	1	—
水果	一個網球大小或一小碗	1	60

蛋白質攝取的每日食譜設計參考

慢性腎臟病第三、四、五期患者，單日蛋白質攝取量：

0.6 ～ 0.75 公克／理想體重／天。

理想體重計算方式：

身高平方（公尺^2）×22（數值 ±10％範圍）。

若理想體重為 56 ± 5.6 公斤，體重 55 公斤，一天所需的蛋白質為 0.6 ～ 0.75×55 ＝ 33 ～ 41 公克。

項目	蛋白質（克）／份	1份量	設計份數／天	卡熱量／份	攝取熱量
奶類	8	＝1杯236c.c.（盒）低脂奶 ＝3平大匙低脂奶粉	1/2	120	60
蛋、豆製品	7	＝1顆蛋 ＝1塊傳統豆腐 ＝1/2盒盒裝豆腐 ＝3塊五香豆乾 ＝1/2塊黑豆乾	2～3	75	150～225
五穀根莖類	2	＝1/4碗飯＝1/2碗稀飯 ＝1/2碗麵條 ＝1/3個台灣饅頭 ＝1/2片土司	6	70	420
低蛋白澱粉	—	＝2大匙太白粉、地瓜粉、澄粉、西谷米、粉圓、玉米粉＝1/2把冬粉 ＝半碗米粉、米苔目、裸仔條、粉條	—	60	
青菜	1	＝2/3碗青菜＝4大匙青菜	3	—	
水果	1	＝1碗切塊水果＝1個網球大小水果	2	60	120
總量	單日攝取蛋白質35～42克；蛋白質攝取熱量為750～825卡。				

特別說明：以上設計一天攝取半杯鮮奶，2～3份豆蛋類，6份主食（約1.5碗飯），3碟青菜，2個網球體積的水果，可得35～42克蛋白質，約750～825卡的熱量。

攝取足夠的熱量

腎臟病友一天建議攝取的熱量：30～35卡／理想體重／天，所以若理想體重為55公斤，則一天所需熱量為：30～35×55＝1650～1925卡。

需要注意的是，腎衰竭病友一旦熱量攝取不足時，身體組織的蛋白質會分解作為熱量來源，產生更多的含氮廢物，並使血鉀上升，更加重腎臟負擔，故建議可多利用「高熱量、低蛋白」食物。

所以建議可攝取低氮澱粉類食物來補足所需的熱量，而低氮澱粉就是低蛋白澱粉，跟主食很相近，含有醣類，可以提供熱量來源，但其所含蛋白質幾乎為「零」，此類食物即稱為低蛋白澱粉。特性是煮熟後會呈半透明狀，若吃不飽時，可以選擇用來充饑，既有飽足感，又可使蛋白質攝取不過量，如冬粉、米粉、粉條、米苔目、粿仔條、涼粉、粉皮、西谷米、粉圓、涼圓、地瓜圓等；還有現成品，如水晶餃、肉圓、蚵仔煎、香蕉飴、粉粿等；以及市售低蛋白營養品，如糖飴（益富）、粉飴（三多）、益補（益富）、麥格拉等。

如果購買市售低蛋白產品，其主要成分為澱粉糖。而澱粉糖是澱粉做的甘味料，甜味只有砂糖的1/10～1/3，熱量則和砂糖不相上下，將其加入飲料或冷飲裡，可以攝取熱量，又不會過甜。而澱粉米（低氮澱粉）和普通米一樣可用電鍋燜煮，水量約為白米的2倍，建議一次可以煮多一點，烹煮時可加少許沙拉油增加熱量，未吃完則可存放在冰箱冷凍庫內，下次取食時以微波爐解凍即可。煮好的澱粉米最好趁熱食用，剛燜完的澱粉飯會黏糊糊的，只要用飯匙上下反覆攪拌均勻，讓水分平均吸收後，就會呈現一粒粒的飯粒狀。

▲ 市售澱粉米就屬於低蛋白產品。

為了增加熱量攝取，烹調時還可選擇單元不飽和脂肪酸含量高的油，如芥菜油、橄欖油、花生油、苦茶油及芝麻油等，以油煎或是油炒的方式增加熱量（因蛋白質需適度限制，而為了補充熱量，需要選擇少量蛋白質的低氮澱粉類食物及植物性油脂。）但應避免食用豬油、奶油、棕櫚油、椰子油等烘焙用油。

至於果糖、果醬、冰糖、蜂蜜、白糖等，也是增加熱量的來源（一天糖的攝取份量，依個人需求不同，請諮詢營養師），但如果合併有糖尿病的病友，則需依營養師指示選擇適合的糖類。

適度調整鈉（鹽分）的攝取量

鈉是維持體內水分和血壓穩定的電解質，如果鈉離子過多就會造成水分過度積聚，導致呼吸急促、鬱血性心臟衰竭、高血壓等併發症，所以要避免含鈉高的食物。行政院衛福部建議國人鹽分攝取量為8～10公克／天，擔心血壓高或高血壓患者應將一日總鹽分的攝取量控制在5公克。另外，我們容易忽略許多食物本身就含有鹽分，所以從調味料和加工食品所攝取的鹽分，一天應以不超過3公克為限。除了鹽分限制，還應注意適度補充水分的重要。

諮詢營養師再限制磷及鉀的攝取

慢性腎臟病友是否應該限制磷和鉀的攝取呢？此說法請勿以訛傳訛，沒有根據就自己限制，建議應請教醫生你的病程及檢驗數據，需要限制時再諮詢營養師。

當然，腎功能衰退的患者，腎臟無法適當移除過多的磷，血液中磷過多時，會導致骨骼病變、骨骼疼痛、皮膚搔癢、副甲狀腺機能亢進、紅眼睛等併發症，所以必須限制磷的攝取。磷離子普遍存在所有含蛋白質的食物中，所以一方面要有充分的營養攝取，另一方面須配合降磷藥物正確一起食用，來控制血中磷的濃度，才能真正見效。

此外，鉀是維持細胞和肌肉組織功能的重要電解質，慢性腎臟病患者可能因攝取過多高鉀食物，腸胃道出血；或熱量攝取不足導致身體組織分解等因素，引起血中鉀離子過高，會導致全身虛弱無力，引起心臟傳導和收縮異常，出現心律不整，甚至於死亡的狀況，故要避免含鉀高的食物。

減鈉小祕方	
・鈉主要來源是食鹽，每日食鹽量，要依照醫師指示少吃或照常食用。	・應忌食任何罐頭、醃漬品及各種加工食品，胡椒鹽亦要控管。
・若鹽分必須限制，則醬油、味精等也要酌量使用。	・烹調時可使用白醋、糖、酒、薑、五香、花椒、香菜、迷迭香、咖哩等，來增加食物的風味及可口性。
・半成品食物，勿再加調味料。	・因食鹽替代物多以鉀鹽取代鈉鹽，故盡量不要食用食鹽替代物。

少鉀小祕方

· 鉀離子易溶於水，普遍存在於各類食物中，只要在烹調時，將材料先以熱水燙過3分鐘撈起，再油炒或油拌後食用，即可減少鉀的攝取量。

· 避免食用中藥草（材）、中藥丸、中藥粉及用此原料包裝成的錠劑、膠囊。不吃生菜沙拉等生食（水果除外）。

· 食物經煮熟後，鉀會流失於湯汁中，所以不可喝湯。

· 低鉀水果，如蘋果、鳳梨、芒果、蓮霧、葡萄等，每天可食用2份（1份約1個網球大小，或切塊水果一小碗）。若不是吃上述五項水果，其餘水果則減為每天1份即可。

· 注意食品標示！市售低鈉、薄鹽醬油或半鹽、低鹽等標示，常將鹽分中的鈉以鉀取代，故不宜任意使用。

· 以低磷鉀奶粉來取代奶類攝取。

小心，含高磷量的食物！

種類	來源
奶類及乳製品	鮮奶、奶粉、調味奶、乳酪、養樂多、優格、冰淇淋等。 奶類含磷量高，可利用市售低磷營養品，如亞培腎補納、普寧勝或雀巢立攝適腎臟取代。
全穀類	糙米、胚芽米、薏仁、全麥麵包、全麥餅乾等。
乾豆類	紅豆、綠豆、黃豆、黑豆等。
堅果類	瓜子、花生、花生醬、腰果、開心果、杏仁果等。
菇蕈類	香菇、草菇、柳松菇等。
飲料類	汽水、可樂、茶、啤酒等。
蛋類	蛋黃等。
其他	披薩、巧克力、酵母粉、健素糖、可可亞粉等。

腎臟病專用奶粉和牛奶的營養比較

產品	熱量（卡）	蛋白質（克）	磷（毫克）	鉀（毫克）	鈣（毫克）
三多低蛋白配方（LPF）每20克	97	1.56	24	75	50
森永低磷鉀（LPK）每20克	92	3	16	80	120
低脂牛奶每100毫升	50	3	88	150	108
亞培普寧腎（每1瓶）	475	16.6	165	250	325
亞培腎補鈉（每1瓶）	475	7.1	175	265	331
雀巢立攝適腎臟（每1瓶）	475	17.4	154	192	308

特別說明：市售標榜腎臟病專用奶粉，究竟和市面上普通牛奶有何差異？其實腎臟病專用牛奶特色為礦物質中磷和鉀含量較普通牛奶低，蛋白質含量則不一。

159

調養及恢復期的素食處方

　　香港中文大學醫學院研究指出，長期吃全素者，因維生素B_{12}缺乏，同半胱胺酸升高，血管比一般人更易硬化。而臺灣素食者絕大多數都是用精製油或冒煙點很低的植物油（品質不好、大火一炒就氧化）並常以油炸、煎炒方式處理豆類再製品等因素，故素食腎臟病患者應注意：

- 磷的含量
- 農藥與化肥殘留
- 素肉製作是否有許多人工添加物
- 素食餐廳或家庭烹調用油問題
- 優質蛋白質與好油是否足夠
- 鐵質與維生素B_{12}是否缺乏（可由醫師開立處方，補充維生素B群）。
- 食物比例吃得正確（三餐都要有蛋白質與脂肪，單日的蛋白質及脂肪攝取量因人而異，請諮詢營養師。）。
- 適時補充營養素（定期檢查體內鐵質與維生素B_{12}；多攝取溫熱屬性的蔬果、堅果與辛香料；多運動以提高新陳代謝率）。

低蛋白產品要去何處購買？

產品／每100公克	熱量（卡）	蛋白質（公克）	醣類（公克）	脂肪（公克）
益富益補	580	4	49	41
益富糖飴	380	0.0	95	0.0
益富多卡	376	0.1	93	0.1
益富麥格拉	580	5	49	40
益富益能充	444	1.8	68.1	18.3
三多粉飴	378	0.3	94.2	0
三多高熱能	708	2.2	25	71.2
濟和米粒	360	0.3	88	0.4
濟和麵條	369	2.8	83	0.9

特別說明：為提供讀者方便洽詢購買低蛋白產品，特列出以下相關廠商之連絡方式。
- 益富營養中心：洽詢專線0800-091-000（台北市承德路4段281號9樓）
- 三多士股份有限公司：洽詢專線0809-009-998（台北市大安區四維路208巷3-1號1樓）
- 濟得實業有限公司：洽詢專線（02）2790-0990（臺北市成功路3段143號7樓）

　　而素食者最常攝取的大豆蛋白質，在早期使用的蛋白質品質評定中，將大豆蛋白質歸屬於生理利用率較低的蛋白質，但近來研究顯示實證醫學研究顯示：大豆蛋白質，其甲硫胺酸的含量足夠人體的需要。

　　而且以大豆蛋白質取代動物性蛋白質，在人體進行的研究亦顯示，二者蛋白質效率類似，對長期代謝亦無不良影響。

　　美國食品與藥品管理局（Food and Administration, FDA）與世界衛生組織（World Health Organization, WHO）亦於1991年起改採用「蛋白質經消化修正的胺基酸評分值」（Protein digestibility corrected amino acid score, PDCAAS）法來評定蛋白質品質，修正原先以胺基酸積分來評定蛋白質品質的方法。

　　PDCAAS校正了胺基酸的消化率，使用此法評量大豆蛋白質與動物性蛋白質積分皆為1，表示二者蛋白質品質相等皆為高生理價的蛋白質，故大豆蛋白質為優質蛋白質。所以素食者不需擔心優質蛋白質的來源，但腎臟病素食者反而要注意限制蛋白質的攝取量。

　　腎臟病素食者最重要的飲食重點在於「攝取足夠的熱量」，以保留蛋白質提供組織與細胞的建構與修補，並選擇低磷、低鉀的植物性蛋白質食物。

蛋白質來源	蛋白質經消化修正的胺基酸評分值
牛乳蛋白分離物	1.00
黃豆蛋白分離物	1.00
蛋白粉	1.00
牛絞肉	1.00
罐裝扁豆	0.52
花生	0.52

聰明吃外食的素食處方

先請教營養師了解自己所需

　　腎臟病素食患者，不管是不是外食，都應該先請教營養師了解自己一天所需要的食物份量。

　　若是早、午餐外食蛋白質量超過，折衷方法為晚餐含蛋白質食物量減少；同樣的，若是晚餐要在外進食，且事前知道蛋白質量會超出時，建議早、午餐蛋白質量得適度調整。只要把握原則：蛋白質總量不改，但三餐分布可以自行調整。

控制鈉、磷、鉀、水分的攝取

■ 限制鈉離子

- 盡量減少選用炒飯、麵的頻率。
- 可多選擇自助餐，菜式份量可自由搭配，捨棄含鹽分極高的菜湯。
- 湯麵可捨棄或減量含鹽分高的麵汁，單純撈麵進食。
- 食物以天然食材為主，降低加工、醃漬、罐頭食材。
- 可先以開水浸沖食物兩次後再進食。

■ 限制磷離子

- 磷的結合劑隨時要帶在身上，忘記帶時可先到藥局購買。
- 磷結合劑正確使用方法：隨餐分塊或剁碎，進食幾口配以一小碎塊。
- 彈性調整磷結合劑，如進食豐盛則要增加使用，點心亦要使用磷合劑。

■ 限制鉀離子

- 蛋白質要照營養師的份量設計使用。
- 點選青菜時，最好要求燙過或濾掉湯汁的青菜。
- 勿食生菜沙拉。
- 限制水果份量且勿選擇含鉀高的水果。最好選擇含鉀低的水果如鳳梨、蘋果、芒果、蓮霧、葡萄等水果。

▲ 腎臟病友可選擇含鉀低的水果如蘋果、蓮霧、葡萄等水果。

▎限制水分

- 以清淡為主，勿選擇調味重的食物，才不會因此喝過多的水。
- 湯汁、麵湯、飲料及冰品少選用。

一週三餐素食菜單規劃（依患者狀況而調整份量）

	早餐	午餐	晚餐
星期一	・饅頭夾蛋 ・豆漿	・白飯 ・紅燒豆腐 ・香酥素菜捲 ・紅蘿蔔炒冬粉	・素牛肉麵 ・燙青菜 ・炸芋頭丸
星期二	・稀飯 ・紅蘿蔔蛋 ・涼拌三絲	・白飯 ・苜蓿芽捲 ・芝麻菠菜 ・蠔油素肉	・陽春麵 ・燙青菜 ・海帶拌豆乾
星期三	・素春捲 ・米漿	・麻醬乾麵 ・涼拌豆腐 ・地瓜湯	・白飯 ・滷麵腸 ・味噌燜筍 ・番茄蛋花湯
星期四	・三明治（白土司、荷包蛋、素火腿、小黃瓜絲） ・柳橙汁	・白飯 ・糖醋素肉塊 ・素雞丁 ・炒青菜	・韓味冬粉 ・蔬菜麵 ・燙青菜 ・油悶烤麩
星期五	・蛋餅 ・豆漿	・炒米粉 ・素丸子湯 ・素酸辣湯	・白飯 ・滷白菜 ・素雞丁 ・紫香豆腐
星期六	・麵包 ・鮮奶	・香菇油飯 ・太極木耳 ・炒青菜 ・薑爆素肉絲	・素水餃 ・炒青菜 ・皮蛋豆腐 ・南瓜濃湯
星期日	・稀飯 ・台式泡菜 ・紅蘿蔔炒蛋	・爽口粿仔條 ・燙青菜 ・九層塔炒茄子 ・素排骨	・白飯 ・炸豆腐塊 ・炒青菜 ・涼拌三絲

爽口粿仔條

主食

4人份

材　料：

粿仔條960克、青江菜240克、
紅蘿蔔絲60克、橄欖油8小匙

調味料：

醬油2小匙

作　法：

1. 青江菜洗淨，切成段狀備用。

2. 起油鍋，放入紅蘿蔔絲拌炒，最後加入粿仔條、青江菜、調
   味料及適量的水，拌炒均勻即可。

營養分析（1人份）

熱量（大卡）	蛋白質（克）	脂肪（克）
350	3.2	10
醣類（克）		纖維質（克）
61.8		4.6

【營養師的小叮嚀】

- 粿仔條要選用呈透明狀的，其蛋白質含量才會較低。

- 青江菜和紅蘿蔔具有維生素A、維生素C、鐵質及纖維質；維生素A可保護喉嚨和鼻子的黏膜增強防禦能力，不易引起感冒。維生素C則因具有提高身體抵抗力、抑制病毒（感冒元兇）的作用，及減緩感冒症狀等功能。

- 橄欖油的成分中單元不飽和脂肪酸的比例約達77%，是食用油當中最高的；並富含維生素E、A、D、K。

主食

香菇油飯

4
人
份

材 料：

長糯米160克、澱粉米（低蛋白米）160克、乾香菇20克、素肉絲40克

調味料：

米酒2小匙、鹽1/2小匙、麻油8小匙、胡椒粉及香粉少許

作 法：

1. 將長糯米及低蛋米洗淨後，一同放入電鍋中煮熟；乾香菇泡水後，切絲備用。

2. 起油鍋，爆香香菇絲及素肉絲後，撈起備用。

3. 將調味料加2大匙水拌勻，另起一炒鍋，將調味料倒入煮滾後，加入煮熟的米飯
   與作法2的材料，拌炒至熟即可。

營養分析（1人份）

熱量（大卡）	蛋白質（克）	脂肪（克）	醣類（克）	纖維質（克）
353.6	13.45	10	50.41	1.07

【營養師的小叮嚀】

● 澱粉米就是低蛋白米。澱粉米和普通米一
樣可用電鍋燜煮，煮好的澱粉米最好趁熱
食用，剛燜完的澱粉飯會黏糊糊的，只要
用飯匙上下反覆攪拌均勻，讓水分平均吸
收後，就會呈現一粒粒的飯粒狀。

● 澱粉米的好處，就是代替米飯以增加熱
能。低蛋白米每100克只含0.3克蛋白質，
較一般米的蛋白質只有1/20，低鈉、磷、
鉀，且不含反式脂肪及飽和脂肪酸。每天
吃一碗低蛋白米取代一般米，就可以多攝
取約一份肉魚蛋豆類，增加高生物價蛋白
質的攝取，還可以增加蛋白質的利用率。
若是三餐感覺吃不飽，多吃一碗可增加熱
量，但不會增加蛋白質的攝取。

材　料：
冬粉8把、紅蘿蔔絲60克、
空心菜段80克、橄欖油8小匙

調味料：
香油4小匙、醬油2小匙、
冰糖2小匙、胡椒粉及白芝麻少許

作　法：
1. 冬粉先泡水備用。
2. 起油鍋，先放紅蘿蔔絲與空心菜段翻炒，最後加入冬粉及調
　 味料拌炒至熟即可。

營養分析（1人份）

熱量（大卡）	蛋白質（克）	脂肪（克）
367	1.32	10
醣類（克）		纖維質（克）
68		2.19

【營養師的小叮嚀】

◗ 此道菜也可作為主食，可以取代米飯，非
常具飽足感。

◗ 冬粉是由綠豆加工製作而成的，屬於低氮
澱粉。

◗ 冬粉中的蛋白質含量低，既可增加飽足感
與熱量，又不會造成腎臟的負擔。

材　料：

新鮮香菇16朵、草菇80克、烤麩160克、芥花油4小匙

調味料：

醬油2小匙、糖2小匙

作　法：

1. 香菇、草菇分別洗淨；香菇切大塊狀備用。

2. 起油鍋，將香菇、草菇入鍋拌炒，最後加入烤麩、調味料及適量的水，加蓋燜煮約5分鐘即可。

營養分析（1人份）

熱量（大卡）	蛋白質（克）	脂肪（克）	醣類（克）	纖維質（克）
182	14.7	9	12.7	4.8

【營養師的小叮嚀】

● 此菜很下飯，夏天時可加入竹筍更可口。

● 香菇含有多種的維生素B_1、B_2、B_6、B_{12}，鉀、鐵、膳食纖維，亦富含維生素D的前驅體麥角固醇，經陽光（紫外線）的照射及轉變為維生素D（骨化醇），可以預防人體（尤其是嬰兒）發生佝僂病變。

九層塔炒茄子 [配菜] 4人份

材　料：
茄子300克、九層塔40克、橄欖油6大匙

調味料：
鹽1/2小匙、醬油1大匙

作　法：
1. 所有食材洗淨；茄子切段備用。
2. 起油鍋，放入茄子炸軟，撈起後備用。
3. 另起油鍋，放入茄子，連同九層塔略炒後，加鹽及醬油調味即可。

營養分析（1人份）

熱量 （大卡）	蛋白質 （克）	脂肪 （克）	醣類 （克）	纖維質 （克）
196	1.2	20	3	1.0

【營養師的小叮嚀】
- 九層塔風味特別，烹調時不加調味料亦可，為限鈉患者的佐餐良菜。
- 利用炸茄子的烹調方法，就是為了腎臟病友能多攝取一些熱量。
- 茄子具有豐富的生物類黃酮，可以防止微血管破裂，降低膽固醇。

素排骨 [配菜] 4人份

材　料：
乾豆皮120克、葡萄籽油4大匙

調味料：
砂糖2小匙、醬油1大匙

作　法：
1. 乾豆皮略為洗淨後，泡水至軟備用。
2. 起油鍋，放入豆皮微煎。
3. 再放入2大匙水，以及醬油和砂糖稍微拌炒一下，煮至收乾切片即可。

營養分析（1人份）

熱量 （大卡）	蛋白質 （克）	脂肪 （克）	醣類 （克）	纖維質 （克）
181	7.5	15	4	0.4

【營養師的小叮嚀】
- 自製豆皮的方法：
  1. 將黃豆浸泡約7～8小時後，再撈起放入輾碎機中磨成豆漿。
  2. 把豆漿放入鍋中，不斷攪拌待其煮沸後過濾雜質，再用電風扇吹涼。
  3. 豆漿冷卻後，上面的蛋白質便會凝結成豆皮，將其以筷子小心取出後，再折疊成豆包狀即可。
- 自製的豆包無化學添加物，質地細膩、口感佳且有黃豆特有的香味，營養又健康。

南瓜濃湯 `湯品` `4人份`

材　料：

南瓜400克、巴西里末少許

作　法：

1. 南瓜洗淨去皮，放入電鍋中蒸熟備用。
2. 取出蒸熟後的南瓜加少量水，以果汁機打碎成南瓜泥。
3. 鍋中倒入500c.c.的水，煮滾後放入南瓜泥，邊攪拌邊煮滾，並撒上巴西里即可。

營養分析（1人份）

熱量 （大卡）	蛋白質 （克）	脂肪 （克）	醣類 （克）	纖維質 （克）
85.8	1.6	2.6	14	1.4

【營養師的小叮嚀】

🍠 金瓜含有高量β胡蘿蔔素為一抗氧化物。

素酸辣湯 `湯品` `4人份`

材　料：

紅蘿蔔30克、木耳40克、金針菇20克、生香菇30克、盒裝豆腐1/2盒、香菜少許、紅辣椒少許

調味料：

太白粉1小匙、白醋2小匙、黑醋1小匙、香油1小匙、胡椒鹽少許

作　法：

1. 紅蘿蔔去皮後切絲；木耳、金針菇、生香菇分別洗淨後切絲；盒裝豆腐切絲；香菜、紅辣椒洗淨後，剁碎備用。
2. 鍋中倒入500c.c.水煮滾後，放入紅蘿蔔、木耳、金針菇、生香菇及豆腐。
3. 待其煮滾後，淋入太白粉水勾芡，再加入所有調味料及香菜和紅辣椒，即可。

營養分析（1人份）

熱量 （大卡）	蛋白質 （克）	脂肪 （克）	醣類 （克）	纖維質 （克）
35.6	1.8	1.4	4	0.8

【營養師的小叮嚀】

🍠 白醋不含鈉，而且酸味可以促進食慾；太白粉勾芡可增加熱量。

地瓜湯 　點心　　4人份

材　料：

地瓜580克、水800c.c.、糖80克

作　法：

1. 將地瓜洗淨、去皮，切成中等大小的塊狀。
2. 把地瓜塊放入鍋中，加水800c.c.，煮軟後加糖即可。

營養分析（1人份）

熱量 （大卡）	蛋白質 （克）	脂肪 （克）	醣類 （克）	纖維質 （克）
210	1.0	0.2	50.9	2.6

【營養師的小叮嚀】

🍠 紅心地瓜含有高量 β 胡蘿蔔素，為一抗氧化物質。

炸芋頭丸 　點心　　4人份

材　料：

芋頭320克、地瓜粉4大匙、糖2大匙、
沙拉油4大匙

作　法：

1. 芋頭洗淨後，去皮、切大塊狀，再放入電鍋內蒸熟。
2. 將蒸熟的芋頭搗成泥狀，再加入地瓜粉及糖拌勻後，捏成圓球狀。
3. 起油鍋，放入芋頭球炸至金黃色即可。

營養分析（1人份）

熱量 （大卡）	蛋白質 （克）	脂肪 （克）	醣類 （克）	纖維質 （克）
275	3.03	15	32	1.4

【營養師的小叮嚀】

🍠 購買芋頭的時候，建議最好拿在手中，用手指輕壓。如果壓起來感覺鬆軟，通常就是放置過久開始纖維化的徵兆，此時就不建議購買。

退化性關節炎
素食飲食處方

文 | 翁慧玲（臺大醫院營養師）

退化性關節炎患者的一日飲食建議：

- 退化性關節炎患者以老年人居多（但退化性關節炎並非老年人的專利），此年齡層因身體代謝變慢及活動量減少，所需熱量也相對降低，因此每日熱量攝取建議約1350～1500卡即可。

- 體重過重或肥胖者，在食物選擇上應以少油、少糖、高鈣、高纖維為原則。

- 素食者要留意隱藏在加工食品中的油脂及糖分；食物烹調上應多採用水煮、滷、烤、涼拌、少油炒等方式。

- 飲食中除了增加富含維生素C的食物，有助延緩退化性關節炎的惡化外，適量攝取富含膠質食物，也有利於軟骨的修復。膠質是組成身體骨骼及皮膚的成分之一，有助於關節內含水量及彈性保持，富含膠質的食物包括木耳、珊瑚草等。

簡單認識退化性關節炎

身體中關節軟骨的成分是軟骨膠質，軟骨會隨著身體的活動，每天不斷的摩擦和被使用，雖然體內的軟骨細胞可以不斷產生新軟骨作補充，但如果軟骨膠質的損耗與補充失去平衡，就容易形成退化性關節炎。

退化性關節炎是關節疾病中，最常見的一種軟骨流失慢性退化性疾病，會造成行走、爬樓梯等行動上的不方便，在現今人口老化的社會中非常普遍；尤其在西方國家中，老年人口罹患退化性關節炎的人數，僅次於心血管疾病患者，而在臺灣也不遑多讓。

由於退化性關節炎早期並無明顯症狀，所以很容易被人忽略；50歲以上的銀髮族、肥胖的中年人（尤其是婦女）、骨質疏鬆患者及有退化性關節炎家族史的人，一旦出現關節僵硬、腫脹、疼痛等現象時，一定要盡速到醫院檢查，以免病情日益加重，或演變成慢性病，使行動受到限制。

▲ 50歲以上的銀髮族、肥胖的中年人、骨質疏鬆患者等，都應特別留意，一旦出現關節僵硬或疼痛等現象時，就需到醫院檢查，是否為退化性關節炎。

一般來說，退化性關節炎可分為兩種，一種是原發性退化性關節炎，常發生在停經後婦女、老年人、肥胖的人身上；另一種為續發性退化性關節炎，是因為某種疾病所造成，例如創傷、代謝性疾病、發炎性關節炎等。退化性關節炎好發在膝關節、遠端指關節、大拇指、大腳趾關節、腰椎、髖關節、肩關節及下頸椎等處；患者可能單一部位發病，也可能多個部位一起發病。

退化性關節炎發生的原因

▌年齡

正常的老化過程會造成我們關節周圍的鬆弛、軟骨原骨的鈣化、軟骨細胞功能減退，因而形成退化性關節炎；退化性關節炎的盛行率會隨著年齡而增加。

▌職業

退化性關節炎常見於粗重工作者，特別是需要長時間膝蓋彎曲、蹲下或跪著工作的人。

運動

長時間從事高衝擊力的運動，發生膝蓋退化性關節炎的危險性也相對提高，但是，運動卻是已有退化性關節炎患者重要的治療項目之一。因為退化性關節炎患者，常因為關節疼痛而不願意走動，反而使得關節周圍的肌肉減少，且因為熱量消耗少無法減重，甚至增加肥胖形成的機率。過度的運動容易形成傷害，適度的運動卻可以消耗熱量，幫助控制體重，另一方面也能增加肌肉強度及耐力，並促進關節的靈活度，達到強健身體的目的。

飲食

抗氧化劑與退化性關節炎之間也有關係；經研究指出血液中維生素C和維生素D含量較低者，形成退化性關節炎的機率為正常者的3倍，且維生素C對延緩退化性關節炎的形成是有幫助的。另外，也有研究顯示退化性關節炎患者，如果飲食中維生素D的攝取量過少，且血漿中維生素C和維生素D含量較低者，其退化性關節炎的情形會更加惡化。

骨密度

骨密度狀況與退化性關節炎也是有相關性的，醫學上發現增加軟骨下方骨骼的密度，可提高關節軟骨的載重量。因此增加鈣質的攝取，避免骨質疏鬆，對減緩退化性關節炎的惡化，可能是有幫助的。

肥胖

肥胖是形成退化性關節炎最重要的危險因子，因此如何維持或達到理想體重是相當重要的。通常人在走路時會以身體的3～4倍重量作用在膝關節上，因此體重過重，的確會增加退化性關節炎的形成，且包括膝蓋、臀部及髖關節等部位。另有研究指出，年輕時體重過重者，如未進行減重，老年時形成膝部退化性關節炎的機率也會相對增加。

對於體重過重者而言，每減少5公斤體重，便可延緩退化性關節炎發生的時間約10年。因此退化性關節炎的患者，如果有體重過重或已達肥胖者，應以減重為首要目標，飲食治療上，建議以低油、低鹽及低糖為飲食原則。

總之，退化性關節炎是一種慢性退化性疾病，患者平時即應注意關節的保護，維持規律的運動以及適當的飲食，並增加飲食中鈣質的攝取，避免骨質疏鬆，同時體重過重者一定要先減重，以減輕關節的負荷。

I73

對退化性關節炎有益的營養素及其食物來源

營養素名稱	食物來源
維生素C	青椒、荷蘭芹、山苦瓜、小黃瓜、番茄、芭樂、柑橘類（柳丁、橘子、葡萄柚、白柚）、草莓、奇異果。
維生素D	蛋、牛奶、乾香菇。
鈣	芝麻、牛奶、乳製品（起司、優酪乳）、豆類（黃豆、黑豆）、綠色蔬菜（莧菜、九層塔、金針等）。

退化性關節炎的治療方式

目前退化性關節炎的治療，大多以減輕其疼痛感為主，因此主要有兩種方式：

- **內科治療**：包括藥物、物理及復健等治療。藥物治療可給予患者非副腎皮質素的消炎片；物理治療則包括熱敷、針灸及電療等。
- **外科治療**：若嚴重到影響生活和行動力，而內科治療又無效時，可考慮接受外科治療；治療前須先接受X光或關節鏡檢查及骨密度測試，然後進行矯正手術或考慮裝置人工關節。

退化性關節炎患者的飲食原則

控制體重，避免肥胖

體重過重或肥胖，會增加脊柱及下關節的負擔，因此避免體重過重或肥胖，是減少關節磨損，以及延緩退化最好的方法。

對於體重過重或肥胖的患者，應實行低熱量飲食控制，減少烹調用油，選用低脂肪食物，避免高糖分食物等；另外，了解自己每天對六大類食物有無適當的攝取量，也是相當重要的。

抗氧化食物的攝取

富含維生素C（如芭樂、柳丁、橘子、葡萄柚、白柚、草莓、奇異果）、β胡蘿蔔素（如南瓜、紅蘿蔔、地瓜、芒果）及維生素E（如花生油、玉米油、糙米、堅果類）等的食物，要多加補充。

增加鈣質的攝取

增加鈣質的攝取，能減少骨質流失。因為大量的鈣質流失，不但會造成骨質疏鬆的形成，也會影響骨關節退化的程度。芝麻、牛奶及乳製品（鮮奶、奶粉、起司、優酪乳、乳酪）等，都是良好的鈣質來源。

規律的運動

適度的運動是不可或缺的，因為適度運動，可加強關節周圍的肌肉，以達到鞏固關節作用。

▲ 退化性關節炎患者可多攝取富含維生素C的蔬果。

但若運動過度或運動強度超過關節負荷，反而會使骨關節炎惡化。建議的運動包括：太極拳、散步、游泳、騎腳踏車、跳土風舞、交際舞等，都是很不錯的選擇，不適宜的活動，則像是爬樓梯等，應盡量避免。

治療及調養期的素食處方

對於退化性關節炎患者而言，治療的要點首重引發病因的了解，以及對關節狀況的評估，比如說患者是因肥胖問題造成關節炎，那麼就應先從減輕體重著手。因此減重、適度的運動、物理治療、職能治療及減少膝與髖關節的負重，都是非常重要的環節。

關節若受傷，第一要務是休息，只有充分的休息，才能加速傷害處的修補和痊癒；若無充分的休息，極容易造成二度傷害。

其次，要避免增加受侵犯關節更多壓力，鼓勵肥胖病患減重，便能幫助減輕關節的負重，以免病情惡化。另外退化性關節炎患者平時的保養，適度的運動也是不可或缺的，例如散步、游泳、打太極拳、騎腳踏車、跳土風舞或交際舞等，都是一種能讓關節適度活絡的運動。

此外，有許多研究證實，平日補充葡萄糖胺（Glucosamine sulfate）與軟骨膠（Chondroitin sulfate）對退化性膝關節炎也很有幫助。

改善退性化關節炎的飲食保健

- 食材多選擇低油脂類，並減少高油脂的烹調方式。
- 增加飲食中纖維質的攝取量，因為增加纖維質的攝取，可提高飽足感，減少過多熱量的攝入，避免體重毫無控制的增加。
- 避免吃蛋糕、餅乾、糖果及零食等習慣。
- 飲食中增加抗氧化食物的攝取，如富含維生素C、E及 β 胡蘿蔔素等食物。

營養素名稱	食物來源
維生素E	植物油（花生油、玉米油等）、糙米、豆類、堅果類、全穀類。
β 胡蘿蔔素	深黃、橘紅及深綠色蔬菜，例如南瓜、紅蘿蔔、地瓜、芒果、油菜、地瓜葉、青江菜。

聰明吃外食的素食處方

掌握低油、低糖、高鈣、高纖維

對於退化性關節炎患者來說，如果無法降低外食機率，面臨的最大挑戰在於容易攝取到過高的油脂，尤其是素食餐點的材料，除豆類製品外，麵粉製品和其他加工食品其油脂含量也可能偏高。

所以想要吃的健康，就應從認識食材及其烹調方式開始，特別是針對退化性關節炎素食者而言，對於食物的選擇，應掌握低油脂、低糖、低鹽、高鈣質及高纖維的飲食原則。

每餐選用豆類製品及蔬菜

對於外食族，用餐地點的選擇，最好以可以自由點選菜單的地方為佳，菜單的搭配，建議要有1～2道蒸煮或涼拌的豆類製品，其他則以1～2道少油炒或燙的青菜為主。

此外，體重過重者，還應避免或減少麵粉製品、飯後甜點及下午茶糕點等的攝取。

注意營養不良和貧血

有些人以為吃素只吃青菜最健康，其實不然，適量豆類製品的攝取是必需的；因為豆類製品是一種優良蛋白質的來源，可提供人體組織的建造和修補；吃素若只吃青菜或麵粉製品者，容易有營養不良和貧血的問題，值得吃素者警惕。若無宗教考量，建議吃素者仍應以奶蛋素為最健康的方式。

▲ 外食族挑選菜單時，建議優先選擇1～2道蒸煮或涼拌的豆製品。

一週三餐素食菜單規劃（份量依個人情況而定）

	早餐	午餐	晚餐
星期一	・低脂牛奶 ・早餐穀片 ・南瓜烘蛋	・素陽春麵 ・滷豆干 ・燙青菜 ・水果	・五穀飯 ・香椿豆腐 ・涼拌大頭菜 ・忘憂菜 ・番茄高麗菜湯 ・水果
星期二	・樹子蒸豆腐 ・枸杞燴絲瓜 ・燙地瓜葉 ・白稀飯	・高麗菜飯 ・香菇炒素雞 ・涼拌豆芽菜 ・燙青菜 ・絲瓜湯 ・水果	・薏仁飯 ・素佛跳牆 ・豆豉燜苦瓜 ・燙青菜 ・白花椰菜湯 ・水果
星期三	・豆漿 ・饅頭 ・枸杞炒蛋	・素粥 ・栗子燒烤麩 ・味噌莧菜 ・水果	・白飯 ・素梅干扣肉 ・咖哩豆包 ・炒青菜 ・昆布豆芽湯 ・水果
星期四	・鮮果山藥優格 ・素潤餅	・素粿仔條 ・芹菜涼拌干絲 ・燙青菜 ・水果	・地瓜飯 ・四喜炒豆腸 ・大白菜炒木耳 ・燙青菜 ・玉米濃湯 ・水果
星期五	・紫米芝麻糊 ・低脂牛奶 ・高麗菜包 ・水煮蛋	・胚芽飯 ・毛豆炒小豆干 ・燙青菜 ・金瓜粉絲湯 ・水果	・山藥三色飯 ・紅燒麵腸 ・腰果毛豆 ・炒素蝦仁 ・燙青菜 ・酸辣湯 ・水果
星期六	・山藥炒豆干 ・燙青江菜 ・涼拌海帶芽 ・糙米稀飯	・素米粉炒 ・白果豆腐 ・炒青菜 ・海帶紅蘿蔔湯 ・水果	・黃豆飯 ・羅漢齋 ・雪菜炒豆干 ・燙青菜 ・什錦菇湯 ・水果
星期日	・苦茶油乾麵 ・荷包蛋	・素當歸麵線 ・筍干麵圈 ・燙青菜 ・水果	・地瓜飯 ・素雞蓮藕片 ・燒烤麩 ・炒青菜 ・什錦蔬菜湯 ・水果

材　料：

白米240克、高麗菜100克、杏鮑菇100克

作　法：

1. 白米洗淨，瀝乾水分；高麗菜、杏鮑菇分別洗淨，隨意切碎備用。

2. 起油鍋，先放入杏鮑菇略炒香，再加入高麗菜炒軟。

3. 把炒過的材料與白米混合，以一般煮飯方式，放入電鍋或電子鍋內炊熟即可。

營養分析（1人份）

熱量（大卡）	蛋白質（克）	脂肪（克）	醣類（克）	纖維質（克）
225	5.4	0.5	49	1

【營養師的小叮嚀】

● 主食中加入些許蔬菜類，不僅口感更佳，也可增加飽足感，並能減少醣分和熱量的攝取。

● 杏鮑菇富含纖維質及多醣體有防癌作用，其本身熱量相當低，對於減重者是很好的食物選擇。

退化性關節炎
食譜示範

主食

山藥三色飯

4
人份

材 料：

白米160克、紫色山藥200克、
冷凍三色蔬菜80克

作 法：

1. 白米洗淨，瀝乾水分；紫色山藥洗
   淨，去皮，切成小丁狀備用。
2. 起油鍋，放入冷凍三色蔬菜和紫色山藥丁翻炒一下。
3. 將炒過的材料與白米混合，以一般煮飯方式，放入電鍋或電
   子鍋內炊熟即可。

【營養師的小叮嚀】

◐ 紫色山藥為高澱粉質的食物，屬於主食
   類，切勿當作蔬菜食用，以免攝入過多熱
   量造成肥胖。

◐ 主食（米飯、山藥、玉米等）是供給人體
   熱量的主要來源，也是身體必需的營養
   素，故適量攝取很重要。但如果攝取過
   量，容易造成肥胖，而肥胖正是形成退化
   性關節炎最重要的因子，因此建議一般老
   年人，熱量攝取應維持在1500大卡以內較
   為理想。

營養分析（1人份）

熱量（大卡）	蛋白質（克）	脂肪（克）
196	4.2	1.7
醣類（克）		纖維質（克）
40.4		1.1

南瓜烘蛋　主菜　4人份

材　料：

南瓜110克、紅甜椒40克、九層塔10克、乳酪絲60克、雞蛋2個

作　法：

1. 南瓜、紅甜椒、九層塔洗淨；南瓜去皮和籽，切成細絲；紅甜椒去籽後切絲；九層塔切碎備用。

2. 雞蛋打散，把所有材料加入蛋液中，混合均勻。

3. 烤箱以450℃預熱約10分鐘，將蛋液移入烤箱內，烤約30分鐘即可。

營養分析（1人份）

熱量（大卡）	蛋白質（克）	脂肪（克）	醣類（克）	纖維質（克）
107	7.3	6.5	5.0	1.7

【營養師的小叮嚀】

● 雞蛋是優良蛋白質的來源，蛋黃又富含鐵質，是素食者良好的食物選擇。

● 乳酪絲也是鈣質的良好來源之一。

材　料：

雞蛋豆腐1盒、紅棗30克、
白果20克、毛豆40克、柳松菇100克

調味料：

薑末1/2小匙、醬油1/2小匙、
糖1/4小匙

作　法：

1. 紅棗、白果、毛豆、柳松菇洗淨；將雞蛋豆腐分切成四等
   份，放入電鍋內蒸約5分鐘；紅棗用水泡軟備用。
2. 將白果、毛豆、柳松菇分別放入滾水內汆燙，撈起後瀝乾水
   分備用。
3. 將紅棗、白果、毛豆、柳松菇均勻鋪在雞蛋豆腐上。
4. 鍋中倒入少許水燒開，放進調味料拌勻，待水再次滾煮後，
   即可熄火，撈起淋在豆腐上即可。

【營養師的小叮嚀】

● 毛豆的蛋白質、脂質、維生素、礦物質、
  醣類，及有益消化的食物纖維含量都非常
  豐富，其營養價值遠高於澱粉類或蔬菜類
  食物，有「植物肉」的美名，是素食者良
  好的蛋白質來源之一。

營養分析（1人份）

熱量（大卡）	蛋白質（克）	脂肪（克）
85	7.5	3.9
醣類（克）		纖維質（克）
5.6		1.7

味噌莧菜

配菜

4人份

材　料：

莧菜400克、生豆包60克、味噌60克、薑末少許

作　法：

1. 莧菜摘去老葉和粗梗，洗淨後切小段；生豆包切粗條狀備用。

2. 起油鍋，放入薑末小火爆香，放入莧菜和生豆包，拌炒至熟後，盛盤備用。

3. 鍋中另倒入少許水，待水滾後，加入味噌拌勻，即成為醬汁，將其淋在作法2炒好的菜餚上即可。

營養分析（1人份）

熱量（大卡）	蛋白質（克）	脂肪（克）	醣類（克）	纖維質（克）
78	7.4	2.5	29.4	2.4

【營養師的小叮嚀】

● 莧菜鈣質含量高，對退化性關節炎患者有助益；此外，莧菜也含有豐富的維生素A、B及C，鐵質又比菠菜多一倍以上，尤其紫紅色的紅莧菜，含量又比白莧菜更豐富，常吃能補血理氣。

● 味噌富含鈣質，對退化性關節炎患者很有助益，但因其含高量鹽分，所以高血壓患者要限量食用。

退化性關節炎
食譜示範

配菜

忘憂菜

4人份

材　料：

乾金針50克、珊瑚草60克、
紅甜椒40克、芹菜50克

調味料：

薑絲少許、香油1大匙、
味醂1小匙、醋1小匙、鹽1/2小匙

作　法：

1. 所有食材洗淨；乾金針浸水泡軟後，沖洗乾淨，放入滾水內
　 汆燙，撈起瀝乾水分。

2. 珊瑚草用水泡開後，以清水洗淨重覆數次備用。

3. 紅甜椒去籽、切絲；芹菜摘去葉片，洗淨後切小段；分別放
　 入滾水內汆燙，撈起備用。

4. 將所有材料混合，加入調味料拌勻即可。

營養分析（1人份）

熱量（大卡）	蛋白質（克）	脂肪（克）
14	0.3	33.9
醣類（克）		纖維質（克）
3		1.2

【營養師的小叮嚀】

 這是一道低熱量、高纖維，而且滋味鮮美
的菜餚。

 金針含豐富維生素A、B及C，有增強視力
的功效；鈣質、磷質，有健腦、鎮定安神
及抗衰老的功能。

 珊瑚草因外形與珊瑚相似而得名，珊瑚草
又名海底燕窩，其富含水溶性膳食纖維及
鈣質，且熱量非常低，適合退化性關節炎
患者食用。

昆布豆芽湯　湯品　4人份

材　料：

乾昆布25克、黃豆芽100克、薑片4片、冬菜10克

調味料：

鹽1/2大匙

作　法：

1. 昆布加水泡軟後，沖洗乾淨，切大片狀；黃豆芽洗淨、瀝乾水分備用。
2. 起一鍋滾水，加入昆布、冬菜及薑片，待水再度煮滾後，改轉小火熬煮約半小時。
3. 最後放入黃豆芽，續煮約10分鐘，加入調味料即可。

營養分析（1人份）

熱量（大卡）	蛋白質（克）	脂肪（克）	醣類（克）	纖維質（克）
14	2.1	0.3	1.7	1.6

什錦蔬菜湯　湯品　4人份

材　料：

紅蘿蔔60克、黑木耳50克、傳統豆腐80克、金針菇100克、香菜10克

調味料：

黑醋1/2大匙、味醂1大匙、香油1/2大匙

作　法：

1. 所有食材洗淨；紅蘿蔔去皮，切細絲；黑木耳及傳統豆腐切粗條狀；香菜切碎末狀備用。
2. 起一鍋滾水，加入作法1的材料及金針菇，改轉小火煮至紅蘿蔔熟軟，起鍋前加入所有調味料和香菜末拌勻即可。

營養分析（1人份）

熱量（大卡）	蛋白質（克）	脂肪（克）	醣類（克）	纖維質（克）
34	2.5	0.9	4.6	1.3

【營養師的小叮嚀】

- 這道菜熱量非常低，適合退化性關節炎需減重患者食用，以增加飽足感。
- 昆布含有現代人容易缺乏的鈣質、維生素、礦物質及食物纖維，還含有大量的硒元素，可有效預防癌症。

【營養師的小叮嚀】

- 這是一道熱量低且水溶性膳食纖維很高的湯品，非常適合高膽固醇血症和肥胖者食用。
- 豆腐是優質蛋白質的來源之一，素食者應適量攝取，避免營養不良情形產生。

紫米芝麻糊 `點心` `4人份`

材 料：

紫米80克、白芝麻10克、牛奶480克、冰糖40克

作 法：

1. 紫米洗淨，泡水2小時後，放入電鍋內蒸熟；白芝麻以小火炒出香味備用。
2. 將蒸好的紫米，趁熱與白芝麻、牛奶及冰糖拌勻即可。

營養分析（1人份）

熱量（大卡）	蛋白質（克）	脂肪（克）	醣類（克）	纖維質（克）
181	6.9	6.5	63.8	1.2

鮮果山藥優格 `點心` `4人份`

材 料：

紫色山藥200克、草莓100克、哈密瓜100克、奇異果100克、原味優格1瓶

作 法：

1. 紫色山藥洗淨去皮、切丁後，放入電鍋內蒸軟備用。
2. 將所有水果分別洗淨；哈密瓜、奇異果去皮，切丁備用。
3. 把所有材料與優格拌勻即可。

營養分析（1人份）

熱量（大卡）	蛋白質（克）	脂肪（克）	醣類（克）	纖維質（克）
57	1.5	1.0	12.1	1.6

【營養師的小叮嚀】

- 白芝麻和牛奶都富含鈣質，但芝麻屬於油脂類，對於體重過重者，不宜大量食用。
- 對於不喜歡喝牛奶，或是喝太多牛奶容易拉肚子的人，將牛奶加入紫米粥中是很好的變通方式，這道點心既好吃又可獲得足夠鈣質。

【營養師的小叮嚀】

- 草莓和奇異果都富含維生素C，對延緩退化性關節炎的形成，很有幫助。哈蜜瓜除含豐富的維生素C外，也含多量的β胡蘿蔔素。
- 此道點心不論抗氧化物質或纖維質含量都很高，除對退化性關節炎患者有助益外，對預防癌症也很有功效。

泌尿道結石
素食飲食處方

文　黃素華（臺大醫院雲林分院營養室主任）

結石患者的一日飲食建議：

- 根據DRIs（國人膳食營養素參考攝取量）的建議，成年人一天所需熱量為1600～2400大卡，平均每餐攝取的熱量為550～800大卡。

- 飲食中應含有15%左右的蛋白質（麵筋製品及豆製品），55%的碳水化合物（五穀根莖類）來源。

- 素食中常用食材，如香菇、蘆筍、黃豆芽、紫菜、整粒黃豆等，對尿酸結石者需限量使用，且選用素食加工品時，須注意食材來源是否為香菇。

- 烹調時避免高油（炸物）及重調味料使用，每餐每人食用鹽應小於2公克，使用包裝成品者，需熟讀標示上鹽量（1克＝1000毫克）；一天喝水量（含湯、飲料、水）應達到3000c.c.以上。

簡單認識結石

　　凡在泌尿系統如腎臟、輸尿管或膀胱有石頭沉積，我們均稱為尿路結石。進一步解釋：尿路結石（Urolithiasis）就是指尿路系統中出現了不易溶解的結晶物，這些結晶物經累積堆砌而形成結石，所以尿路結石可以出現在尿路系統中的任何地方，包括腎臟、輸尿管、膀胱及尿道。

　　臺灣地處亞熱帶，約10個人就有1個人是尿路結石患者；由於夏天氣溫高、流汗多、尿量少，因此尿路結石發作的病人是冬天的3～5倍，而男女性發生的比例為2～3：1。

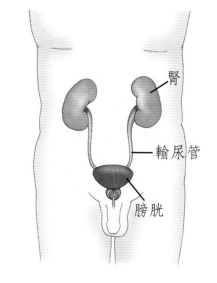

▲ 在泌尿系統中產生的結石，稱為尿路結石，包括腎臟、輸尿管、膀胱及尿道。

結石發生的可能原因

　　尿路結石不一定會疼痛，不過痛起來卻要人命；會不會有症狀，其實和結石的大小、位置、是否引起阻塞、是否併發感染有關。事實上，約有80％的尿路結石是沒有症狀的，而且會自行排出，其他的20％可能會有解尿酸痛、頻尿、有尿意但尿不出、尿血或顯微血尿、腎絞痛等狀況產生。

　　尿路結石的成因頗為複雜，大致可歸納為以下幾點：

- 某些食物攝取過多，因而改變體內酸鹼值。
- 賀爾蒙不平衡，如甲狀腺功能過高、代謝方面功能障礙。
- 飲水不足造成尿液中結晶物質的濃度增加。
- 夏季流汗造成水分的流失。
- 平日飲食口味較重，喜歡吃死鹹的食物。
- 活動量增加，如在戶外工作，或長時間處在較易流汗工作環境的人。
- 年齡老化。
- 遺傳因素，如果父母、兄弟、姐妹曾患尿路結石的人，得到結石的機會為一般人的7～8倍。
- 藥物使用，像是痛風患者，或服用過量制酸劑或維生素C和D的人。
- 代謝異常。

- 尿路感染或發炎，反覆性尿路感染、長期臥床、尿液滯留、副甲狀腺機能過高、外傷造成尿路狹窄，都很容易得到尿路結石。
- 其他如生活在乾旱地帶、山區及熱帶地區的居民，由於長期缺水的關係，結石發生的機率也較高。

此外，尿路結石的復發率頗高，除了原發性副甲狀腺機能亢進的原因之外，與飲食也具有密切的相關性；而尿路結石好發於30～50歲的成年人身上，小孩子除非有先天性的代謝異常，否則很少發生結石現象。

結石的種類

尿路結石是腎臟結石、輸尿管結石、膀胱結石和尿道結石的通稱。依結石的化學成分可分為含鈣結石（草酸鈣、磷酸鈣或混合型）、尿酸結石及胱胺酸結石及感染結石（磷酸銨鎂）四大類；其中以腎結石最為常見，而國人發生的尿路結石型態則以草酸鈣結石或草酸鈣磷酸鈣混合型結石為主。

泌尿道結石患者的飲食原則

大部分的人認為結石和其主成分「鈣質」有關，以為只要將飲食中的鈣質大大減少，就可以降低腎結石發生的機率，其實這是不正確的觀念。

美國學者Curhan及其研究小組，在1993年發表在英國的醫學期刊，說明高鈣飲食者反而會降低35％發生尿路結石的機率。此外，也有其他學者認為過於嚴苛地限制鈣質的攝取，對於復發性腎結石的患者是不恰當的，而且低鈣飲食可能具有潛在的危險性，特別是老年人，容易發生骨質疏鬆的問題。

的確，刻意去限制鈣質其實效果是有限的，因為當飲食中的鈣質不足時，骨骼還是會釋放出鈣質（反而容易造成骨質流失），而且當食物中的鈣質不足時，草酸的吸收率就上昇了（充足的鈣質，可在腸內與草酸結合，不經吸收而從糞便中排出體外）。因此結石患者對鈣的攝取其實不需刻意限制，但應避免過量攝取鈣與維生素D的補充劑。

此外，結石的來源多半來自我們日常的飲食，所以需依據結石成分，加以調整飲食內容，才能真正的改善症狀，降低結石發生的機率。

草酸鈣結石避免高草酸含量的食物

草酸是一種植物酸，吃得愈多尿液排泄得愈多，也就愈容易和鈣結合，形成結石。

一般來說，芹菜、菠菜、香菜、芥菜、韭菜、青椒、茄子、甘藍、豆腐、藍莓、紅葡萄、葡萄乾、橘子、草莓、地瓜、水果蛋糕、堅果類、花生醬、茶、巧克力、可可、生啤酒等，都是草酸含量較高的食物，建議體質較容易結石的人，這些食物應避免一次吃太多，或集中於一餐中食用。

▲ 草酸鈣結石患者應避免攝取過多高草酸食材及維生素C含量豐富食物。

少吃或避免一次吃太多草酸含量高的食物，如咖啡、可樂、啤酒、花生、扁豆、菠菜、蘆筍等，同時也要避免攝取過多含維生素C的食物，像是柑橘、葡萄、草莓、蘋果等，且每日飲食中草酸的攝取量最好小於50毫克。

▌草酸鈣結石飲食需注意原則

- 多喝水。
- 採用低脂肪飲食。
- 適量攝取蛋白質。
- 適度限制鈉的攝取，可降低鈣鹽的形成。
- 多攝取富含纖維質的食物。
- 避免大量服用維生素C。
- 增加維生素B_6的攝取量。

食物中草酸含量表

食物種類	低草酸（< 2毫克／份）	中草酸（2～10毫克／份）	高草酸（>10毫克／份）
飲料	啤酒、碳酸飲料（<360毫升／天）、蒸餾酒、檸檬水。酒類如玫瑰紅酒、白酒。	咖啡（<24毫升／天）	生啤酒、阿華田、茶、可可亞。
奶類	全脂奶、低脂奶、脫脂奶、優酪乳。		
肉類及其製品	蛋類、起司、牛肉、羊肉、豬肉、家禽、魚及貝類。	沙丁魚	茄汁味乾豆、花生醬、豆腐。
蔬菜	甘藍芽、花椰菜、包心菜、香菇、洋蔥、綠豌豆莢、馬鈴薯、白蘿蔔。	蘆筍、綠花椰菜、紅蘿蔔、甜玉米、小黃瓜、綠豌豆莢（罐裝）、萵苣、扁豆、番茄、番茄汁120毫升。	豆類、甜菜、芹菜、韭菜、茄子、沙拉用菊萵苣、甘藍菜、芥菜、秋葵、巴西里、青椒、甜馬鈴薯、菠菜、南瓜。
水果及果汁	蘋果汁、酪梨、香蕉、櫻桃、葡萄柚、白葡萄、甜瓜、西瓜、桃子、鳳梨汁、梅子、李子。	蘋果、杏仁、黑葡萄乾、紅櫻桃、小紅莓汁120毫升、葡萄汁120毫升、柳橙汁120毫升、梨、鳳梨、梅、乾李。	黑莓、藍莓、紅葡萄乾、紫葡萄、醋栗、檸檬皮、萊姆皮、柳橙皮、木莓、大黃、草莓、橘子，以上水果類的果汁。
麵包及澱粉	早餐麥片、通心粉、麵條、米類、義大利麵、麵包。	海綿蛋糕、茄汁義大利麵（罐裝）。	水果蛋糕、粗碾穀物、白玉米、豆餅、麥芽。
脂肪及油脂	培根、美奶滋、沙拉醬、蔬菜油、奶油及瑪琪琳。		堅果類、花生、杏仁、腰果、胡桃等。
其它	椰子、果凍、檸檬汁、萊姆汁、鹽及胡椒粉（<1小匙／天）、糖。	雞絲麵	巧克力、可可、蔬菜湯、番茄湯、橘子、檸檬等果醬。

特別說明：黃素華譯自：Pemberton CM: May Clinic Diet Manual. 6th ed. Philadelphia, BC Decker, 1988, pp253-254.

尿酸結石應採低普林飲食

和痛風患者一樣，需採取低普林飲食，意即應少吃香菇、豆苗、黃豆芽、蘆筍、紫菜、豆類、酵母粉及酒類等；且必要時應依醫生指示服用降尿酸的藥物。

磷酸鈣、磷酸銨鎂結石少吃高含磷食物

應盡量少吃含磷高的酵母（如健素糖）、香菇、花生醬、蛋黃、碳酸飲料、巧克力等食物；此外，磷酸銨鎂結石多是因為泌尿道感染，所以平時即應小心避免細菌感染。

避免尿路結石的方法

尿路結石的發生和體質及生活習慣息息相關，所以很容易一發再發，建議容易或曾有過尿路結石的人，應確實遵守以下原則，才能真正減少尿路結石產生及再發的機會。

▌多喝水

對結石患者而言，最重要的一件事就是多喝水。喝水不僅可增加排尿量，稀釋可能造成結石的物質的濃度，也有機會沖出小粒結石。因此建議至少要喝到每天可以排出2000c.c.的尿量，亦即一般人至少需要喝3000～3500c.c.以上的水。如果是經常出汗及在冷氣房工作的人，則應補充更多水分。

至於水的種類以白開水最好，因為大部分飲料不是甜分過高就是含有草酸；此外，睡前一定要再多喝些水，因為睡覺時尿液會濃縮，也會增加結石的可能性。

▌不憋尿

養成想上廁所就上廁所的好習慣，讓膀胱排空不憋尿，而且最好維持每天尿量2000c.c.或以上的尿量。

▲ 一般人至少要喝3000～3500c.c.以上的水。不僅增加排尿量，稀釋可能造成結石的物質的濃度，也有機會沖出小粒結石。

▌選對不容易產生結石的食物

預防結石的發生有必要先了解結石的特性，是屬於鈣質結石、尿酸結石、胱胺酸結石或磷酸銨鎂結石，而不須一味限制鈣質攝取。由於結石的來源多半來自日常的飲食，故可以依據結石成分，加以調整飲食內容，將會降低結石發生的機率。

▌運動可以預防結石

每星期保持一定的運動量，可減少尿液結晶的沉澱，預防結石的形成，還能促進結石排出；同時運動還能幫助增加骨頭的強度與密度，避免骨頭釋放鈣質，進而降低結石的機率。

▌按時返診追蹤

已經有結石的病人，建議仍應每3～6個月回醫院門診諮詢，並照X光片做追蹤，唯有早期發現結石，才能及早做最適當的治療。

▌其他飲食注意事項

不必限制鈣質：以往認為鈣是結石的主要成分，所以要控制鈣質攝取，但近幾年研究發現，攝取足量鈣質反而可以抑制含鈣結石的產生，且低鈣飲食反而會刺激身體從骨頭釋放更多鈣質，並促使草酸吸收增加，造成尿液中草酸濃度上升，更容易形成草酸鈣。

少吃鹽及避免大量攝取蛋白質食物：降低鹽分的攝取，可以增加鈣質吸收；而太多的蛋白質則會增加尿酸與鈣質排泄，降低尿液酸鹼值，增加結石危險。

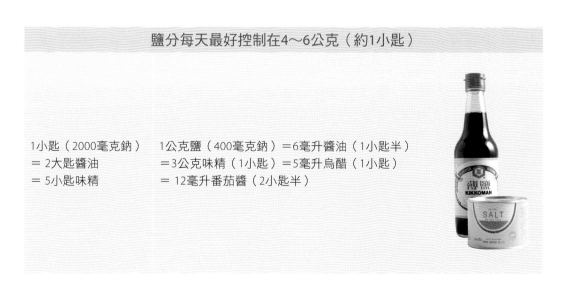

鹽分每天最好控制在4～6公克（約1小匙）

1小匙（2000毫克鈉）　1公克鹽（400毫克鈉）＝6毫升醬油（1小匙半）
＝2大匙醬油　　　　　＝3公克味精（1小匙）＝5毫升烏醋（1小匙）
＝5小匙味精　　　　　＝12毫升番茄醬（2小匙半）

治療及調養期的素食處方

仍有許多人，認為肉食者得到結石的機會較高，以為素食才可以降低尿路結石的發生；其實從結石的層面來看，素食飲食中必含的成分，如鈣質、草酸、尿酸、胱胺酸及磷酸等，都有可能導致尿石。所以，正確的吃素，才能真正避免增加結石的機會。

素食者應攝取足夠維生素B6，減少結石機會

雖然素食飲食中，幫助我們獲得不少的鈣質來源，如豆腐、豆干、黑豆、芝麻、莧菜、紫菜、海帶及乳製品等，且會攝取到大量的蔬果纖維質，加上豆類裡的豐富蛋白質，的確是相當不錯的飲食方式。然而，攝取高蛋白質時，也必需攝取足夠的維生素B6，避免蛋白質的甘胺酸在缺乏維生素B6的情形下，產生較多的草酸，而增加結石的機會。

所以建議素食者，最好能多攝取麥胚、莢豆類等含維生素B6的食材，以獲得較多的維生素B6；不過，需注意酵母雖然含有相當多的維生素B6，但普林含量卻不低，攝取時應小心評估。另外，值得注意的是，如果正在服用抗生素、消炎片或口服避孕藥時，也應多補充維生素B6。

避免過量的鹽、調味料和油脂攝取

有時強調原味的素食飲食，難以滿足我們的口腹之慾，所以烹調素食菜餚時，總不自覺的添加較多的調味料，如此一來，容易增加鹽、醬料和油脂等調味料攝取的機會；而過量的鹽反而會抑制鈣質的吸收，讓鈣質在血液中呈現游離狀態，於是血液中鈣質的濃度增高，在尿中鈣質增加排出量的同時，也增加了草酸與鈣質結合的機會，對結石患者非常不利。

飲水充足並適度運動

因此結石患者在素食飲食中，除了遵從均衡營養外，更重要的就是飲水量要充足，最好一天能喝到3000c.c.以上的水量；除了補充足夠的水分之外，還須配合適度的活動，保持血液在體內的流暢性，也是避免結石的好方法。

當然，如果本身即屬於容易有結石體質的人，平常在飲食習慣上，即應遵從多喝水、清淡飲食、低油、高纖及適度蛋白質的原則。

聰明吃外食的素食處方

在養生觀念普及與營養過剩危害健康的考量下，國人素食族群有愈來愈多的趨勢，然而別以為只要多吃些蔬果等輕食類，就可以滿足人體健康的需求；就像有些人會誤以為素食等於健康食品一樣。其實不然，在一般素食餐館中，以麵筋、麵輪或腐竹類所製成的「鹵齋」食材，大多經過油炸，且調味料用的相當重，並不是理想的健康食物。因為當烹調使用過多的油，脂肪攝取量變容易大增，提高罹患肥胖症的機會。此外，植物油中的棕櫚油及椰子油，還含有較多的飽和脂肪酸，會在人體肝臟內轉變成膽固醇，容易引致高血壓、心臟病及糖尿病等慢性疾病。

對於純素食者可能會有維生素D攝取不足的現象，尤其是冬天陽光曝曬不足時，應多選擇不含草酸鹽的深綠色葉菜類，或是強化的豆奶，以獲得足夠的鈣質和維生素B_2，必要時還應適量服用營養補充劑。

事實上，人體每天必需從日常的飲食中獲得40多種的營養素，以便行使正常的新陳代謝，1997年美國膳食學會所公布的素食金字塔（Food guide pyramid for vegetarian meal planning；Vegetarian Diets-Position of ADA）便提供了一項參考：

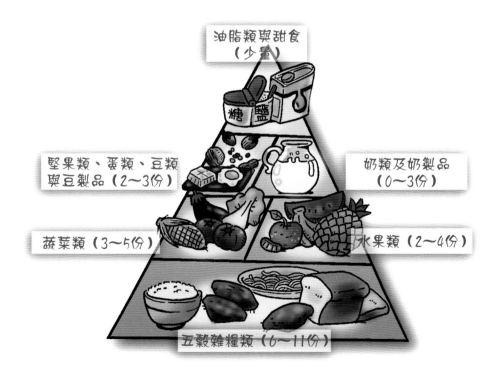

資料來源：J Am Diet Assoc. 1997, 97:1317-1321.

　　當然，除了遵從飲食均衡營養的原則外，對於結石患者來說，更須留意東方與西方素食的不同之處；東方素食在調理上，新鮮菇類和香菇製品使用量較多，口味也較重，故應設法降低菇類的使用頻率，同時以清淡的飲食為主。

　　每天攝取自牛奶或奶製品的蛋白質應維持1杯（240c.c.）；3～6碗的五穀雜糧類；豆類以保持豆製品原味的種類為主，份量約為2碗的量；水果類以2～3種（每種水果約1小碗）為佳；蔬菜類則應採取多樣化食用，並以至少300克以上的量為準，含湯與飲料類的水分攝取量，也至少要在3000c.c.以上。

一週三餐素食菜單規劃（份量依個人情況而定）

	星期一	星期二	星期三	星期四	星期五	星期六	星期日
早餐	・米漿 ・養生三明治	・綠豆稀飯 ・素肉鬆 ・蘿蔔炒豆干 ・芝麻四季豆	・小米粥 ・滷蛋 ・芹菜炒麵腸 ・醋溜結頭菜	・黑豆漿 ・素菜包	・低脂奶 ・芋頭包	・精力湯 ・煎蛋三明治	・地瓜粥 ・九層塔炒蛋 ・番茄鳳梨燜素雞
午餐	・素大滷麵 ・炒青菜 ・玫瑰洛神茶凍 ・水果	・白飯 ・烤素雞 ・三杯素鮮 ・醬燒冬瓜 ・山藥薏仁湯 ・炒青菜 ・水果	・什錦炒烏龍麵 ・炒青菜 ・紅棗雙薯 ・水果	・炒素米粉 ・香菇素雞 ・炒青菜 ・水果	・紅豆飯 ・鹽水素鴨 ・芹菜珊瑚草 ・炒青菜 ・筍片素鮑魚湯 ・水果	・素義大利麵 ・南瓜濃湯 ・水果	・素壽司 ・素味噌湯 ・炒青菜 ・水果
晚餐	・胚芽飯 ・燒酒素雞 ・黃瓜鑲素肉 ・炒青菜 ・素鮮湯 ・水果	・酸辣素餃湯 ・炒青菜 ・水果	・糙米飯 ・素咕咾肉 ・螞蟻上樹 ・素魚香茄子 ・番茄高麗湯 ・炒青菜 ・水果	・燕麥薏仁飯 ・橙汁魚 ・涼拌翠玉 ・碧綠鮮菇湯 ・炒青菜 ・水果	・十穀飯 ・紅燒素獅子頭 ・彩椒炒素肉絲 ・炒青菜 ・素貢丸湯 ・水果	・素錦糯米飯 ・養生紅麴雞 ・素白菜滷 ・炒青菜 ・竹笙筍片湯 ・水果	・素滷肉飯 ・素魚排 ・魯海帶 ・銀芽三絲 ・當歸素鴨湯 ・炒青菜 ・水果

材　料：

糯米320克、紅蘿蔔100克、竹筍1支、素火腿30克、梅乾菜30克、薑絲少許、香菜4根

調味料：

醬油2大匙、糖1大匙、胡椒粉1小匙、香油1大匙、味精和米酒各少許

作　法：

1. 糯米洗淨，泡水約4小時，瀝乾水分後，放入電鍋內，蒸約30分鐘，續悶5分鐘，即可取出。

2. 紅蘿蔔和竹筍洗淨後去皮，切成細絲；素火腿切細條狀；梅乾菜泡水、洗淨，切碎備用。

3. 起油鍋，以小火爆香薑絲，接著放入作法2的所有材料翻炒，最後加進糯米飯和調味料拌勻，即可起鍋，放上香菜裝飾。

營養分析（1人份）

熱量（大卡）	蛋白質（克）	脂肪（克）	醣類（克）	纖維質（克）
310.6	8.6	3.8	63	1.5

【營養師的小叮嚀】

● 磷酸鈣結石患者，在主食選擇方面，應該降低全穀類的食用，改以麵類、米苔目、米粉、河粉、烏龍麵、饅頭、冬粉、無鹽麵線及地瓜等代替。

什錦炒烏龍麵

主食

4人份

材　料：
高麗菜100克、紅蘿蔔50克、
豆包（濕）100克、豆芽菜50克、
烏龍麵條（新鮮）720克、
芹菜50克、香菜少許、油2大匙、
水1杯（240c.c.）

調味料：
醬油1大匙、胡椒粉1小匙、鹽1/2小匙、香油1小匙

作　法：

1. 所有食材洗淨；高麗菜切成粗條狀；紅蘿蔔去皮，切成細絲；豆包切成條狀；豆芽菜去根部；芹菜摘去葉子後，切段備用。

2. 煮一鍋滾水，放入烏龍麵條，煮熟後撈起，備用。

3. 起油鍋，放入紅蘿蔔絲大火快炒後，加入高麗菜和豆包翻炒，續放入1杯水讓其煮滾。

4. 將所有材料和調味料通通放入鍋內，改以小火翻炒勻，最後淋上香油即可。

【營養師的小叮嚀】

米食、麵食類及炒菜使用的食用油，其普林或草酸值均不高。但需要注意的是，含油高的堅果類或花生、杏仁、腰果、胡桃等，其所含的草酸較高，需注意攝取量。

營養分析（1人份）

熱量（大卡）	蛋白質（克）	脂肪（克）	醣類（克）	纖維質（克）
351.7	13.6	11.7	48	0.8

材　料：
素雞100克、紅色大番茄100克、鳳梨丁100克、刈薯丁100克、油1大匙

調味料：
醬油1大匙、糖1小匙、鹽1/2小匙

作　法：

1. 將所有食材分別洗淨後，素雞、大番茄都斜切成大塊狀，備用。

2. 起油鍋，先放入刈薯丁，再把所有材料一同加入快炒，炒熟後再放入調味料拌勻即可。

營養分析（1人份）

熱量（大卡）	蛋白質（克）	脂肪（克）	醣類（克）	纖維質（克）
68	3.7	3.2	6	0.4

【營養師的小叮嚀】

● 對於草酸結石的患者，應注意每天僅能攝食少於一粒的中型番茄，故像番茄海鮮湯、番茄蛋花湯等，都必需限量食用。

● 素雞的食材大多為豆製品，故只要依平常的份量食用即可，不必特別限制。

● 如果擔心草酸過量的問題，也可直接將食材中的番茄，換成紅甜椒。

主菜

黃瓜鑲素肉

4人份

材　料：

大黃瓜600克、紅蘿蔔50克、
荸薺（去皮）10個、素肉末40克、
麵粉2大匙（也可改用地瓜粉）

調味料：

胡椒粉1小匙、香油1小匙、鹽1/2小匙、味精或糖少許

作　法：

1. 所有食材洗淨；大黃瓜去皮（不要對切開），切成約5公分寬
   的圈狀，把中間的籽挖除；紅蘿蔔洗淨、去皮，剁切成碎末
   狀；荸薺搗成碎狀；素肉末泡水發軟，備用。

2. 將紅蘿蔔末、荸薺末、素肉末及麵粉混合後，一同放入調味
   料拌勻。

3. 把作法2拌好的餡料取適量，塞入大黃瓜內抹平，排放進盤
   子內，再放入鍋內，以大火蒸約15分鐘即可。

【營養師的小叮嚀】

 大豆分離蛋白加工食品，如素肉塊、素肉
絲及素肉末等，其中所含的普林不少，宜
注意食用份量。

營養分析（1人份）

熱量（大卡）	蛋白質（克）	脂肪（克）
92	5.2	2.7

醣類（克）	纖維質（克）
11.6	1.1

芹香珊瑚草 配菜 4人份

材　料：
紅珊瑚草100克、芹菜50克、香菜少許、紅辣椒1條、嫩薑1塊

調味料：
白醋1小匙、糖2小匙、醬油1小匙、橄欖油1大匙

作　法：

1. 所有食材洗淨；珊瑚草泡冷水1個小時。

2. 芹菜和香菜切小段；紅辣椒去籽後，和嫩薑一起切成細絲，備用。

3. 煮一鍋滾水，放入芹菜段略燙過，迅速撈起後，與其他所有材料和調味料一同拌勻即可。

營養分析（1人份）

熱量（大卡）	蛋白質（克）	脂肪（克）	醣類（克）	纖維質（克）
21	-	1.2	2.5	-

【營養師的小叮嚀】

● 芹菜也可不用汆燙，直接生食。

● 珊瑚草含有豐富的礦物質和維生素，鐵質含量也相當高，同時亦含有多量的植物膠，屬低熱量、高纖維的健康食品。浸泡粗的珊瑚草，冬天約泡2小時，夏天泡1小時；泡細的珊瑚草，則冬天泡冷水1小時，夏天泡30分鐘即可。

● 除了用於涼拌，夏天時還可將泡好的珊瑚草剁碎（或以果汁機攪勻），加入冰糖水，混合後飲用，非常清爽可口。

配菜

三杯素鮮

4人份

材　料：
猴頭菇100克、素魷魚100克、
老薑50克、紅辣椒2條、素蝦50克、
九層塔葉1小把

調味料：
醬油1大匙、糖1小匙、鹽1小匙、米酒1大匙、香油2小匙

作　法：

1. 所有食材洗淨；猴頭菇、素魷魚切成大塊狀；老薑和紅辣椒以菜刀略拍後，切成片狀，備用。

2. 起油鍋，小火將薑片和猴頭菇炒香，除九層塔葉外，其餘材料也全部放入鍋內，翻炒數下。

3. 加水淹過材料的一半，再放入所有調味料，先大火燒滾後改轉小火，燒至湯汁快收乾時，放入九層塔葉拌炒一下即可。

【營養師的小叮嚀】

- 尿酸結石患者宜避免食用猴頭菇，可將其改為黑木耳。

- 飲食中若攝取過量鹽分，會抑制鈣質吸收，反而會增加尿中鈣質的排出量，對結石患者有不利的影響，故應小心。

營養分析（1人份）

熱量（大卡）	蛋白質（克）	脂肪（克）
33	0.2	2.5
醣類（克）		纖維質（克）
2.5		1.0

當歸素鴨湯 　湯品　4人份

材　料：
素鴨160克、紅棗9顆、當歸2片、人參鬚少許

調味料：
鹽1/2小匙、米酒1大匙

作　法：
1. 素鴨切成塊狀；紅棗洗淨，備用。
2. 取一湯鍋，倒入4碗水煮開後，把所有材料全部放入，蓋上鍋蓋，等燒滾約5分鐘後，加入調味料拌勻即可。

營養分析（1人份）

熱量（大卡）	蛋白質（克）	脂肪（克）	醣類（克）	纖維質（克）
90	7	5	3.5	0.2

【營養師的小叮嚀】
- 素鴨成分為麵筋，含多量植物性蛋白質，屬低普林的食物，對於尿酸值高的人而言，可以避免因攝取較多的素食製品，無形中也吃到了大量的普林。
- 麵筋類、烤麩或麵腸類的素食製品，都是取自麵粉中的蛋白質，故不需嚴格限制份量。

筍片素鮑魚湯 　湯品　4人份

材　料：
素鮑魚80克、熟筍100克、酸菜100克、薑絲少許

調味料：
鹽1/2小匙、糖少許

作　法：
1. 將素鮑魚、熟筍、酸菜，全切成薄片備用。
2. 取一湯鍋，倒入5碗水煮開後，將所有材料全部放入，再次滾煮後，加入調味料拌勻，即可熄火。

營養分析（1人份）

熱量（大卡）	蛋白質（克）	脂肪（克）	醣類（克）	纖維質（克）
6.2	0.2	-	1.2	1.0

【營養師的小叮嚀】
- 素鮑魚為蒟蒻製品，屬於低熱量、高纖維的食品，不僅可以增加飽足感，又可以增加素食食材的多變性；此外，湯頭內加入筍片和酸菜，能讓滋味更誘人。
- 這道菜的熱量及營養素都不高，不妨可加點冬粉絲，以提高熱量密度。

203

紅棗雙薯　點心　4人份

材　料：

紫肉地瓜140克、黃肉地瓜140克、紅棗18顆

調味料：

蔗糖2大匙

作　法：

1. 地瓜洗淨去皮，切滾刀狀；紅棗洗淨備用。
2. 取一湯鍋，倒入4碗水煮開後，把所有材料放入，煮至地瓜軟爛，加入蔗糖拌勻即可。

營養分析（1人份）

熱量 （大卡）	蛋白質 （克）	脂肪 （克）	醣類 （克）	纖維質 （克）
98	2	-	22.5	1.0

【營養師的小叮嚀】

- 甜點的變化，建議可多選擇低草酸的主食類，像是地瓜，便含有豐富的胡蘿蔔素、維生素C、纖維質及多種營養素。
- 地瓜表皮若出現黑色斑點時，則不宜食用。

玫瑰洛神茶凍　點心　4人份

材　料：

乾燥玫瑰花苞數朵、洛神花數朵、
洋菜粉3公克、溫水400c.c.

調味料：

糖2大匙

作　法：

1. 玫瑰花與洛神花用茶袋包起；鍋中倒入200c.c.的溫水，煮沸後丟入茶包略泡1～2分鐘，再加糖拌勻，將茶汁過濾出來，備用。
2. 把洋菜粉溶於200c.c.溫水中拌勻，再把已過濾的茶汁倒入攪動，讓其重新煮滾後，即可熄火。
3. 將花茶凍倒入玻璃杯或任何適當的模型內，放涼後移入冰箱內結凍，即可。

營養分析（1人份）

熱量 （大卡）	蛋白質 （克）	脂肪 （克）	醣類 （克）	纖維質 （克）
20	-	-	5	-

【營養師的小叮嚀】

- 一般茶葉含草酸多，建議可改用花茶取代，或加入水果丁，即成為流行的花果茶點心，不僅風味佳，亦是另一種高級享受。

術前術後
素食飲食處方

文　賴聖如（臺大醫院營養師）

　　本章節食譜建議素食者手術後，應注意六大類營養素的健康飲食攝取，以及高蛋白質的攝取比率，以每人每日為基準參考如下：

- 米飯2～4碗（1碗約200公克）。
- 豆蛋類為4～6份（豆腐1塊為1份、蛋1個為1份、豆漿240 c.c.）。
- 低脂奶1～2杯（1杯為240 c.c.）。
- 水果2份（1份約手腕大的水果一個）。
- 蔬菜300公克。
- 油脂2大匙。

手術壓力下的營養需求不同於飢餓需求

　　外科手術、創傷或燒燙傷等傷害，對人體而言是極大的壓力，造成人體代謝速率提高及熱量的消耗增加；如果加上各種原因讓飲食攝入不足，或營養素不均衡時，熱量或營養素來自原本身體的存貨，使得傷口癒合較慢，術後恢復不易。營養是醫療的一部分，手術的成功與否攸關於術前的營養儲備及術後的營養補充，特別是蛋白質、熱量的需求，而其他維生素、礦物質都是作為組織及體力修復不可或缺的主要原料。

　　一般來說，患者面對外科手術、創傷或燒燙傷時，會伴隨著「代謝壓力」，快速且大量用掉身體內原有的貯存，以提供龐大的需求。這些平時貯備來供應不時之需的營養素，像是身體內的定期存款，一旦啟動需求（即代謝壓力存在下）鮮少採小額領取，通常會大筆大筆被提領出來使用，直到耗盡為止。

　　這樣的模式不等同於平時飢餓下的狀況，因為飢餓或節食狀態下，並無伴隨著代謝壓力。也就是說，人體處於飢餓，像是沒吃早餐、實行減重計劃等，身體取用少數脂肪和醣分作為熱量來源，並以減少熱量消耗作為保護措施；但在「代謝壓力」下，大量熱量被取用，最大宗來源就是「蛋白質」，大量體內蛋白質流失造成身體活動力減低、抵抗感染能力減低、傷口癒合能力延緩、消化道機能減低等，嚴重的還會浮腫、腹水、循環不良及各器官機能不全。有鑑於此，面對手術的壓力，奠定術前的營養基礎，以及術後均衡營養補充格外重要，尤其是素食者更要注意食物的多樣化，胺基酸的搭配以提高蛋白質的利用率，並選擇營養密度高的食物。

素食者手術前後注意蛋白質攝取及食物多樣化

　　素食者食物攝取，在種類上可能較為侷限，故在面對手術的壓力時，應注意食物選擇的多樣化，使營養素補充上更多元。尤其是組織恢復時

▲ 手術後可多方攝取五穀雜糧、核果、豆類，相互補充，提高蛋白質的營養價值。

最重要的營養素：蛋白質。不同蛋白質由不同胺基酸組合而成，各種不同食物含不同胺基酸種類及含量。一般來說，蛋、奶類、肉類所含胺基酸種類較豆類、穀類食物廣，而且利用率也較高，當搭配多種食物所提供的胺基酸，可彼此截長補短，互相彌補不足。如何提高蛋白質的利用效率？例如五穀雜糧、核果類、豆類所含胺基酸各有不同，穀類蛋白質缺乏離胺酸，黃豆蛋白質缺乏甲硫胺酸；但如果三種食物一起食用，互相補充，便可提高蛋白質的營養價值，收到相輔相成的效果，使攝取的胺基酸更接近人體的需要，這就是素食者要注意的蛋白質互補效應。

含有五穀雜糧、核果類、豆類，同時進食，達成蛋白質互補效應，以提高蛋白質品質及利用率。積極的營養介入，能加速手術患者體力及組織恢復，縮短傷口復原時間。

手術前後營養評估的3大方法

以過去疾病史做簡易營養評估

簡單的觀察和評估可以作為醫師診斷及早期營養介入的依據；包括惡性腫瘤、慢性發炎、內分泌疾病等，均會影響營養代謝障礙。若觀察發現有水腫、腹水、體重急速變化、肥胖等現象，通常意味著蛋白質急速流失；這些診斷資料的收集，都有利於醫師診療上的參考。

平日藥物的使用，包括類固醇、免疫抑制劑、降血糖用藥、抗癌藥物、放射線治療藥物等，部分藥理作用會影響營養素吸收能力及代謝。飲食攝取狀況，包括質地及份量，改變飲食習慣多久了？攝食量和未生病前有多少落差？另外，是否有消化道機能異常，如吸收障礙、厭食、噁心、腹瀉、嘔吐等症狀出現？這些現象及症狀都可能是營養失調的重要原因，如果病人能仔細描述，也有利於醫護人員對病況的評估。

以體位測量作為營養評估方法

體位測量雖然對營養不良敏感度不是很高，在急性變化時不易立即掌握，容易因測試者或儀器不同而產生誤差，但為非侵入性的檢查，可作為營養狀況追蹤的簡易指標，且資料容易取得，如體重、體脂肪測量儀等項目。故對外科病患需在短時間內評估營養狀態，並無太大助益，但仍可作為居家營養評估。

▌體重

是最為有用且最易取得到的指標，在沒有水腫情況下，術前體重流失程度攸關術後恢復健康的關鍵。一般可藉由體重變化，計算出平常體重百分比、體重變化百分比，計算方式為：

平常體重百分比＝現在體重÷平時體重×100％

體重變化百分比＝（平時體重-現在體重）÷平時體重×100％

如果一個星期內，體重流失（體重變化百分比）大於2％，一個月內減輕（體重變化百分比）達5％以上者，三個月減輕（體重變化百分比）達7.5％以上或半年達10％以上者，都屬於嚴重營養不良，影響手術成功率。

▌生物電阻分析（BIA）：體脂機

利用體脂機，可測出體內瘦肉組織、體脂肪量、總水分量。非計畫中的體重減少，多為身體蛋白質或瘦肉組織，所以體內瘦肉組織的快速減少，可能意味著其他免疫防禦力的降低，可藉由兩次以上的測量相互比較，作為營養評估及營養補充改善的依據。

以生化檢查值作營養評估

在醫院常藉由血液、尿液內各種蛋白質成分等資料，作為判斷營養不良的標準，也是較可靠的依據。在患者住院期間也可藉由這些數值的變化，來作為營養介入是不是合宜的依據。

▌白蛋白（Albumin）

在肝臟合成，正常值為3.5～5g/dl，可反應近一個月內熱量：蛋白質攝取是否足夠。對慢性疾病及內科患者，是住院中最常用且可靠的營養指標。

▌運鐵蛋白（Transferrin）

即 β-球蛋白，也是在肝臟合成，正常值為210～390mg/dl，在體內貯存較少，可反應這一週的營養狀況；運鐵蛋白較白蛋白敏感，但鐵質久缺、急性肝炎、肝硬化、懷孕期間及服用口服避孕藥時，都會影響運鐵蛋白的判讀。

▌前白蛋白（Prealbumin）

正常值為10～40 mg/dl，在體內貯存量少，可即時反應出這2～3天的營養狀況，是嚴重病患常用的營養評估指標。

手術前後素食患者的飲食原則

　　疾病發生時的身體不適、消化障礙等狀況，多少影響攝食及營養素吸收，尤其以消化道手術患者最為明顯；因術前的攝取食物障礙，常在計畫手術前即發生熱量營養不良（蛋白質流失）的現象，以致在術後需要一段較長的恢復時間。

　　至於傷口的恢復，以較小型的手術來說，通常需要5～15天，較大的手術甚至需要超過一個月的時間，這段時間除了攝取高蛋白質、高熱量的飲食以確保組織修復，其他營養素對組織恢復同樣重要。

　　經由腸胃道供應營養較靜脈注射營養針更為安全且完整，腸道是體內重要免疫器官之一，是否可由腸胃道供應營養是病人恢復免疫力的重要因素。大部分人都認為，術後要等到「排氣」才能吃東西或進行營養補充，甚至認為手術後的病人，一定得躺在床上讓人照顧到體力完全恢復才行；其實不然，醫師常會鼓勵病人及早下床活動，只要醫師確定病人腸胃開始蠕動，就可以開始進行少量的營養補充，並維持正常的腸道黏膜完整性及免疫功能。

術前就應維持完善的營養攝取

　　手術病人身上所發生的營養障礙並非單一種營養素，而是整體的營養缺乏，但主要還是蛋白質熱量營養不良為最大宗。其他營養素吸收障礙，維生素及微量元素缺乏，也常發生在大手術壓力下。奶蛋類所含胺基酸有較高的生理利用價值，意味著蛋白質吸收利用率較好，建議全素食者，在面對手術時，可考慮改為奶蛋素的型式。在烹調上為提高美味及符合食材更多樣化，也可考慮採用五辛素。

　　對於術前就有營養攝取障礙的患者而言，更是雪上加霜；由於術前的營養狀況對術後造成併發症的發生率、死亡率都有重要的影響，所以在有限的手術前爭取時間，盡可能補充營養，在可行範圍內，可採取以下方式：

- 可給予高濃度營養或增加進食次數；少量多餐增加進食量及食物種類。
- 對於老者、咀嚼能力較差或消化差患者，在食材的選擇上，可多選擇質地較軟的食材或切碎處理。

▲ 術前應盡量補充營養，少量多餐、提高蛋白質及熱量攝取。

- 五穀類請多以富含維生素B群的完整穀類為主。
- 點心可考量選用一些五穀粉、全麥粉、雜糧粉等沖泡牛奶、豆漿，或市售均衡營養配方飲用。
- 綜合蔬果汁也是維生素相當豐富的來源，也可加入牛奶、雜糧粉、綜合核果粉、芝麻、市售均衡營養配方等。
- 奶酪、奶昔、布丁、芝麻糊、南瓜濃湯、鄉下濃湯、焗烤義大利麵、麵線糊、粿仔條等也可以作為點心，提高蛋白質及熱量攝取，貯存應付手術的資本。

對於胃口極差的患者，也可以考慮市售「均衡營養配方」，放在兩餐之間當作點心，作為完全營養補充品，建議可選擇高濃度配方或高蛋白質比例配方產品；奶蛋素者可以選擇奶蛋白，而全素者可以選擇黃豆蛋白為基礎的營養配方。因配方內已含有完整的維生素及礦物質等營養素，較不必擔心食物選擇上的缺乏；且這些配方奶，還可以珍珠奶茶、西米露等甜點或濃湯的型式加以變化，增加口感，以爭取術前奠定營養的機會。

術後的營養原則

食物進展應採循序漸進方式

腸胃道手術較其他部位手術，在術後飲食要花更多時間做食物質地的調整。手術之後，對於蛋白質需要質和量更大於術前。可以開始進食時，也應注意蛋白質攝取，以及蛋白質的互補效應，同時攝取穀類、豆類、核果類食物，全素者考慮在正常食量之前改為奶蛋素，對於食量少的患者，務必採多餐進食。也可以考慮高濃度或較高蛋白質比例的市售「均衡營養配方」，在餐與餐間作為點心補充。此外，一般人在術後常喝素雞湯、精力湯等作為營養來源，其實這些湯汁內多為礦物質元素，包含鉀、鈣、鎂、鈉等，其中所含蛋白質及熱量成分較低，無法作為正餐或主要營養來源。另外，如果咀嚼能力及胃口尚可者，建議可保留食物口感，對食物的充分咀嚼也可刺激食慾。

管灌飲食以市售營養灌食配方為優

是一種常見的經由腸道灌食，給予營養配方的方式。口腔具有咀嚼的功能，食物到了胃部，胃除了將食物磨成泥狀，以利於和胃酸充分混合；液態的食糜到了小腸，即成為吸收營養素的功能。

以往管灌營養的製備，會以稀飯或麥糊為基礎，再添加蔬菜、肉泥、雞蛋等，素食者則添加豆腐、酵母粉、芝麻粉等食材，煮熟後攪拌成液狀，以方便將食物順利經由管子灌入胃中。但因現在使用的鼻胃管材質較為柔軟，口徑也較細小，製備的食材必須很稀（通常每c.c.含0.45～0.55大卡），才能順利灌入管中，加上製備過程中衛生條件及營養素常無法兼顧，且製備手續繁瑣又耗時等因素，所以市售營養灌食配方便因應而生。

▲ 以往管灌飲食多以稀飯添加酵母粉，現在為了營養及衛生則以市售營養灌食為主。

　　市售營養灌食配方，標準濃度是最適應腸道的每c.c.含有1大卡，以牛奶蛋白或黃豆蛋白為基礎，添加目前所知身體所需的全部營養素，可供長期使用，稱為全營養配方，可作為腸道灌食或口服補充品。

術後開始飲食攝取時，要注意以下幾項重點

· **食物質地的調整**：可由清流質→全流質→半流質→溫和→剁碎→軟質→普通飲食等進展模式配合。

1. 清流質飲食，當腸胃道開始蠕動時，給予少量清澈米湯、清澈蔬菜湯、運動飲料、電解質水、蜂蜜水等，給剛開始動起來的腸道一點點電解質及最簡單的營養素。

2. 全流質飲食，待清流質適應後給予如麥粉糊、南瓜湯、完整營養補充品等液體濃湯。

3. 半流質飲食，在全流質飲食之後，在飲食中慢慢加上小顆粒，包括布丁、蒸蛋、麵線糊、山藥粥、蛋粥等，可長期使用，並可作為點心補充的型態，注意食材多樣化。因粥品含水分量較多，熱量濃度較固體食物低。因此，如果以全流或半質飲食作為主要飲食型式者，建議每日至少5～6餐次多餐進食。

4. 軟質食材，或先以剁碎食物來協助咀嚼，如彩椒釀豆腐、香菇燉蛋等。

· **烹調以清淡為主**：避免太油膩、油炸、過酸、太甜、辛辣等過度調味，避免化學刺激性食物或飲料，如菸、酒、碳酸飲料、濃茶等。

· **避免食用容易脹氣的食物**：初期因腸胃道蠕動較慢，如有嚴重脹氣情況時，可先避免食用容易脹氣的食物，包含一般豆類食品、蛋、洋蔥、核果、發酵食品、根莖類等。是否脹氣個別差異大，且和進食量有關，建議對於易脹氣食物，應由少量開始，且一次一樣慢慢開始進食，循序漸進增加食物攝取。安全且被許可的情況之下，多下床走動有助於術後腸胃道的蠕動。食物的量及質地的調整可因人而異，依進食後的情況做為改變準則。

· **在食量恢復正常之前，宜在兩餐之間補充點心。**

· **點心可考量選用較高生物價值質蛋白質**：利用豆漿、牛奶、蛋或考慮使用市售均衡營養配方以補充正餐的攝食不足。

· **慢慢增加進食量，且加長兩餐間隔時間增加進食量及食物種類。**

· **五穀類請多以富含維生素B群的完整穀類為主。**

■ 週邊靜脈（一般常說的點滴）營養，幫助維持體液平衡

倘若醫師評估在短期內即可排氣進食者，則由週邊靜脈給予較低濃度的葡萄糖，加上少許電解質。主要在維持體液平衡，並非傳統認為的營養補充。經腸胃道給予營養，是最自然且合乎生理需求的，但仍有一些重症患者或腸胃極度受損或短期內無法用腸時，必須透過靜脈給予全部或部分營養，補充腸道吸收不足的營養。一般常見的點滴含有少許葡萄糖和電解質，包含鈉、鉀、鎂、鈣、磷等電解質。

一般而言，施予全靜脈營養，較經由腸道給予營養素，有較高併發症發生機會，醫護人員先考慮腸道供應營養是否足夠，再考慮給予靜脈營養補充。

▼ 蛋白質互補效應

豆類

+

全穀類

+

堅果類

+

蔬菜類

治療及調養期的素食處方

設法提高蛋白質的利用價值

若無慢性疾病的考量，大部分手術後需要較高比例的蛋白質補充，以蛋白質生物利用價值來說，蛋、牛奶、乳酪的生物利用價值較高，故全素者在手術前後，建議改為奶蛋素，藉由食物間互補原則，可以提供一些促進蛋白質在身體內利用的途徑。

通常奶蛋素者可食用蛋、牛奶、乳酪及奶製品等，再加上穀類、豆類、核果類等植物性蛋白質，其互補之後的吸收利用效果，等同於葷食者；也就是每日一杯牛奶或一顆蛋可補足穀類食物中含量較少的離胺酸，或補足黃豆製品中較缺乏的甲硫胺酸和胱胺酸。

純素食者，在蛋白質互補效應上的作法，則建議在同餐次間以豆類食物、全穀類、核果或堅果加上蔬菜的搭配，確保不缺乏胺基酸，並且同時供應各種胺基酸，這種組合必須在同一餐同時攝食，像豆類（豌豆、四季豆、綠豆、紅豆、黃豆、大豆、花生等）是離胺酸良好來源；但豆類甲硫胺酸和胱胺酸則含量較少；而穀類、堅果、種子（全麥、燕麥、裸麥、玉米、腰果、胡桃、南瓜子、芝麻等）是甲硫胺酸及胱胺酸良好來源，離胺酸卻較低。對於純素食者而言，多變化的食材選擇是相當重要的，若只單純依據熱量考量飲食內容，容易偏食或造成飲食種類過於偏

限，對於純素食者手術前後的營養補充是相當危險的。除了注意蛋白質來源外，可以每餐3～4種以上顏色的食材搭配以增加食材多樣化。

維生素C能幫助修補組織

手術所造成的營養素流失，或修補組織所需大量的營養素供應，除了蛋白質及熱量外，還包括維生素C，因為對於組織修補或細胞重建都有其效果，並具抗氧化功能，能保護細胞完整性。維生素C的來源幾乎都來自於蔬菜及水果，特別是柑橘類水果，不論是新鮮或罐裝均是維生素C極佳來源，如柳丁、橘子、葡萄柚、草莓、鳳梨、番茄、芭樂、蘋果、香蕉、桃子等都是不錯的選擇。

素食者也常是鐵質缺乏的主要族群，建議在食用鐵質含量豐富的食物之後，可吃點維生素C豐富的水果、果汁或維生素C片，以幫助增加鐵質在胃中的被吸收率。另外，蔬菜類食物，如綠花椰菜、高麗菜、青椒、菠菜等，只要不過度烹調，也是維生素C良好來源之一。

避免術後貧血，要一同攝取鐵質和維生素C

當術中有血液流失、急慢性發炎反應發生、長時間骨折傷害、攝食不足、伴隨急慢性腎臟疾病及胃部切除手術等，容易造成大量鐵質缺乏；而較容易缺乏鐵質的族群又以素食者，特別是素食接受胃切除手術患者，都應注意鐵質的攝取。

鐵質最好的素食來源有菠菜、紅鳳菜、紅杏菜、紅豆等，但即使含鐵量豐富的植物性食物，其吸收率仍不及動物性鐵質，所以在攝取高鐵食物後，維生素C的補充是非常必要的。建議易發生缺鐵性貧血的高危險群，在術前術後可以請醫師視需要開立鐵劑作為補充，也別忘了服用鐵劑之後，要攝取高維生素C食物，以幫助鐵質在腸道吸收。

維生素B群可輔助熱量，代謝蛋白質

維生素B群也是必須補充的營養素之一，B群家族中是熱量、蛋白質代謝時所必需的工具，特別在發燒或嚴重發炎反應時，熱量被大量消耗，更需要較多的維生素B群，如牛奶、蛋、黃豆、花生、豌豆、小麥胚芽等。

在組織修補或血液再生時期，維生素B_{12}和葉酸負責細胞分裂重責，需格外注意是否缺乏；深綠色蔬菜是素食者葉酸主要來源，其次是蛋、全穀類及乳製品。需注意綠色蔬菜若過久烹煮或加工，會大量破壞葉酸成分。全素食者、胃部切除患者、迴腸功能障礙或迴腸切除者，容易缺乏維生素B_{12}，可藉由蛋或牛奶補足。

B群的素食來源

種類	食物來源
維生素B$_1$	豆類、酵母等。
維生素B$_2$	蛋、乳製品、穀類、麵粉食物。
維生素B$_6$	乳製品、蛋黃、蔬菜、馬鈴薯、地瓜、麵粉、穀類（但穀類食物在碾米的過程，會部分流失維生素B$_6$。）
菸鹼酸	花生及其製品。

鋅可幫助術後大傷口的痊癒

若患者有嚴重腹瀉、手術後有大傷口、術後大量體組織液引流等情形時，鋅的需求量便會提高。

鋅的主要來源以動物性食物為主，素食族群較容易缺乏鋅，主要的素食來源以全穀類、豆類、花生及花生製品為主。

避免術後長期營養不佳，可適時補充磷

若長期營養不佳、壓力性潰瘍、嚴重嘔吐、腹瀉時，體內容易流失磷。高鈣質含量食物一般含磷量也較高，而全穀類、全穀麵粉較精製穀類及精製麵粉含豐富的鈣及磷；另一磷的豐富供應者是酵母，不妨多加留意。

別讓術後的胃口不佳流失了鎂

長時間嘔吐、腹瀉、胃口不佳、脂肪未充分消化而導致的腹瀉稱為脂肪瀉等，都會容易缺乏鎂。

而鎂的主要來源為綠色葉菜、大豆、蠶豆、堅果類、全穀類、乳製品等，但在食物精製的過程中，容易大量流失。

▲ 術後造成的嘔吐、腹瀉、胃口不佳等，都可能造成鎂的流失。可適時從綠色葉菜、大豆、堅果等食物中補充鎂。

蔬果中的鉀離子能迅速恢復術後疲勞

若攝食不良、體液流失時會導致鉀離子缺乏，容易造成疲倦、肌肉無力。而鉀離子多來自新鮮蔬菜水果，如果醫師指示必須配合高鉀飲食攝取，即意味著需多選擇新鮮蔬果食用。此外，鉀對血壓控制也有相當的好處。

▲ 新鮮蔬果中的鉀離子能幫助恢復術後疲勞。

想提高免疫力，記得多吃含硒的食物

硒是抗氧化維生素之一，和維生素E有類似的抗氧化功能，可以保護正常細胞或組織，不受外力或壞的物質侵犯及傷害，能提高較好的免疫能力。素食者可以選擇的良好來源以穀類食物為主，主食類可以盡量以完整的全穀類為主。

聰明吃外食的素食處方

優先選擇新鮮、清淡少加工的食物

舉例來說，腸胃道手術前後的素食患者，為避免不適症，外食時除選擇食物清潔以外，還應視恢復狀況選擇較為軟質、少脹氣、好消化的食物；而術後素食患者，營養均衡原則和上述一樣，以少加工、多自然的食物為主，盡量減少刺激性調味料及避免過於油膩，烹調仍應以清淡為原則。

此外，豆類製品仍是素食者蛋白質的最佳來源，但若碰上炎熱季節，豆類製品較容易酸敗，外食時在挑選上應格外留意新鮮度。

可多食用全穀類及核果類食材

對於手術前後的素食患者，我們鼓勵多食用全穀類及核果類，這些食物多含不飽和脂肪酸，很容易氧化變質，所以採買時，建議小量購買，並以密閉罐或保鮮袋貯存在冰箱內，隔絕空氣和避免高溫，確保食物的新鮮。

一週三餐素食菜單規劃（份量依個人情況而定）

	早餐	午餐	午點	晚餐
星期一	・水果穀片優酪	・蔬菜義大利蕎麥麵 ・牛奶南瓜湯 ・凱撒沙拉 ・水果	・紅棗小米粥	・芥菜（或青江菜）飯 ・三角油豆腐釀麵腸 ・麻油紅鳳菜 ・髮菜 ・水果
星期二	・豆漿 ・蔬菜燒餅	・豆皮芝麻壽司 ・枸杞白果絲瓜 ・素關東煮 ・水果	・擂茶	・牛蒡三菇燴糙米飯 ・番茄釀素肉 ・香菇茭白筍 ・蠔油綠青花菜 ・水果
星期三	・薏仁杏仁漿 ・全麥饅頭夾蛋	・彩蔬蕎麥涼麵 ・紫山藥河粉捲 ・紅白蘿蔔燉黃豆 ・涼拌海帶芽 ・水果	・小麥胚芽香蕉牛奶	・紅豆糙米飯 ・草原豆腐 ・高麗菜捲菠菜 ・榨菜絲黃帝豆 ・玉米湯 ・水果
星期四	・地瓜糙米粥 ・嫩豆腐 ・燙廣東A菜	・蘋果咖哩飯 ・素潤餅捲 ・豆腐乳高麗菜 ・水果	・芝麻奶酪	・松子洋菇青醬麵 ・馬鈴薯玉米湯 ・生菜沙拉 ・水果
星期五	・核果蔬果汁 ・全麥蛋餅	・炸醬貓耳朵 ・蘆筍手捲 ・彩椒燒黃豆 ・海苔鮮菇湯 ・水果	・烤焦糖布丁	・焗起司蔬菜燉飯 ・芥菜杏鮑菇 ・洋蔥湯 ・水果
星期六	・小麥胚芽奶 ・紫米飯糰	・芋頭糙米黃豆飯 ・芝麻干絲海帶絲 ・破布籽蒸冬瓜 ・木瓜白豆湯 ・水果	・花生豆花	・番茄蛋包飯 ・彩椒豆干絲 ・涼拌山藥 ・乾扁四季豆 ・竹笙筍片湯 ・水果
星期日	・芝麻糊 ・雪菜菜包	・糙米黃豆飯 ・燉栗子 ・九層塔燒茄子 ・羅宋湯 ・水果	・補血紫米粥	・菇菇粥 ・涼拌毛豆莢 ・涼拌黃豆芽 ・水果

蔬菜燒餅 `主食` `4人份`

材　料：

市售燒餅4份、苜蓿芽80克、廣東A菜80克、紫高麗菜40克、紅色大番茄2個、低脂起司4片、小麥胚芽10克

作　法：

1. 苜蓿芽、廣東A菜洗淨；紫高麗菜洗淨，切絲；大番茄洗淨、切片備用。
2. 將燒餅剪開，夾入各式蔬菜、番茄片及起司片，最後撒上小麥胚芽，再將其折起即可。

營養分析（1人份）

熱量 （大卡）	蛋白質 （克）	脂肪 （克）	醣類 （克）
273	10	7.3	42

【營養師的小叮嚀】

🔘 奶製品宜選擇低脂原味產品，以避免過度熱量攝取。若是奶蛋素者，也可以將起司片換成荷包蛋。

補血紫米粥 `主食` `4人份`

材　料：

紫米1/2杯、紅豆1/2杯、紅棗10顆、水2杯、桂圓肉30克、冬瓜糖1/2杯

作　法：

1. 紫米、紅豆及紅棗分別洗淨備用；將紅豆泡水約2小時。
2. 紅棗以刀劃開，各取5顆分別加入紫米、紅豆中；將紫米、紅豆分別加入一杯水，輪流放入電鍋內煮熟，煮好後再將兩者拌勻。
3. 桂圓肉和冬瓜糖放入鍋內，加入適量的水煮滾後，將其倒入煮好的紫米紅豆飯內，攪拌均勻，即可。

營養分析（1人份）

熱量 （大卡）	蛋白質 （克）	脂肪 （克）	醣類 （克）
165	11.2	0.4	30.6

【營養師的小叮嚀】

🔘 除了固體狀，也可依患者腸胃恢復狀況，將煮好的紫米紅豆攪打成粥狀。

🔘 紫米、紅豆鐵質含量較其他素食材料高，是術前術後的補血聖品，建議食用後可再吃一份維生素C含量豐富的水果，增加其被吸收率。

217

主菜
4人份

紫山藥河粉捲

材 料：
河粉皮250克、紫山藥100克、
綠蘆筍50克、紅蘿蔔100克、
白豆包2個

調味料：
芝麻醬1大匙、花生粉適量

作 法：

1. 紅蘿蔔洗淨、去皮，切細條狀；將綠蘆筍洗淨、削去硬皮後
   備用。

2. 煮一鍋滾水，把紅蘿蔔和綠蘆筍分別放入，燙熟後撈起。

3. 紫山藥去皮，蒸熟後搗成泥狀；白豆包蒸熟後切條狀。

4. 芝麻醬加上花生粉混合均勻後，可作為沾醬。

5. 攤開河粉皮，依序鋪上紫山藥泥、紅蘿蔔、蘆筍及白豆包，
   將其捲成條狀後，切圈狀，食用時可沾醬。

【營養師的小叮嚀】

● 此道菜顏色漂亮，質地細軟，很適合胃口
不佳的術後病人。

● 部分腸胃道術後病人，會有較長一段時
間，飲食都停留在質地類似清粥、鹹粥等
類別，較少油脂類食物的攝取，故建議可
適量善用一些芝麻醬，幫助不飽和脂肪酸
及熱量的攝取，並變化口味增進食慾。

營養分析（1人份）

熱量（大卡）	蛋白質（克）	脂肪（克）
227.2	10.3	10
醣類（克）		
24		

主菜

草原豆腐

4人份

材　料：

菠菜200克、竹笙30克、素火腿40克、嫩豆腐4塊

調味料：

鹽1/4小匙、太白粉1小匙、香油少許

作　法：

1. 菠菜洗淨、切小段，放入果汁機內，加入適量的開水，將其攪打成泥狀。

2. 竹笙洗淨、泡水變軟後切小塊；素火腿切碎。

3. 把竹笙和素火腿放入鍋中，加入1/2碗水煮開後，再加入菠菜泥和鹽混合均勻，並以太白粉水勾芡煮沸後，再淋上香油。

4. 豆腐以熱開水淋過，切塊排放於盤子上，再將作法**3**煮好的菠菜泥，淋在豆腐上即可。

營養分析（1人份）

熱量（大卡）	蛋白質（克）	脂肪（克）	醣類（克）
103	9.3	6.2	2.5

【營養師的小叮嚀】

- 黃豆蛋白質和肉類蛋白質一樣，都屬於高生物利用價質的蛋白質；而豆腐質地軟嫩，很適合老年人或手術前後，作為蛋白質的重要來源。

- 菠菜是蔬菜中鐵質含量較高的食物，建議可在餐後補充一些富含維生素C的水果或果汁，如柑橘、蘋果、檸檬、芭樂、百香果、番茄等，以利鐵質在腸胃道吸收。

配菜

芥菜杏鮑菇

4人份

材　料：

芥菜心200克、杏鮑菇1大根、
生白果12個、紅甜椒1/4顆

調味料：

油1/2大匙、鹽1小匙、
太白粉1小匙、香油少許

作　法：

1. 芥菜心洗淨，切斜段狀；杏鮑菇洗淨，切大塊狀；紅甜椒洗淨、去籽，切碎末狀。

2. 起一鍋滾水，分別放入芥菜心、白果燙熟撈起。芥菜心撈起後，速沖冷水，可保持鮮綠。

3. 起油鍋，放入杏鮑菇小火炒香，接著放入芥菜心和白果，快速翻炒一下，加點水和鹽拌勻，續淋入太白粉水勾芡煮沸，起鍋前放些香油和紅甜椒末即可。

【營養師的小叮嚀】

- 芥菜心質地上較芥菜軟嫩，以滾水汆燙後也不會苦澀，反而具有清甜風味。
- 杏鮑菇口感軟嫩，多汁甜美，可以和多種食材搭配，或使用香草、香料加以調味後再烹煮，香味更豐富；而其所含豐富多醣體，還具有提高免疫力的功能。

營養分析（1人份）

熱量（大卡）	蛋白質（克）	脂肪（克）
28.3	2	1
醣類（克）		
2.5		

燉栗子

材　料：
剝殼生栗子30顆、紅棗10顆、罐裝蘑菇200克、美生菜200克、薑片2～3片

調味料：
油1大匙、素蠔油10c.c.、太白粉1小匙

作　法：

1. 將生栗子浸泡在熱水內約10分鐘，剝除外層黃皮後，放入電鍋內蒸熟。

2. 紅棗洗淨，以小刀在表皮劃幾刀；美生菜洗淨，放入滾水中汆燙，撈起備用。

3. 起油鍋，以小火爆香薑片，加入蘑菇、栗子及紅棗翻炒，續加入蠔油和適量的水，蓋上鍋蓋以小火燜煮一下。

4. 最後把燙好的美生菜放入拌勻，淋上太白粉水勾芡即可。

營養分析（1人份）

熱量（大卡）	蛋白質（克）	脂肪（克）	醣類（克）
150	1.5	3.8	27.5

【營養師的小叮嚀】

● 栗子的營養成分豐富，脂肪少，蛋白質、澱粉與糖含量卻很高，還含有多種維生素及礦物質；兼有大豆和小麥的營養，且經實驗證實，栗子所含的不飽和脂肪酸和多種維生素，能抗高血壓、冠心病、動脈硬化等慢性病。此外，栗子的用途也很廣泛，除可做成糕點、菜餚，還可以燉粥，而最受歡迎的莫過於冬天的糖炒栗子。

牛奶南瓜湯

材　料：

南瓜500克、馬鈴薯90克、
紅蘿蔔50克、青豆仁80克、
麵粉20克、市售低脂鮮奶400c.c.

調味料：

鹽1小匙

作　法：

1. 南瓜洗淨、去皮、切滾刀塊；馬鈴薯、紅蘿蔔去皮、洗淨後
   切小丁，將此三樣蔬菜放入鍋中蒸熟，取出備用。
2. 青豆仁洗淨，放入滾水中燙熟，撈起備用。
3. 將蒸熟的南瓜放入果汁機內，加入鮮奶100c.c.及適量開水，
   攪打至泥狀。
4. 鍋內放入麵粉，以小火乾炒至香味出來，接著加入南瓜泥、
   馬鈴薯丁、紅蘿蔔丁、青豆仁及其餘300c.c.鮮奶，以小火一
   邊攪拌一邊加熱，以避免其沾鍋，煮至濃湯滾了，加鹽調味
   即可。

【營養師的小叮嚀】

🍠 南瓜富含維生素B群、維生素A及鉀離子，
質地鬆軟，很適合術前術後調養食用。

營養分析（1人份）

熱量（大卡）	蛋白質（克）	脂肪（克）	醣類（克）
115	6	2.9	16.2

材　料：

青木瓜200克、麵腸200克、白豆60克、枸杞10克

調味料：

鹽1小匙

作　法：

1. 青木瓜洗淨、去皮，切滾刀塊；麵腸切滾刀塊，備用。

2. 白豆洗淨，泡水約2小時，瀝乾水分；枸杞清水沖洗淨，備用。

3. 將青木瓜、麵腸及白豆放入鍋中，倒入4碗水，蓋上鍋蓋，以中小火燉煮至白豆
   熟軟，再放入枸杞和鹽，煮滾後即可。

營養分析（1人份）

熱量（大卡）	蛋白質（克）	脂肪（克）	醣類（克）
90.8	8.8	2	9.4

【營養師的小叮嚀】

● 白豆又稱為白雲豆，其營養
成分以醣類為主；在一
般賣南北貨的店家
都可買到。

● 麵筋類食物如
麵腸、麵輪、
麵圈等，雖也含
不少蛋白質量，但質
上還是較黃豆製品低一些，
所以素食者應多注意蛋白質互補效應。

水果穀片優酪　點心　4人份

材　料：

蘋果100克、鳳梨150克、哈密瓜330克、
香蕉55克、市售穀片100克、
市售低脂原味優酪乳500c.c.

作　法：

1. 將所有水果洗淨、去皮後，切成丁狀，放入碗
   內備用。
2. 在切好的水果丁上面，倒入市售穀片，再淋上
   優酪乳即可。

營養分析（1人份）

熱量 （大卡）	蛋白質 （克）	脂肪 （克）	醣類 （克）
250	5.1	1.5	55.3

小麥胚芽香奶　點心　4人份

材　料：

小麥胚芽20克、蒸熟燕麥100克、
市售低脂鮮奶900c.c.、香蕉2根

作　法：

1. 香蕉去皮、切塊；將所有食材放入果汁機內，
   攪打至均勻濃稠狀，即可倒入杯中飲用。
2. 喜歡吃甜食口味者，可以加入少許蜂蜜或煉乳
   調味。

營養分析（1人份）

熱量 （大卡）	蛋白質 （克）	脂肪 （克）	醣類 （克）
237	10	5.5	34.4

【營養師的小叮嚀】

● 術後常因多食用軟質食材，加上活動量減少，容易發生
　便祕問題，建議可適時吃點綜合水果優格，幫助腸胃蠕
　動，以及重建腸內菌叢的平衡。

【營養師的小叮嚀】

● 小麥胚芽富含維生素E、維生素B_1、鎂及磷，鋅的含量也
　很豐富，是素食者的營養聖品。
● 蒸熟的燕麥也可以用熱水沖泡的麥片取代。

骨質疏鬆
素食飲食處方

文 鄭金寶（前臺大醫院營養室主任）

本章節食譜以女性為例，身高約160公分、55公斤、中等工作量者：

- 每日所需熱量約為1600大卡。
- 奶類1杯。
- 五穀類2.5碗。
- 豆蛋類5份。
- 水果類2～3份。
- 蔬菜類2～3份。
- 油脂類7份。

簡單認識骨質疏鬆

認識骨質疏鬆，顧名思義就是骨質含量減少，使得骨頭變疏鬆脆弱，稍一碰撞就容易發生骨折的情況；情況嚴重時，即使是很小的外力，也會造成骨折，像是走路時摔傷、扭傷、蹲下身撿拾物品，甚至起床時不慎用力過度，還是突然地用力咳嗽等，都可能造成骨折。

人類生老病死，隨著年紀日漸增長，身體各器官系統都會逐漸退化，骨頭也不例外。人的骨質密度在30歲時達到最高峰（稱為最高骨質總量），之後便開始漸漸減少，大約從35歲開始，骨質密度每年會以0.75～1.5％的速度流失。而男性在其老年時約流失全部骨質

▲ 骨質疏鬆患者只要稍一碰撞，就有可能發生骨折的情況。所以必須特別小心摔傷、扭傷、蹲下身撿拾物品等可能造成骨折的動作。

的20～30％，女性更高達40～50％；這是因為女性停經後女性荷爾蒙的分泌快速減少，而女性荷爾蒙在維持強化骨骼的機能上，又扮演著重要的角色，因此當女性荷爾蒙減少時，骨質流失的速度也就加快。另外，女性在懷孕和哺乳時期，需要攝取更多的鈣質以提供母體以及寶寶發育所需，不幸的是臺灣的婦女，在懷孕和哺乳時期，並沒有攝取足夠甚至加倍的鈣質，反而造成大量骨質流失，使得日後停經時罹患骨質疏鬆的機率加大。

骨質疏鬆發生的原因

骨質疏鬆發生的原因可分為兩大類，第一類是原發性的骨質疏鬆，第二類是繼發性的骨質疏鬆。原發性骨質疏鬆與年齡有直接關係，每一個人一生中都有一段時間，身體的骨質達到所謂「骨質頂峰」，骨質頂峰是指人體內骨頭的骨質密度達到最高點時，通常出現在25～30歲左右，當30歲過後，隨著年齡不斷地增長，骨質也會不斷地流失，進入骨質虛耗期，此時骨骼便變得愈來愈不那麼緻密。而繼發性骨質疏鬆，成因則有很多，主要包含：

• 遺傳因素，骨質疏鬆也有一定的遺傳性。

- 體內雌激素濃度降低；雌激素能刺激骨質的形成，抑制骨質的分解，女性一旦停經或是切除卵巢，雌激素分泌停止，使骨骼處於「負平衡」狀態。
- 鈣質攝取不足，如經常食用高蛋白、高鹽等食物，都很容易讓鈣質流失。
- 缺少曬太陽的機會，使的人體內自行合成維生素D含量不足。
- 平時運動量很少；或是長期臥床缺乏運動。
- 酗酒、抽菸等不良的習慣，也會造成骨質流失。
- 甲狀腺或副甲狀腺功能亢進。
- 某些疾病或服用某些藥劑，也會導致骨骼形成減少而分解增多，從而引起骨質疏鬆，像是服用類固醇藥物。

骨質疏鬆的症狀

　　骨質疏鬆的發生，在早期並無明顯的症狀，常常是無聲無息的，直到發生骨折了，患者經過醫院檢查，才驚覺罹患骨質疏鬆。其實骨質疏鬆早期，患者通常會有以下的症狀：

- **疼痛**：全身骨頭酸痛、無力，最常見於腰部、骨盆、背部區域，痛楚還會漸成持續性，並逐漸變得劇烈。
- **骨折**：並非所有骨質疏鬆患者都有疼痛現象，而是發生了骨折才會知道；患者可能輕碰一下或摔跤就骨折。
- **駝背**：脊椎骨折後，長期受壓迫，身高會明顯變矮。
- **脊椎側彎或關節變形**，造成體型改變。

　　骨質疏鬆其實是可以及早檢測出來的，可透過一般化驗檢查和X光攝影檢查；早期X光攝影對發現初期骨質疏鬆效果並不彰，但現在採用新的骨質密度檢查攝影儀，來測量骨質密度，在初期診斷上有相當幫助。

　　總而言之，要對付骨質疏鬆症，就應該從骨骼的保健做起；年經時多存一些骨本，使巔峰期的骨質達到最大量，才能避免骨質進一步的流失。所以骨質疏鬆的預防應該從小做起，並要持之以恆。由於骨質疏鬆所導致的許多併發症都所費不貲，勢必造成社會負擔，因此世界衛生組織已將骨質疏鬆的防治，納入本世紀的醫療重點項目之一，原因為骨質疏鬆所引起的骨折，將造成嚴重的醫療成本和社會負擔，也會影響銀髮族的生活品質。因此，如何預防骨質疏鬆的發生，的確值得我們注意及防範。

> ····· 骨質疏鬆如何界定？ ·····
> 　　骨質疏鬆是一種無聲無息的疾病，沒有臨床上的明顯徵候，要定義骨質疏鬆並不容易。以世界衛生組織的標準來界定，骨質密度介於年輕正常人平均值以下 1 個標準差到 2.5 個標準差之間，即為低骨質密度；低於 2.5 個標準差以下，便是骨質疏鬆。

骨質疏鬆患者的飲食原則

　　根據許多研究調查報告顯示，長期吃素的人身體質量指數（BMI）、體脂肪及骨密度都較葷食者為低，尤其是純素食完全不吃奶蛋者，鈣質和維生素B_{12}的攝取明顯不足，更是造成骨質疏鬆的主要原因之一。

　　女性罹患骨鬆的比率是男性的4倍，其中尤以停經後婦女居冠。停經後婦女由於缺乏荷爾蒙刺激，骨質迅速流失，且現代女性從事靜態活動者居多，都是引起婦女罹患骨鬆居高不下的主因。因此建議停經後，每1～2年應該定期接受一次骨質密度檢查，若發生骨質密度流失，則應視流失情況的嚴重度積極預防或治療。建議婦女停經前後，飲食的內容、食物的選擇，以及運動是否足夠等，都是必須注意的重要保健課題。

　　此外，國人銀髮族吃素的比例也相當高，在飲食方面應更加留意是否攝取到充足的鈣質及相關營養素。依據素食飲食的營養特性，由流行病學調查研究指出：維持健康的骨骼密度，除了應注意每日均衡攝取素食食材之外，更應該考慮鈣質和維生素B_{12}是否攝取足夠。

注意腸道對鈣質的吸收率

　　一般而言，健康的素食選擇以奶蛋素為宜，營養才能均衡。此外，攝取了充分的鈣質，還要注意鈣質在腸道的吸收率，尤其是植物性鈣質與動物性鈣質的吸收率相差頗大；且食物中除了鈣質之外的營養素也會影響鈣質的吸收，例如乳糖、維生素D能幫助鈣質吸收，而纖維素、植酸、草酸及磷等，則會影響鈣質的吸收。

　　除了鈣質，與骨質疏鬆較有直接相關的營養素還包含維生素C和D。食物中富含維生素C的多為蔬果，如芭樂、奇異果、柑橘類等，除了攝取足量的營養素外，

還應考慮食物的儲存、烹煮及食物的搭配，才能真正吸收進入體內做最好的利用，發揮保護功能。

　　尤其良好的飲食習慣非常重要，許多人常常早餐不吃，午餐又多吃外食，到了晚餐則習慣大吃一頓或是應酬、吃宵夜，鈣質的攝取當然容易被疏忽。尤其是不吃早餐的人，最容易疏忽奶類或乳酪等富含鈣質的食物。此外，由於咖啡因會影響鈣、鐵吸收，導致骨質疏鬆，因此太濃或過量的咖啡、濃茶等，都應該適度飲用或根本禁止不要喝。

▲ 現在人常疏忽奶類等鈣質食物的攝取，飲用過量咖啡，影響鈣的吸收。

　　鈣質的流失是造成骨質疏鬆最大的元凶，因此，在預防保健上對於鈣質的攝取是當務之急，並且愈年輕開始愈好，專家建議國人每日鈣的攝取量，青少年約1200毫克，成年人約1000毫克，停經後和懷孕時的婦女約1500毫克，以確保體內足夠的鈣質，加強骨質密度。

預防骨質疏鬆的飲食保健

▌保持均衡的營養

　　均衡的營養不但能幫助體內吸收到足夠的鈣質，還可避免因偏食、營養不良等因素，而影響鈣的吸收；採取均衡飲食，還能攝取有足夠的維生素C、礦物質鋅、錳、銅等，可防止骨質流失。

▌多喝牛奶及食用乳製品

　　奶蛋素者可喝些優格、乳酪，甚至吃冰淇淋，來獲取鈣質；飲用牛奶時，最好

衛生署建議國人每日鈣質攝取量

年齡	每日鈣質攝取量（毫克）	年齡	每日鈣質攝取量（毫克）
嬰幼兒 1歲以下	200～500	成人 >18歲	1000
孩童 4～7歲	600～800	懷孕婦女	1500
青少年 13～16歲	1200		

資料來源：衛福部的國人膳食營養素參考攝取量（Dietary Reference Intakes，DRIs）

不要過度加熱，以免破壞其中的酵素，妨礙鈣的吸收；怕胖的人，則可選擇低脂乳製品；有乳糖不耐症者，則可採取低量漸進方式飲用，或多吃些其他含鈣豐富的食物，如豆腐、豆干、豆類、芝麻、莧菜、菠菜、海藻類等。

▌避免過多的蛋白質和加工食品；採低鹽、低脂飲食

過高的蛋白質與磷質，會阻礙體內鈣質的吸收；過高的鹽分和脂肪，也會影響體內鈣質的儲存。

▌多選用含鈣量高的食物；烹調時可加點醋

豆類、豆類加工製品、雞蛋（奶蛋素者可食）、菠菜、莧菜、海藻、髮菜等食物，都是良好的鈣質來源。日常飲食中，不論是把醋用來當作蘸料還是調味用，都能幫助加速人體對鈣的吸收。

▌少吃過甜的食物；少喝酒、抽菸

過多的糖分會影響身體對鈣的吸收，造成骨質疏鬆變得更嚴重。少喝酒、抽菸則能減少體內雌激素含量的降低，避免妨礙鈣質的吸收。

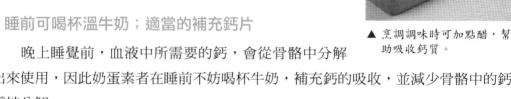

▲ 烹調調味時可加點醋，幫助吸收鈣質。

▌睡前可喝杯溫牛奶；適當的補充鈣片

晚上睡覺前，血液中所需要的鈣，會從骨骼中分解出來使用，因此奶蛋素者在睡前不妨喝杯牛奶，補充鈣的吸收，並減少骨骼中的鈣質被分解。

▌食用草酸類食物要小心

含草酸的食物如菠菜，會與鈣結合成為草酸鈣，而減少鈣質吸收，因此應避免與含鈣豐富的食物一起食用。

▌特殊時期應加強鈣質吸收

在生長期、懷孕期及哺乳期，應更注意攝取充足的鈣質，可防止日後骨質疏鬆的發生。

▌用藥謹慎

對某些會影響鈣吸收和代謝的藥物，建議應先諮詢過醫師或藥師，才能服用。

治療及調養期的素食處方

根據2003年國民營養調查指出：國人鈣質攝取普遍不足，19～64歲男性平均每天攝取504毫克，女性平均每天攝取496毫克。

鈣質是必須每天由食物提供，身體無法製造的營養素，素食食物中富含鈣質的有豆腐、味噌、豆類、杏仁、芝麻、莧菜、芥菜等，只要搭配適當的烹調方法，像是清蒸、水煮或以少量的油清炒，做成味噌豆腐、芝麻拌豆皮等菜餚，就可使食物中的鈣質含量增加。

此外，蔬菜類食物如甘藍菜、綠花椰菜、莧菜、地瓜葉、芥蘭等深色蔬菜，以及九層塔、髮菜、蒟蒻等食物，也都含有豐富的鈣質；而奶蛋素者不妨多利用香菇、蛋黃中含有的維生素D，牛奶中的乳糖或豆類的蛋白質，來提高鈣質的吸收。如果能搭配富含維生素C的蔬果類一起食用，則更能增加鈣質的吸收率；除此之外，天天保持適量的運動，更可以保持「鈣」有骨氣。

▲ 利用適當的烹調法如汆燙，就能減少食物中的鈣質流失。

避免鈣質流失的8大飲食指南

▌奶蛋素者可多攝取含鈣食品

對於奶蛋素者，牛奶、奶粉或奶製品的使用頻率應多多提高，可適時吃點蒸蛋、布丁、芝麻糊或是蛋糕、蛋塔等，這些食物在調製時多少都加入了牛奶以增加鈣含量。此外，豆腐、豆干、干絲、白芝麻、黑芝麻、優酪乳等食物，也都含有豐富的鈣質，是素食者良好的鈣質來源。

▌避免攝取過量的蛋白質食物

蛋白質是構成細胞的主要成分，也是幫助身體修補組織、製造酵素、提供免疫力的主要營養素。食物攝取應考慮蛋白質的質與量，優質的植物性蛋白質來源有素肉、豆製品及堅果類，適量攝取再搭配雞蛋和牛奶，才能達到素食者的蛋白質需求。不過仍應謹慎注意，如果攝取過量蛋白質，將使尿中鈣質的流失增加，所以應避免一次吃進大量的豆類製品或素肉製品。

▌飲食中可加點檸檬和醋

檸檬、白醋及各種水果醋等，可以幫助增加鈣質吸收率，促進食物的鮮美滋味，又能夠減少食鹽的使用，間接降低鈉的攝取量，減輕腎臟負擔。

▌使用曬過的香菇入菜

香菇在中式餐點常被使用，其實香菇食用前，最好能經過日曬1～2小時，以利轉化成維生素D，協助鈣質的吸收。因為香菇中含有一種維生素D的先質，叫做麥角固醇，經太陽照射後，會轉變為維生素D；故利用曬過太陽的香菇入菜，再搭配鈣質含量多的食物一起烹調，做成如香菇豆腐羹、香菇素肉鬆等，更能增加其利用性。

▌避免經常飲用咖啡、可樂及茶

咖啡、可樂及茶等，都會抑制小腸對鈣質的吸收，故應盡量避免於餐前或餐後一小時內飲用。此外，喝咖啡或濃茶時，建議以低脂牛奶取代奶精，以增加鈣質的含量，且一天飲用咖啡的量，以不超過2杯為宜。

▌多補充維生素D

維生素D也是幫助保骨的重要關鍵之一。多補充維生素D，有助於鈣質吸收。由於現代人的生活習慣轉變，出現了晨昏顛倒的夜店族或習慣在家上網不愛出門的宅男宅女，結果造成維生素D攝取不足，而提早讓骨頭發出警訊。

其實最容易取得維生素D的方法是曬太陽，有些愛美女性不習慣將皮膚曝曬在陽光下，也是失去獲得維生素D的好機會。以臺灣地區而言，可利用清晨或傍晚的陽光，每天照射15～20分鐘即可。維生素D的建議量為每日應攝取400 IU國際單位。

▌選擇多樣化的食材

盡可能每天攝取35種不同的食物，並以未加工優於加工；未加工的食物往往保有較多的營養素，特別是維生素及礦物質、精製或加工過的食品，由於經過處理或含有添加物，對身體的益處不大。建議可以未精製的全穀類或五穀雜糧類替代白米；以新鮮水果取代果汁。

深色蔬果優於淡色蔬果

深色的自然食物往往含有較豐富的礦物質或稀有元素，且深顏色蔬果也比較可以引起食慾；另外，吃進的食物種類愈多，所獲取的營養素也愈完整，像是營養師常建議的紅、橙、黃、綠、紫等七彩顏色的彩虹食物組合，食物種類多元而營養豐富。

- **白色食物**：米、麥、玉米、馬鈴薯、地瓜、油脂類。
- **黃色食物**：黃豆及黃豆製品、麵筋、烤麩、豆莢類、木瓜、柑橘類。

▲ 七彩飲食中的深色蔬果，往往含有較豐富的礦物質及營養。

- **綠色食物**：綠色蔬菜、綠花椰菜、海帶、海藻、芭樂、奇異果。
- **紅色食物**：紅蘿蔔、紅甜椒、番茄、南瓜、包心菜、紅心番薯。
- **黑色食物**：木耳、黑糯米、紫菜、海苔、黑豆、香菇。

骨質疏鬆症生活保健2大原則

多曬太陽

因紫外線有利體內經代謝轉化形成維生素D，故建議每日至少曬15～20分鐘的陽光，臺灣地區時間以早上10時之前，或是午後5點以前為最佳。

避免菸酒

菸酒會使我們的鈣質流失，若能避免抽菸及喝酒，並保持愉快的心情，將使人看起來更清爽挺直。

衛生署依不同年齡、性別，訂定維生素D建議量如下

參考攝取量	
營養素	維生素D（AI）
單位（年齡）	微克（μg）
0月	10
3月	10
6月	10
9月	10
1歲～	5
4歲～	5
7歲～	5
10歲～	5
13歲～	5
16歲～	5
19歲～	5
31歲～	5
51歲～	10
71歲～	10
懷孕 第一期	+5
第二期	+5
第三期	+5
哺乳期	+5

聰明吃外食的素食處方

吃素的骨質疏鬆患者在外用餐，要特別注意熱量、蛋白質、脂肪、鹽分及鈣質的攝取。根據消費者基金會在2008年5月所做的報導指出：市面上的便當熱量標示大都超過600大卡，有的甚至高達1100大卡。

一般而言，外食最佳的選擇是自助餐形式的餐飲，可依自己的意願選擇菜色內容，份量方面也較可以控制；除了自助餐之外，有標示營養素的盒餐或簡便餐點也是不錯的考量，如果能再搭配一盒牛奶或優酪乳，以及一份水果，便能幫助增加鈣質的攝取，營養更能獲得均衡。

骨質疏鬆素食者，外食注意事項

注意熱量攝取

食用便當時，應選擇菜和肉分開裝的樣式，尤其是菜汁或是勾芡類菜餚，熱量都相當高，盡量不要倒入米飯中，以免增加熱量的攝取。主食類的選擇以湯麵優於炒麵，尤其應避免勾芡的羹類食物。

多清淡少負擔

素食餐廳的油炸食物其實不少，選擇時應盡量少選油炸食物，而宜以清蒸、水煮、涼拌、紅燒及清燉為主；其中清燉又優於紅燒，可以減少鹽分的攝取，像是涼拌芝麻豆皮、柚香豆腐、燙花椰菜等，都是不錯的菜色。如果可以的話，應準備一碗熱開水，將青菜洗過再吃，可降低油分和鹽分的攝取。

優先選擇高含鈣的優質食材

素食者外食時，點心應考慮含鈣質較高的低脂牛奶、優酪乳、乳酪等，或是優酪水果盅、芒果布丁、草莓豆奶、草莓起司塔等。

不宜過量

吃合菜聚餐時，可嘗試採用2/3或3/4點餐法，譬如6個人點4道菜或10個人點7道菜的方式，無形中便能減少總攝取量。並且限制一餐的費用，把握原則每餐不超過一定金額，但要注意均衡攝取多樣化各類食物，以求營養足夠。

▲ 外食點心可優先選擇含鈣量多的商品，如優酪乳、乳酪等。

▋豆類與穀類的聰明搭配

建議盡量以黃豆或黃豆製品及穀類一起搭配食用，如黃豆糙米飯、燕麥紅豆粥或是堅果類加豆類，如腰果花生牛奶、杏仁芝麻糊等。

一週三餐素食菜單與規劃（份量依個人情況調整）			
	早餐	午餐	晚餐
星期一	·低脂鮮奶1杯 ·全麥三明治1份	·素肉擔子麵1碗 ·豆腐1塊 ·滷海帶2片 ·營養五色蔬菜 ·水果	·奶香素火腿蛋炒飯 ·燴豆皮捲 ·紫山藥牛蒡雜菇湯 ·青菜 ·水果
星期二	·優酪乳 ·燕麥雜糧饅頭	·絲瓜冬粉 ·味噌豆腐湯 ·水果	·五穀飯 ·仙草燉素雞 ·涼拌三果 ·青菜 ·水果
星期三	·低脂牛奶 ·法國麵包夾起司片	·素水餃 ·滷油豆腐 ·青菜 ·水果	·豆腐素鍋燒麵 ·素蘆筍手卷 ·番茄炒豆腐 ·青菜 ·水果
星期四	·素廣東粥 ·荷包蛋	·什錦菇河粉 ·涼拌紅蘿蔔干絲 ·青菜 ·水果	·起司茄汁焗飯 ·紅麴麵腸 ·海帶素排骨湯 ·綠花菜炒素蝦仁 ·水果
星期五	·元氣木瓜西米露 ·饅頭	·素大滷麵 ·雪菜百頁 ·青菜 ·水果	·五穀飯 ·三杯素雞 ·荷蹄炒香肚 ·青菜 ·水果
星期六	·低脂鮮奶1杯 ·貝果夾起司片	·菜飯 ·海菜滷油豆腐 ·素魚蘆筍濃湯 ·青菜 ·水果	·芋頭香飯 ·滷海帶百頁結 ·清蒸蠔油枸杞素鱈魚 ·青菜 ·水果
星期日	·牛奶綠茶麥片 ·茶葉蛋	·南瓜米粉 ·紫菜春捲 ·青菜 ·水果	·燕麥糙米飯 ·彩椒炒豆干 ·素關東煮 ·青菜 ·水果

主食 奶香素火腿蛋炒飯

4人份

材　料：

胚芽米飯600克、素蒟蒻蝦100克、
素火腿4片（約120克）、雞蛋4顆、
甜玉米粒1杯、牛奶240c.c.

調味料：

油1大匙、白胡椒1小匙、鹽適量

作　法：

1. 素蒟蒻蝦清水沖淨、切片；素火腿洗淨，切小丁狀備用。雞蛋敲破殼、蛋汁打散備用。

2. 起油鍋，倒入蛋液翻炒至半熟狀態，續加入素火腿和素蒟蒻蝦片翻炒一下，接著放入胚芽米飯和甜玉米粒快炒，再緩緩倒入牛奶，以小火煮開後，加入調味料拌勻，即可。

【營養師的小叮嚀】

- 對奶蛋素者而言，補充鈣質最好的方法就是攝取適量的牛奶。
- 以牛奶入菜要小心溫度不可過高，否則容易燒焦；通常只要以小火加熱，即可享受到牛奶的香氣。

營養分析（1人份）

熱量（大卡）	蛋白質（克）	脂肪（克）
330	15	11
醣類（克）		纖維質（克）
43		1.2

材　料：

熟烏龍麵240克、新鮮香菇100克、紅蘿蔔40克、新鮮木耳100克、金針菇100克、杏鮑菇100克、市售紫菜素丸子100克、家常豆腐4塊、薑末1小匙

調味料：

油1大匙、素蠔油1/2大匙、鹽1小匙、糖1/2小匙、白胡椒粉適量

作　法：

1. 將所有食材洗淨後，全部切成條狀或片狀；家常豆腐切大片狀，備用。

2. 起油鍋，放入香菇爆香後，陸續加入紅蘿蔔片、木耳、金針菇、杏鮑菇及紫菜素丸子翻炒一下，即可熄火。

3. 另起油鍋，放入薑末爆香，再加入所有調味料拌炒均勻，最後加入家常豆腐輕輕翻炒一下。

4. 再把作法2預先炒過的材料，倒入作法3的鍋內翻炒均勻，然後加入熟烏龍麵和200c.c.的熱開水一同煮開後，即可。

營養分析（1人份）

熱量（大卡）	蛋白質（克）	脂肪（克）	醣類（克）	纖維質（克）
185	9	10	15	2.7

【營養師的小叮嚀】

● 豆腐的選擇以傳統豆腐為佳，因為製作過程不同，能保留較多的鈣質。

● 此道菜使用多種食材，營養非常均衡，當然也可依自己喜歡的菜色，再多加一些菇類或蔬菜，增加麵食的變化。

主菜

荷蹄炒香肚

4人份

材　料：

素豬肚400克、豌豆莢100克、
芹菜100克、去皮荸薺80克、
紅甜椒40克、薑絲20公克、
低脂牛奶80c.c.

調味料：

油1大匙、鹽1小匙、醬油1/2小匙、糖1/2小匙、米酒1小匙、
胡椒粉少許、香油少許

作　法：

1. 素豬肚洗淨、處理好後，切粗條狀備用。
2. 豌豆莢和芹菜分別撕去粗筋後、洗淨，將芹菜等切成和豌豆
   莢一樣長的段狀。
3. 荸薺洗淨、切片；紅甜椒洗淨、去籽，切成條狀。
4. 起油鍋，放入薑絲以小火爆香後，陸續放入豌豆莢、芹菜
   段、荸薺及紅甜椒，改轉中火爆炒均勻，再放入素豬肚翻炒
   數下，最後加入低脂牛奶和調味料，改轉大火收汁後，淋上
   香油即可。

【營養師的小叮嚀】

🍃 此道菜顏色眾多，是一道簡便又可口的夏
日清淡佳餚，加入牛奶，可提高含鈣量，
也有淡淡奶香，可促進食慾。

🍃 可將主菜素豬肚換成素火腿或是素鮪魚
片，增加口味的變化。

營養分析（1人份）

熱量（大卡）	蛋白質（克）	脂肪（克）	醣類（克）	纖維質（克）
240	17	16	7	1.3

清蒸蠔油枸杞素鱈魚

材　　料：

素鱈魚片4片、枸杞20克、薑絲30克

調味料A：

素蠔油1/2大匙、烏醋1/2大匙、黑胡椒少許

調味料B：

味噌30克、米酒1小匙

作　　法：

1. 先把調味料A材料（可依喜好任選調味料A或B口味）混合均勻備用。

2. 把素鱈魚片和枸杞洗淨後，放入盤中，上面鋪上薑絲，放入電鍋內蒸約15分鐘，即可取出。（若是選調味料B味噌口味，則不必鋪薑絲，直接抹勻後，放入烤箱烤15分鐘就好。）

3. 趁熱淋上調好的素蠔油調味料即可。

營養分析（1人份）

熱量（大卡）	蛋白質（克）	脂肪（克）	醣類（克）	纖維質（克）
135	9	10	5	—

【營養師的小叮嚀】

● 此道菜可將素鱈魚改成素鰻魚、豆包、素丸子或素獅子頭，建議可以和電鍋煮飯時一起蒸，方便又美味。或是以味噌加米酒調味，用烤的方式也是可以。

營養五色蔬菜

配菜

4人份

材 料：

紫色山藥200克、紅蘿蔔200克、
四季豆60克、黑木耳120克、
薑絲少許、香菜末20克

調味料：

油1大匙、素蠔油1大匙、麻辣汁適量、白胡椒粉少許

作 法：

1. 山藥去皮、洗淨，切條狀；紅蘿蔔去皮、洗淨，切小條狀；
   四季豆撕去頭尾硬絲，洗淨後切小段；黑木耳切條狀，備
   用。
2. 煮一鍋滾水，將作法1的材料全部放進去，稍微燙熟後，撈
   起瀝乾水分。
3. 起油鍋，放入薑絲爆香，再加入所有調味料拌炒均勻，放入
   汆燙後的所有食材翻炒一下，起鍋前放入香菜末即可。

【營養師的小叮嚀】

● 利用多種顏色的蔬菜組合，所做出來的菜
色，不僅營養完整且引人食慾，還能讓你
吃的輕鬆又沒負擔。另外可灑上芝麻或杏
仁，或淋上芝麻醬都很可口。

營養分析（1人份）

熱量（大卡）	蛋白質（克）	脂肪（克）
135	3	5
醣類（克）		纖維質（克）
20		2

配菜

綠花菜炒素蝦仁

4人份

材　料：

家常豆腐4塊、綠花椰菜200克、素蝦仁100克、薑絲20克

調味料：

油1大匙、鹽1小匙、香油適量

作　法：

1. 先將家常豆腐用紙巾吸乾水分後，切成大塊狀，放入已預熱的油鍋內，以小火煎至兩面金黃色，盛盤備用。

2. 綠花椰菜洗淨後，分切成小朵，放入熱水中汆燙後撈起。

3. 起油鍋，小火爆香薑絲後，加入素蝦仁略炒，再放入綠花椰菜和少許的水拌炒，最後加入豆腐和所有調味料翻炒一下，即可。

營養分析（1人份）

熱量（大卡）	蛋白質（克）	脂肪（克）	醣類（克）	纖維質（克）
135	8	10	3	1.3

【營養師的小叮嚀】

🍚 家常豆腐的鈣質含量豐富，搭配綠花椰菜，便成為抗氧化營養素的最佳提供者，可說是道地的養生健康食譜。此外，可撒上一些杏仁片或是海苔酥，更能提供豐富的鈣質來源。

湯品

4人份

海帶素排骨湯

材　料：

素排骨400公克、

綠竹筍2.5支（約470公克）、

紅蘿蔔2/3條（約135公克）、

海帶結 30個（約180公克）、

水6杯（1500c.c.）

調味料：

鹽1大匙

作　法：

1. 素排骨洗淨，放入滾水中汆燙一下（可去油），撈起備用。

2. 綠竹筍洗淨後，削去底部粗纖維部分，切滾刀塊；紅蘿蔔洗淨去皮後，也切成滾刀塊。

3. 將素排骨放入鍋內，加水蓋上鍋蓋以大火煮滾後，放入竹筍塊和紅蘿蔔塊，改中火續煮滾20分鐘，再加入海帶結煮約10分鐘，起鍋前加鹽調味即可。

【營養師的小叮嚀】

● 素食的食材，若是搭配得宜，不但美味也是營養豐富。選購素排骨時，應找商家信用可靠，不重複油炸的，以確保品質。

營養分析（1人份）

熱量（大卡）	蛋白質（克）	脂肪（克）
142	8	10
醣類（克）		纖維質（克）
5		1.2

材　料：
綠蘆筍250克、紅蘿蔔1/2條、素魚200克、低脂或脫脂牛奶1杯（約250c.c.）、
水1又1/2杯、橄欖油2小匙、薑絲少許、麵粉2大匙

調味料：
油1大匙、鹽1/2小匙、黑胡椒粉適量

作　法：

1. 所有食材洗淨；蘆筍削去粗硬纖維外皮，切成約2公分段；紅蘿蔔去皮，切1公分丁狀；素魚切約1公分正方塊。

2. 將1又1/2杯的水燒開，放入蘆筍和素魚汆燙一下，撈起瀝乾水分（熱水先不要倒掉）。

3. 起油鍋，放入薑絲和鹽，以小火爆香，加入麵粉同炒約3～5分鐘，再將作法**2**的水少量慢慢加入，並以鍋鏟不停攪拌讓其成為麵糊狀，再將牛奶慢慢倒入，混合均勻。

4. 濃湯底煮滾後，倒入蘆筍、紅蘿蔔及素魚，煮約1～2分鐘即可，享用前可依個人喜好撒上黑胡椒粉。

營養分析（1人份）

熱量 （大卡）	蛋白質 （克）	脂肪 （克）
170	10	11

醣類（克）		纖維質（克）	
8		1.6	

【營養師的小叮嚀】

● 以低脂肪、含豐富鈣質的牛奶當作湯底，具有預防骨質疏鬆的作用。

● 若是家中老年人牙口不好，可在作法2中先將蘆筍煮久一點，讓口感吃起來軟一點。可在整鍋湯裡加入1小匙糖提味，但如果是患有糖尿病的老年人，則不要加糖，或僅加點適量代糖即可。

牛奶綠茶麥片   點心   4人份

材　料：

低脂牛奶2杯、綠抹茶包2包、燕麥片12大匙

作　法：

1. 水煮開後，將燕麥片倒入攪拌一下，以小火煮1
   分鐘，燜熟將其分裝在碗內。
2. 綠抹茶粉先以溫開水沖勻，再倒入牛奶一塊攪
   勻備用。
3. 將拌勻的綠茶牛奶倒入燕麥粥中拌勻，即可。

營養分析（1人份）

熱量 （大卡）	蛋白質 （克）	脂肪 （克）	醣類 （克）	纖維質 （克）
122	6	2	21	3

元氣木瓜西谷米   點心   4人份

材　料：

原味豆漿2杯、木瓜400克、西谷米80克

作　法：

1. 倒入適量的水煮開後，將西谷米倒入，蓋上鍋
   蓋，以小火煮1分鐘後熄火，讓其燜熟後（呈透
   明狀），分裝在碗內。
2. 木瓜洗淨去皮、切開後，挖去黑籽，果肉切塊
   狀，放入果汁機內打勻，再倒入豆漿內攪拌
   均勻。
3. 把攪打好的木瓜豆漿，倒入西谷米中，即可。

營養分析（1人份）

熱量 （大卡）	蛋白質 （克）	脂肪 （克）	醣類 （克）	纖維質 （克）
180	5.5	3	33	0.3

【營養師的小叮嚀】

● 如果是奶蛋素者，也可以加入1顆蛋和燕麥片同煮，不
   僅能增加美味，也提供優質蛋白質。
● 夏天可用優酪乳取代牛奶，不但增加口味上的變化，也
   不失鈣質的提供。此外，預防骨質疏鬆症除了足夠的鈣
   質以外，也要注意戶外運動，維生素D又名「陽光維生
   素」，是少數存在食物中的天然維生素；人體皮膚經紫
   外光UVB照射後，可將膽固醇的先質7-dehydrocholesterol轉
   化而合成維生素D，幫助腸道的鈣質吸收。

【營養師的小叮嚀】

● 此道木瓜西谷米，是老少皆宜的素食餐點，也可以加入
   布丁取代西谷米，變化不同的口味。

肥胖
素食飲食處方

文　鄭千惠（臺大醫院營養師）

肥胖患者每日飲食注意事項：

- 攝取正確的飲食份量，是最重要的減重祕訣，為了在飲食上有良好的控制，六大類食物中除了蔬菜類食物較不需嚴格控制外，食用其他食物都應節制，以利體重控制。

- 減重食譜份量建議：主食約為6～10份（1又1/2～2又1/2碗），大豆約為4份，水果2份，奶類1份（240c.c.），油脂類約為5份，各類蔬菜及低熱量食物可以自由攝取；約可供應熱量1200～1500大卡的熱量。

簡單認識肥胖

　　體重與健康是現代人非常關注的話題，許多研究證實，體重與壽命有著密不可分的關係；尤其是肥胖常伴隨著許多疾病，如代謝異常、癌症、心血管疾病、骨關節炎、不孕症等，這些疾病通常都與肥胖脫離不了關係，嚴重影響著我們的健康。

　　相信許多人曾為了不滿意自己的體重花了不少心思，無論是吃減重食譜、擦瘦身霜、吃減肥藥、運動，甚至斷食療法也有人躍躍欲試；雖然減重方法五花八門，失敗的傳聞卻仍然時有所聞，這是因為大部分想減重的人對肥胖問題的認識不夠深入，無法真正對症下藥所致。

　　因此在討論控制體重之前，我們應該先了解何謂肥胖？為何會肥胖？而肥胖與體重過重之間又有何差別？

什麼是身體質量指數？

　　一般來說，男性體脂肪超過25％，女性超過30％以上時，就可以稱之為肥胖。而目前用來估計體脂肪含量，界定肥胖的標準值稱為身體質量指數（Body Mass Index，簡稱BMI），計算方式為把體重（公斤）除以身高（公尺）的平方，當數值愈大，表示體重愈趨近肥胖。一般成年人BMI的理想指數應該落在18～24之間為最佳。依照衛福部公布，最新體重過重及肥胖的定義為：成人的BMI大於24小於27者稱之為體重過重，而BMI若大於27則稱之為肥胖。

　　當然，除了利用BMI來評估肥胖之外，也可以用測量腰圍的方法，根據研究統計指出，腰圍的長度與壽命成反比，腰圍愈長的人，壽命愈短。因此，我們也可以用腰圍來評估健康體態，當男生腰圍超過90公分（33.5吋），女生腰圍超過80公分（31.5吋）便可稱之為肥胖，必須加以留意。

▲ 男生腰圍超過90公分（33.5吋），女生腰圍超過
80公分（31.5吋）便可稱之為肥胖。

身體質量指數（BMI）參考表

身體質量指數（BMI）＝體重（公斤）/ 身高平方（公尺²）	
BMI ＜ 18	體重過輕
BMI 18～24	標準體重
BMI 24～27	體重過重
BMI ＞ 27	肥胖

肥胖發生的原因

其實造成肥胖的原因通常都很複雜，並非單一因素所造成；主要是進食攝入的熱量超過所消耗的熱量，導致多餘的熱量以脂肪形式被儲存起來。為讓讀者較清楚了解肥胖成因，以下將造成肥胖的因素約略細分為：遺傳、藥物、飲食失調、心理情緒及壓力。

遺傳

如果一家人都很肥胖，通常與遺傳有相關，雖然肥胖家族的飲食習慣也可能是造成肥胖的一個因素，但是愈來愈多的證據顯示，肥胖家族的確有基因遺傳性。1995年肥胖基因（Obesity Gene）的被發現，便說明了為什麼有些人就是很容易飢餓且過量進食，而漸漸造成肥胖。

疾病所服用的藥物

某些藥物也會導致肥胖，其中較常見的有類固醇、精神用藥等，都很容易讓人胃口大開，因而過量進食。

飲食失調

飲食失調是大多數肥胖朋友所面對最大的問題，但認識健康飲食，進而採取健康飲食方式，卻是一門辛苦的學問，所以多數人在飲食控制上大多心有餘而力不足。通常當我們所攝取的熱量大於所消耗的熱量時，我們的身體便會自動將多餘的熱量儲存起來，因而導致肥胖產生。

心理情緒及壓力

有些人面對壓力，或是情緒不佳時會用「吃東西」來調節自己的壓力，長期下來，肥胖自然悄悄找上門。

247

減重患者的飲食原則

　　影響肥胖的因素很多，包含可改變及不可改變的因素，有些因素如遺傳基因、藥物疾病等是無法改變的，但其中影響我們最深遠的飲食習慣，卻是可以改變的肥胖因子，且只要藉著修正飲食習慣，就能讓我們的體重能有顯著改變。

小心攝取過量油脂

　　當身體攝取的熱量大於所消耗的熱量時，多餘的熱量會堆積在我們的體內形成脂肪細胞，因而導致肥胖。這些可以供應熱量的營養素包含醣類、蛋白質及脂肪。每公克的醣類和蛋白質都可供應4大卡的熱量；而每公克的油脂則可供應9大卡的熱量，且由於油脂的熱量供應高於其他營養素，所以油脂含量較高的食物，一般都被視為是造成肥胖的元兇。

　　油脂不僅可以提升食物的口感，還能增加其香味和外觀，所以許多食物都需要額外添加油脂讓其更加美味誘人。有些油脂含量高的食物可以憑著外觀加以分辨，但也有些並不容易被看出來，這些憑著外觀無法辨識出高油脂含量的食物，就是我們體重控制最大的陷阱。

　　這些容易讓人忽略的高油脂食物，除了油炸食品外，還包含有些新鮮食物，像是酪梨、花生、核桃、開心果、杏仁、瓜子及芝麻製品等；另外，加工食物中也有不少油脂含量偏高的，包括炸過的豆包、油豆腐、豆腸、素鴨、麵筋泡等食物，此外坊間有不少烘焙製品，像是千層派、泡芙、餅乾、蛋糕等，油脂含量也都偏高，有計劃減重的朋友應該加以避免或僅可適量食用。

　　最重要的一點，有不少減重的朋友誤信，相較於動物性油脂，植物性油脂的熱量比較低，吃了比較不會發胖，其實這樣的觀念並不正確，以營養學的觀點來看，無論是動物性還是植物性油脂，都含有相同的熱量，只是植物性油脂如橄欖油、葵花油、葡萄籽油等，在人體內可以有不同的機轉作用，對人體產生不同的影響而已。

▲ 除了油炸食物，日常生活中也要小心許多高油脂食品，如花生、核桃、芝麻製品、餅乾等。

健康減肥的8大飲食指南

▌飲食要均衡

吃的均不均衡，關係到營養素是否攝取足夠，所以每天飲食內容一定要包含五穀根莖類、奶類、蛋豆魚肉類、蔬菜類、水果類、油脂類這六大類食物。

▌三餐定時定量

三餐一定要定時定量，不可偏廢任何一餐，也不要暴飲暴食，更不能有吃宵夜的習慣。

▌從容易飽的低卡食物下手

肚子餓時，記得先選擇體積大、卡路里低的食物，如高纖蔬菜湯、蒟蒻、寒天凍等，較容易有飽足感，也可避免吃下太多東西。

▌不吃高脂油炸類食物

高脂肪、油炸類的食物，也是所謂熱量濃縮型的食物，通常熱量很高，建議少碰為妙。

▌吃東西時要細嚼慢嚥

用餐時細嚼慢嚥，可以延長進食的時間，也可提高口慾的滿足感；相反的，如果習慣狼吞虎嚥，很容易一下子吃下太多東西，還無法感到滿足。

▌不吃精緻醣類

精製醣類如蔗糖、糖果、含甜飲料等，攝取量不要超過每日總熱量的10％，這類飲食除了提供糖分外，並沒有其他太大的助益。

▌選擇清淡飲食

對於重口味的食物要戒除，以減少食鹽的攝取量，食鹽在體內容易造成水分的堆積，影響減重效果。

▌適時補充綜合維他命

適時的補充綜合維他命，可減少因體重控制所造成的營養不均，避免代謝緩慢的情形。

減重期間的素食處方

　　近年來養生風氣盛行，素食的觀念已逐漸被大眾所接受，有些素食主義的朋友可以擁有良好的體重控制，有些吃素食的朋友體態卻像失控的汽球般，一直橫向膨漲，這是因為有些人飲食觀念正確，有些人則否。

　　唯有正確的飲食習慣加上運動，才可以讓我們真正遠離肥胖。那麼究竟什麼才是正確的素食觀念呢？誠如許多專家所推動的「每日五蔬果」，便是健康素食的基本概念之一，若能增加蔬菜水果每日的攝取量，達到女性七份蔬果，男性九份蔬果，這樣的飲食型態最健康，除了可瘦身還可以預防癌症的發生。

選擇天然不加工的素食材

　　除了天天五蔬果，另一個吃素食的健康概念，就是選擇清淡不加工的食材。許多吃素的朋友還是喜歡選用加工的素食食品，但通常為了美味與外觀，這些加工食品在製作過程中都會添加油脂、糖分及食品添加物，來增加食物的色香味，因而影響我們的健康，應該避免食用。

　　特別是市面的素食餐廳，為了添加菜餚的風味，常在烹調的過程中添加許多的油脂，然而有不少人容易陷入「非油炸就是清淡」的迷思，誤認許多的食品都是「安全」的，在不知情的情況下誤觸地雷，造成減重失敗。

避免勾芡和過油

　　飲食中的陷阱，常出現在熱炒、勾芡的菜餚，或是紅燒的食物，這些菜餚油脂的含量雖然比較高，卻不容易被人們所察覺，因此食用時需多加留意。

　　此外，為了增加食物的口感和香味，容易在烹調的過程中，使用較多的油脂以增加美味，這些油脂的使用有時是不容易被發現的，例如烘焙時所使用的烤酥油、白油；濃湯裡面所添加的植物性奶油；涼麵所使用的醬汁等，都是熱量非常高的食物。所以美味的佳餚中，要小心是否隱藏著大量油脂，經常食用便很容易導致肥胖發生。

控制單日攝取總熱量

　　健康的減重需要搭配熱量的控制，尤其減肥期間熱量的計算方式不同於非減肥期，營養師們大多不建議快速的減重方式，最理想的速率，是以每週減少0.5～1公斤的穩定度減輕體重，才是健康而持久的減重計劃。

　　至於**減重期間的熱量計算為：（目前體重數×30大卡）－500大卡＝減重期間的熱量需求**。例如：一位上班族女性，體重60公斤，希望減輕5公斤左右，那麼60公斤乘以30大卡，再減掉500大卡，等於減重期間每天最佳的熱量攝取為1300大卡。

　　另外，許多減重者，在減重過程中都會關心自己吃進去的各類食物熱量是多少，而許多減肥失敗的人，也認為不會計算熱量，才是他們瘦不下來的重要原因。其實熱量計算並不難，不妨可用各類食物的份量來估算熱量，這樣的方式實行度高，且容易被大眾所接受。

　　一般而言，營養師會建議減重者在控制體重期間，每天可攝取7～12份的主食；4～5份的大豆類製品；3份以上的蔬菜及2份水果。這樣的熱量供應大多坐落在1200～1650大卡之間，當然，各類食物的分配也會依熱量的不同，而有所差異的。

適時選擇低卡食物增加飽足感

　　「容易飢餓吃不飽」也是減重者另一個常見的困擾；當每日熱量攝取已達到，但仍有飢餓感時，建議攝取低熱量的食物來填飽肚子。

　　所謂低熱量食物就是體積大、熱量低的食物，像是蒟蒻、木耳、洋菜凍、愛玉等，往往含有豐富的水分或是纖維質，並能提供較低的熱量，可說是減肥聖品。

　　目前常見的市售低熱量食品，有以下選擇：各種蔬菜類、菇類、藻類、白木耳、仙草、愛玉、寒天、蒟蒻、素腰花、不含糖飲料、健怡糖、健怡可樂等。

▲ 低熱量食品可多選擇蒟蒻、木耳、仙草、愛玉等食物。

每日熱量建議表（奶蛋素者）

熱量	1200大卡	1350大卡	1500大卡	1650大卡
低（脫）脂牛奶	1份	1份	1份	1份
主食	7份	8份	9份	11份
素肉類、黃豆製品	4份	4份	5份	5份
蔬菜	3份	3份	3份	3份
水果	2份	2份	2份	2份
油脂	4份	5份	5份	6份

每日熱量建議表（純素者）

熱量	1200大卡	1350大卡	1500大卡	1650大卡
低（脫）脂牛奶	-	-	-	-
主食	8份	9份	10份	12份
素肉類、黃豆製品	4份	4份	5份	5份
蔬菜	3份	3份	3份	3份
水果	2份	2份	2份	2份
油脂	4份	5份	5份	6份

簡易食物代換表

	每份
主食 （每份主食含15克的糖分，供應70大卡的熱量）	＝¼碗飯＝¼碗地瓜（洋芋）＝¼碗紅豆（綠豆、薏仁、蓮子） ＝½碗麵條＝½碗米粉＝½把冬粉＝½片厚吐司 ＝3湯匙麥片＝4湯匙麥粉＝1個小餐包 ＝3張水餃皮＝7張小餛飩皮
素肉／大豆製品 （每份素肉含7克的蛋白質，5克的脂肪，可供應75大卡的熱量）	＝20克黃豆＝1塊豆腐（80克）＝1個素雞（小）＝½盒嫩豆腐（140克）＝½個白豆包＝2個五香豆乾＝烤麩35克＝（乾）素肉7克＝干絲、百頁、百頁結35克＝麵腸、麵丸40克 ＝麵筋泡20克（每份含油10克） ＝清豆漿260c.c.
水果	＝1個拳頭大的柳丁、奇異果、加州李、蘋果、芭樂、水蜜桃、土芒果＝2個蓮霧＝6個枇杷＝9個櫻桃、荔枝＝12個葡萄＝16個草莓（小）

聰明吃外食的素食處方

　　由於生活繁忙，許多減重者，難免藉由外食解決民生問題，然而，不少市售的食品，卻隱藏了豐富的油脂，不容易被發現，這些過量的油脂，是飲食中的一大陷阱，容易讓人誤觸地雷，造成肥胖。許多人都錯誤地認為，食物只要不油，就代表清淡，卻忽略了潛藏的危機。

小心外食中潛藏的高油脂

▌陷阱1：勾芡類食物

　　食物經過勾芡固然變得香滑美味，但卻很容易把食物裡的油脂包裹在太白粉裡，讓人不容易發現隱藏的多餘油脂，而大快朵頤，常見的例子像素燴飯、素羹湯就屬於勾芡類食物。但如果自己烹調，油放得很少，就不屬於此範圍了。

▌陷阱2：各式醬料

　　許多小吃店、麵攤等，常會供應好吃的涼拌菜餚，但要小心所混合的醬料如美乃滋、素沙茶醬、芝麻醬、花生粉等，油脂含量都很高。

▲ 外食時應謹慎取用醬料如素沙茶醬、芝麻醬等，才能避免過多油脂。

▌陷阱3：原物料經過加工後，已經是高油脂的食品

　　素食中常出現的麵筋泡、油豆腐、油豆包等，在烹調前就已經先油炸過了，飽含著豐富的油脂，就算菜餚是採用低油烹調，但油脂含量還是偏高。

▌陷阱4：各式堅果類

　　開心果、花生、芝麻、核桃、腰果、杏仁果等堅果類，是素食者補充營養素的好來源，但其本身即屬於油脂類，攝取過多就容易造成肥胖。

▌陷阱5：酪梨屬於油脂類食物而非水果類

　　許多人誤以為酪梨是營養豐富的水果，因而大量食用，將其打成果汁或做成涼拌沙拉等，但酪梨卻是屬於高油脂類食物，1/6顆酪梨（大約30克），就含一份油脂，應該謹慎食用。

▲ 30克酪梨就含一份油脂，需小心食用。

一週三餐素食菜單規劃（一天熱量約1200～1300大卡）

	早餐	午餐	晚餐
星期一	・地瓜（中）1個 ・低糖豆漿1杯	・糙米飯2/3碗 ・茶香百頁120克 ・炒紅鳳菜1碟 ・白蘿蔔牛蒡湯1碗	・香椿素菜飯 ・紅燒素蔘1碟 ・涼拌秋葵1碟 ・金針豆腐湯1碗 ・柳丁1個
星期二	・雜糧饅頭（中）1個 ・低糖黑豆漿1杯	・芋頭米粉湯1碗 ・滷豆腐1塊 ・滷海帶1碟 ・燙地瓜葉1份 ・檸檬愛玉1碗	・紫蘇梅子飯糰1個 ・烤醬味豆腐1塊 ・涼拌筍1碟 ・海帶芽味噌湯1碗 ・西瓜1碟
星期三	・日式涼麵1份 ・味噌豆腐湯1碗 ・柳丁1顆	・薏仁燜飯2/3碗 ・紅糟香菇豆腸1份 ・滷素腰花1碟 ・脆炒綠蘆筍1碟 ・海帶蛋花湯1碗	・蕃茄鴻禧鍋 ・涼拌黃豆芽1碟 ・哈密瓜1碟
星期四	・養生豆苗捲（2捲） ・低糖優酪乳1杯	・素味紅燒湯麵 ・涼拌高麗菜1碟 ・茶油拌川七1碟	・雜糧飯2/3碗 ・炒雙色豆干1碟 ・素蠔油拌芥蘭1碟 ・芝麻菠菜1碟 ・菇菇湯1碗 ・芭樂1碟（半顆）
星期五	・素三明治1個 ・低脂牛奶1杯	・香菇高麗菜飯1碗 ・香椿豆腐1塊 ・芥味素鮑1碟 ・雜炒鮮蔬 ・番茄蔬菜湯1碗	・番茄蘿蔓義大利麵1份 ・和風海菜1碟 ・高麗菜豆腐湯1碗 ・綜合水果1份
星期六	・地瓜粥1碗 ・荷包蛋1顆 ・涼拌黃瓜1碟 ・滷白菜1份	・蔬菜起司貝果1個 ・涼拌西芹1碟 （搭配蜂蜜芥末醬） ・迷迭香茶1壺 ・小蘋果1顆	・紅豆飯2/3碗 ・椒鹽拌毛豆1份 ・甜椒炒麵腸1碟 ・燙綠花椰菜1碟 ・五色芥菜湯 ・奇異果1個
星期日	・玉米（小）1根 ・白煮蛋1顆 ・和風沙拉1盤 ・養生枸杞茶1杯	・雜糧粥1碗 ・五香干絲1份 ・炒素蝦豆苗1碟 ・燙A菜1碟 ・紅棗白木耳湯	・糙米飯2/3碗 ・步步高昇 ・滷苦瓜1碟 ・炒青江菜1碟 ・蘿蔔素丸子湯1碗 ・聖女番茄1盤

香
椿
素
菜
飯

材　料：

白米300克、乾香菇30克、麵輪40克、高麗菜400克、碎蘿蔔乾40克、香椿醬1小匙

調味料：

植物油2小匙、醬油1大匙、鹽 1小匙、黑胡椒少許

作　法：

1. 白米洗淨，泡水約1小時；香菇、麵輪泡水約30分鐘後，擠乾水分、切碎；高麗菜洗淨，撕小片狀，備用。

2. 碎蘿蔔乾以清水多沖洗幾遍，以去除過多鹽分，擠乾水分備用。

3. 起油鍋，放入香椿醬以小火炒香，再放入切好的香菇、麵輪及蘿蔔乾翻炒，續加入白米和醬油，以小火邊拌炒邊加水約400c.c.，翻炒至米粒呈透明狀，接著加入高麗菜片、鹽及黑胡椒，拌炒至高麗菜微軟，即可熄火。

4. 把炒好的米飯，放入電鍋內鍋中，外鍋加水120c.c.，煮至開關跳起後，續燜約5分鐘，打開鍋蓋將高麗菜飯拌勻即可。

營養分析（1人份）

熱量（大卡）	蛋白質（克）	脂肪（克）	醣類（克）	纖維質（克）
325.5	8.0	1.5	70	5.5

【營養師的小叮嚀】

● 炒飯的油脂含量比較高，減重期間比較不建議食用；但若能以高麗菜飯取代一般炒飯，即可降低熱量的攝取。

● 高麗菜熱量低，又富含膳食纖維，食用時容易具有飽足感，是瘦身減肥的好幫手。富含維生素U，具有修復受傷胃黏膜的作用，因此高麗菜可稱為是抗潰瘍的聖品。

肥胖
食譜示範

主食

素味紅燒湯麵

4
人份

材　料：

紅蘿蔔100克、白蘿蔔200克、
小白菜100克、家常麵400克

調味料：

八角1粒、薑片3片、番茄醬2大匙、
素豆瓣醬3大匙、糖1小匙

作　法：

1. 紅、白蘿蔔洗淨去皮後，切小塊狀；將小白菜洗淨，切小段
   備用。

2. 鍋中倒入2000c.c.的水，並放入八角、薑片及番茄醬，以湯杓
   拌勻後，蓋上鍋蓋，以小火燜煮約10分鐘，即成為湯底。

3. 把紅、白蘿蔔塊放入鍋中一同燉煮，並加入素豆瓣醬和糖，
   煮至白蘿蔔熟透變軟，即可熄火。

4. 另煮一鍋滾水，將麵條放入，煮至九分熟，續加入小白菜稍
   微燙煮一下，立即撈起麵條和小白菜裝碗，淋上作法3紅白
   蘿蔔湯底即可。

【營養師的小叮嚀】

- 湯麵的油脂含量較乾麵少，因此熱量較
  低，烹調時還可依個人喜好在湯麵中添加
  許多青菜，可以增加飽足感，是減重者的
  好選擇。

- 紅蘿蔔的食用方法有許多種，生吃熟食稍
  有人食用，由於胡蘿蔔中富含的β胡蘿蔔
  素，是脂溶性的營養素，因此建議烹煮後
  食用較佳。

營養分析（1人份）

熱量 （大卡）	蛋白質 （克）	脂肪 （克）	醣類 （克）	纖維質 （克）
359.8	13.2	3	70	3.6

茶香百頁 　主菜　4人份

材　料：

百頁豆腐 280克、香片15克、小紗布袋 1個、
當歸1片

調味料：

醬油3大匙、糖15克

作　法：

1. 百頁豆腐洗淨後，切成約1.5公分厚的片狀；將
   香片放入小紗布袋中，備用。
2. 鍋中倒入500c.c.的水，放入香片、當歸、醬油
   及糖，蓋上鍋蓋，以小火熬煮成滷汁。把百頁
   豆腐放入滷汁中，以中小火滷約20分鐘即可。

營養分析（1人份）

熱量 （大卡）	蛋白質 （克）	脂肪 （克）	醣類 （克）	纖維質 （克）
169.9	9.7	11.7	6	0.4

【營養師的小叮嚀】

- 素食的減重仍應注意蛋白質食物的攝取，避免營養不
  良，豆類食物是良好的蛋白質來源。
- 茶葉中含有兒茶素，是很好的抗氧化劑，可以有效移除
  體內的自由基，幫助抗老防衰。

蔘耆素雞 　主菜　4人份

材　料：

黃耆1錢、蔘鬚1錢、紅棗6顆、老薑少許、
素雞300公克

調味料：

芥花油1小匙、鹽少許、米酒少許、香油少許、
太白粉水少許

作　法：

1. 黃耆、蔘鬚及紅棗洗淨；老薑洗淨、不去皮、
   切小片；素雞洗淨後，切滾刀塊。
2. 鍋中倒入300c.c.的水，並加入所有中藥材，蓋
   上鍋蓋，以中火煮約5～10分鐘，煮至藥香味散
   發出來，即可熄火。
3. 起油鍋，加入薑片和素雞拌炒，再倒入熬煮好
   的中藥湯汁同煮，最後加點鹽巴和米酒調味，
   淋上香油並以太白粉水勾薄芡即可。

營養分析（1人份）

熱量 （大卡）	蛋白質 （克）	脂肪 （克）	醣類 （克）	纖維質 （克）
152.2	13.1	9.4	3.8	0.4

【營養師的小叮嚀】

- 利用中藥烹調食物不但風味佳，還可減少鹽分使用量。
- 素雞屬於豆類製品，可以供應良好的蛋白質來源，又含
  有植物性雌激素「異黃酮素」，能夠幫助抗氧化，減少
  動脈血管粥狀硬化。

配菜

步步高昇

4人份

材　料：

黃豆20克、香菇4朵、竹筍60克、
片狀蒟蒻1包

調味料：

昆布50克、植物油10克（約10c.c.）、
醬油適量、糖15克

作　法：

1. 所有食材洗淨；黃豆泡水4小時備用；香菇泡軟後，切長片
   狀；竹筍去皮，切長片；蒟蒻切長片狀。

2. 昆布放入湯鍋內，加水600c.c.，蓋上鍋蓋，以中火熬煮1小時
   後，將昆布取出，即成昆布高湯。另煮一鍋滾水，放入蒟蒻
   汆燙後撈起，浸泡清水約1小時。

3. 起油鍋，放入香菇以小火炒香後，續加入黃豆、筍片及蒟蒻
   翻炒；最後倒入昆布高湯，加進醬油和糖，蓋上鍋蓋，以中
   小火燜煮約30分鐘即可。

【營養師的小叮嚀】

🫘 黃豆中含有豐富的植物性化學物質「異黃
酮素」，可以預防癌症、心血管疾病及骨
質疏鬆等的發生。

🫘 許多減重者都有便祕的困擾，竹筍和蒟蒻
中都含有豐富的纖維質，可以促進腸胃蠕
動，預防便祕。

營養分析（1人份）

熱量（大卡）	蛋白質（克）	脂肪（克）
39.6	2.1	0.8
醣類（克）		纖維質（克）
6		4.65

材　料：

柳松菇60克、蘆筍150克、紅甜椒40克、黃甜椒40克、薑絲少許

調味料：

橄欖油1大匙、鹽少許、香油少許

作　法：

1. 所有食材洗淨；蘆筍切小段；紅甜椒、黃甜椒剖開後去籽，切成條狀備用。

2. 煮一鍋滾水，放入蘆筍、紅甜椒及黃甜椒汆燙一下，立即撈起。

3. 起油鍋，以小火爆炒薑絲，先放入柳松菇拌炒，再加入蘆筍、紅甜椒及黃甜椒翻炒一下，加點鹽和香油調味即可。

營養分析（1人份）

熱量（大卡）	蛋白質（克）	脂肪（克）	醣類（克）	纖維質（克）
55	1	3.75	4.3	1.6

【營養師的小叮嚀】

● 蔬菜的攝取可以增加減重者對食物的飽足感，有利體重的控制。

● 根據研究，每天吃五份蔬菜水果可降低四成癌症的罹患率；且各種不同顏色的蔬菜，含有不同的營養素，而「雜炒鮮蔬」正屬於多種蔬菜的組合，非常符合現代人的養生觀。

材　料：

乾香菇4朵、乾金針20克、
大芥菜200克、紅蘿蔔100克、
金針菇100克、素高湯800c.c.、
薑片3片

調味料：

鹽1/2小匙、香油1小匙、糖少許

作　法：

1. 所有食材洗淨；乾香菇泡水，變軟後切絲；乾金針泡水變
   軟，沖洗乾淨備用。

2. 大芥菜切大片狀；紅蘿蔔去皮，切片狀；金針菇對切兩半，
   備用。

3. 將素高湯倒入鍋中煮滾後，放入薑片和所有材料，蓋上鍋
   蓋，以中小火煮約10分鐘，加入調味料續煮1分鐘即可。

【營養師的小叮嚀】

● 芥菜屬於十字花科，具有特別的芥辣味，
且維生素C的含量特別豐富，每100克的芥
菜中便含有約90毫克的維生素C，優於大部
分的蔬菜類。

營養分析（1人份）

熱量（大卡）	蛋白質（克）	脂肪（克）
49.7	1.7	1.7

醣類（克）	纖維質（克）
6.9	1.8

材　料：

鴻禧菇100克、高麗菜200克、牛番茄150克、黃玉米1根、冬粉1把（約40克）、
板豆腐120克、海帶結50克、素高湯600c.c.、薑片少許

調味料：

罐裝番茄糊 1/2杯、鹽2小匙、胡椒粉少許

作　法：

1. 所有食材洗淨；高麗菜撕小片；牛番茄切大塊狀；黃玉米切段；冬粉泡水；板豆
   腐切成約2公分大小的塊狀。

2. 將素高湯倒入鍋中加熱，煮滾後放入薑片、牛番茄、黃玉米及海帶結，蓋上鍋
   蓋，以小火燜煮，當湯汁再次煮滾後，加入所有調味料。

3. 待湯汁再煮滾時，即可放入鴻禧菇、高麗菜、豆腐及冬粉，煮開後即可。

營養分析（1人份）

熱量（大卡）	蛋白質（克）	脂肪（克）	醣類（克）	纖維質（克）
131.3	6.8	2.1	21.3	3.7

【營養師的小叮嚀】

● 菇類食物中含有豐富的「多醣體」，具有
抗癌、提高人體免疫能力的功效，可預防
癌症。

● 養生鍋是許多減重者的減肥祕方，因為料
理方便，營養均衡，且油脂含量低，吃完
後還會有幸福的飽足感。

紅棗白木耳湯 點心 4人份

材　料：

白木耳15克、紅棗8顆、桂圓肉20克、代糖少量

作　法：

1. 白木耳泡水約30分鐘，摘去黃梗後沖洗淨；紅棗、桂圓肉洗淨備用。
2. 將白木耳放入鍋中，加水淹過白木耳，蓋上鍋蓋，以中火燜煮至白木耳膨漲，再加入紅棗和桂圓肉，續煮約30分鐘，加入代糖調味即可。

營養分析（1人份）

熱量 （大卡）	蛋白質 （克）	脂肪 （克）	醣類 （克）	纖維質 （克）
19.6	0.1	0	4.8	1.2

【營養師的小叮嚀】

🍒 白木耳是一種食用菌，不僅含有豐富水溶性纖維質，還有助於血管疏通，且其熱量極低，不但可以瘦身更有助於心血管疾病的預防。

🍒 所謂的代糖就是糖類的代替品，吃起來有甜味但是熱量很低或是不具有熱量，常見的市售代糖有阿斯巴甜、甜菊葉、寡糖等。阿斯巴甜中含有苯丙胺酸，苯丙酮尿患者因為無法代謝此物質所以應該避免食用，至於一般的民眾在使用上則無太大的疑慮。

檸檬愛玉 點心 4人份

材　料：

市售愛玉300克、檸檬1顆、代糖3大匙

作　法：

1. 將愛玉用開水沖洗一下，切小塊狀；檸檬對半切開後，擠出檸檬汁。
2. 鍋中倒入1000c.c.的水，煮開後依個人喜好加入適量代糖拌勻。
3. 等糖水涼了之後，加入愛玉和檸檬汁即可。

營養分析（1人份）

熱量 （大卡）	蛋白質 （克）	脂肪 （克）	醣類 （克）	纖維質 （克）
4.8	0	0	1.2	1.8

【營養師的小叮嚀】

🍒 愛玉屬於低熱量食品，如果使用代糖取代砂糖則幾乎不含熱量；建議食用時可加點冰塊，更加清涼消暑。

🍒 常見的低熱量食品有愛玉、仙草、寒天、白木耳、石花菜及蒟蒻等，這些食物都可以讓想減肥的人產生飽足感，進而達到減重的效果。

貧血
素食飲食處方

文 林京美（臺大醫院營養師）

　　貧血患者要先了解自己屬於哪一種貧血，才好決定食物種類及熱量多寡：

- 每人每日所需總熱量，主要根據病患的身高、體重及活動量來決定：一般成年男性約1800～2000大卡，女性約1500～1800大卡。
- 若屬於缺鐵性貧血，則要選擇富含鐵質的食物，如深綠色菠菜，以及富含維生素C的食物，如芭樂、柳橙，促進鐵質吸收。
- 對素食貧血患者而言，每日飲食份量的組合，仍應以符合均衡飲食為目標，再強化搭配食物的種類即可。

簡單認識貧血

貧血是指血液中的紅血球細胞濃度減少，血色素降低或血液稀薄的狀態。紅血球的正常值成年男性是460～620萬／CUMM，成年女性是420～540萬／CUMM。一般情況下，男性的紅血球細胞濃度低於410萬個，女性低於380萬個，或男性血色素低於13.5公克，女性低於12公克，即表示有貧血的傾向。

常見的身體對貧血產生的代償性反應現象為臉色蒼白（皮膚會因為貧血造成血液攜氧量下降，導致皮下血管網血液循環受到限致而顯蒼白）、頭暈目眩、氣喘、心悸等症狀，嚴重者尚會有嗜睡、食慾不振、心臟擴大，甚至心臟衰竭等症

▲ 男性的紅血球細胞濃度低於410萬個，女性低於380萬個，或男性血色素低於13.5公克，女性低於12公克，就表示有貧血傾向。

狀產生。這種現象是因為血液稀薄時，氧氣或醣類等養分，無法被充分輸送到身體各部分（尤其是腦部）所致。此外，貧血的人胃液分泌也會不足，因而導致胃酸少而無法消化蛋白質含量多的食物，久而久之可能產生胃部毛病。

貧血發生的原因

引起貧血的主要原因是飲食中缺乏足夠的鐵質，或飲食供應不平衡，導致鐵質的吸收和利用減低。特別是素食者的飲食內容，一般以豆類、穀物及蔬菜類為主，缺乏肉類，因此飲食中供鐵量以非血紅素為主，且由於來自植物性食物，故吸收率較差，尤其當生理性鐵需要量增加時，如嬰幼兒、青少年、婦女月經週期、孕婦及哺乳期婦女等，很容易發生營養性缺鐵性貧血。

常見的貧血類型

▌缺鐵性貧血

為鐵質不足所引起的貧血，據醫學統計，臺灣地區19～44歲的婦女中，患有缺鐵性貧血比例高達60％，是臺灣最常見的貧血類型。有缺鐵性貧血時，須注意是否有因胃潰瘍、胃癌、痔瘡等引起出血，女性還要注意是否罹患子宮肌瘤或子宮癌，若都無上述症狀，可能是極度營養不均衡所致，應多攝取鐵質豐富的食物。

▊ 地中海型貧血

屬於遺傳性貧血，占臺灣總人口數的6～8％左右，比例相當高。通常只要透過婚前健康檢查，即可避免男女雙方都是地中海型貧血帶因者，而生出重症地中海型貧血的孩子。使用排鐵劑治療的地中海型貧血者，日常飲食中必須避免含鐵過高的食物和藥物，以免鐵質堆積身體某些器官造成進一步的傷害。

▊ 惡性貧血

又稱為巨球性貧血（Megaloblastic anemia），是一種營養失調所導致的貧血。惡性貧血以40歲以上的人較易罹患，除了臉色蒼白、心悸、呼吸困難及全身倦怠等症狀外，舌頭還會變紅而發亮，並有疼痛或燒灼感、食慾不振等異常現象。惡性貧血主要是缺乏維生素B_{12}、葉酸所導致，若單純僅是飲食失調所引起，通常只要改變飲食習慣，就會恢復。此外，懷孕期間若罹患貧血，也須在醫師的指示下，補充維生素B_{12}和葉酸。

▊ 再生不良性貧血

人體的骨髓必須每日大量製造各種血球細胞，以補充固定的消耗，一旦骨髓的造血能力降低，就會導致再生不良性貧血；換句話說，再生不良性貧血就是骨髓失去製造血球的能力，以致所有紅血球、血小板及白血球減少。原發型的再生不良性貧血原因不明，至於繼發型再生不良性貧血，則是因為藥品或輻射線的影響所造成的。嚴重的再生不良性貧血，必需靠輸血治療。

▊ 溶血性貧血

紅血球的壽命約為120天左右，當紅血球在人體血管或組織內被破壞過多，而新的紅血球又來不及補充時，就會導致溶血性貧血產生。溶血性貧血也有先天跟後天兩種因素，像俗稱蠶豆症的G6PD缺乏症，除了不能吃蠶豆，也要避免接觸樟腦丸或有機溶劑，以免引起溶血性貧血。而紅斑性狼瘡這類自體免疫疾病患者也可能發生溶血性貧血。

▊ 失血性貧血

大量出血時，身體內的血液會大量減少，而導致急性失血性貧血；如果長期持續出血或反覆出血，像是感染腸胃道潰瘍、罹患腸胃道癌症或女性經血量過多等，會變成慢性失血性貧血，而這也是國人較為常見的貧血之一。

貧血患者的飲食原則

　　從國人飲食調查的結果中可以發現，鐵質和鈣質是我們比較容易缺乏的營養素；尤其是對完全不攝取動物性食物的素食者而言，肉類和內臟類所富含的鐵質、鈣質以及維生素B_{12}，更容易發生缺乏的問題，必須多加留意。

　　以單純的缺鐵性貧血來說，最主要就是多補充鐵質。鐵質的來源可以分為兩種，一種稱為**血基質鐵**，存在於動物性食物中，如紅肉類、內臟類、魚貝類等，在人體內屬於較容易被消化吸收的型態；另一種稱為**非血基質鐵**，存在於植物性食物內，像是豆類、深綠色蔬菜、全穀類、堅果類等，在人體內較不容易被吸收和利用，但非血基質鐵如果能配合維生素C的攝取，便可以改善其吸收率。

　　除非是偏食或吸收不良，否則素食者不但不會貧血，而且健康的素食，還能供給我們良好的血質。因此，只要在日常飲食中增加豆類、全穀類、堅果類等的攝取量，配合含有豐富維生素C的蔬菜水果，就不用耽心吃素會缺乏鐵質。

維生素C能幫助吸收植物性食物中的鐵質

　　鐵、維生素B_{12}及葉酸，是製造血液的主要要素，其他如維生素C能幫助吸收植物類食物中的鐵，礦物質中的銅也有助人體更有效利用鐵質製造充足的血液。而這些營養素，素食者都可從豆類、堅果、全穀類、燕麥片、葡萄乾、豆腐、深綠色多葉蔬菜、海藻（如紫菜、海苔）、水果類、奶類及奶製品中吸收到。

　　需注意的是，植物性食物中所含的鐵質，屬於吸收率較差的非血基質鐵，所以在飲食選擇上應盡量避免與會阻礙吸收的物質一起食用，如咖啡、茶等飲料中含有單寧，容易與鐵質結合，進而降低鐵質的吸收率；相反地，如果能以果汁代替咖啡、茶等飲料，就可以大大地提升鐵質的吸收率。

▲ 可從堅果、全穀類、燕麥片、葡萄乾、豆腐、深綠色蔬菜、紫菜、奶類等食物中獲得維生素C及銅，幫助吸收植物類食物中的鐵質並有效利用。

避免貧血的優質營養素

▌鐵

　　構成紅血球中血色素的主要元素，若搭配富含維生素C的食物一起食用，可增加鐵質吸收。素食者可從各類食物中多元地吸收鐵質。

▌ 銅

體內的銅會促進鐵的吸收，如果銅攝取不足，將會導致鐵吸收缺乏，而造成貧血；而且銅不足還會造成白血球異常。含銅的植物類食物有堅果、豆類、種子、蘑菇、水果、乾果、穀類及根莖類蔬菜等。

▌ 葉酸

葉酸可幫助防止巨球性貧血。葉酸含量較高的食物，主要在綠葉蔬菜中，如菠菜、莧菜等，其他如酵母、蛋黃、豆類、大麥、堅果、麥芽、豆芽、紅蘿蔔、南瓜、馬鈴薯、香蕉、全麥麵包及所有柑橘類水果等，也都含有葉酸。

▌ 維生素B$_{12}$

奶素者可從乳製品，如牛奶、起司、酸乳酪等吸收維生素B$_{12}$，但要注意，煮沸了的牛奶會破壞維生素B$_{12}$，所以熱飲時，加熱至微溫口感最適宜。至於純素者，則可從全麥穀類、糙米、豆腐、海藻類（如紫菜、昆布等）中攝取少量維生素B$_{12}$。為了預防維生素B$_{12}$攝取不足，目前有些素食製品中，亦添加了維生素B$_{12}$，購買或食用前可先參閱其食品標示說明。

▌ 維生素C

維生素C（抗壞血酸）是維持身體正常運作必要的營養素之一，能幫助維護結締組織的建全。並且有助人體更有效吸收植物類食物中的鐵質，以及體內鐵質的新陳代謝。維生素C缺乏時，會導致黏膜組織破損、出血，或鐵質吸收不足而造成貧血。由於維生素C極易溶於水，及在陽光或高溫下遭受破壞，所以炒菜時應少水、小火、快炒，才可以保留大部分維生素C。

維生素C的最佳來源是未經烹煮的新鮮蔬果，如芭樂、番茄，以及檸檬、柳橙、葡萄柚等柑橘類水果，還有玉米和馬鈴薯等，都是維生素C的良好來源。成年男性每日維生素C的需要量是90毫克，女性是75毫克，孕婦及哺乳婦女是80～115毫克，吸菸者則應多攝取35毫克。此外，含有單寧酸的茶與咖啡，會抑制鐵質吸收，最好飯後二小時後再飲用。

▲ 維生素C的最佳來源是未經烹煮的新鮮蔬果，如番茄、檸檬、柳橙、葡萄柚、玉米和馬鈴薯等。

治療及調養期的素食處方

　　無論是葷食者或素食者，都可能會出現貧血的問題，會發生貧血的共同因素往往是飲食習慣不良所導致，如吃進過多高澱粉類食物、加工食品，或只吃少量或甚至不吃水果和蔬菜等原因。

素食者應多選擇深綠色蔬菜及堅果類

　　而對素食者而言，如果貧血的主要因素是飲食中缺乏鐵質、維生素B_{12}或葉酸，只要增加水果和蔬菜的攝取量，就能加以改善；同時在素食的搭配上，注意多選擇深綠色蔬菜和堅果類，也對避免貧血很有助益。但因堅果類富含油脂，故應同時避免高油烹調方式。

　　對貧血的素食者來說，其實不必過於驚恐，只要在飲食上不偏食，廣泛攝取各類素食食物，即能有助於改善貧血，吃出健康。

各類食物的鐵質來源

主食類 （每100克）	・麥片、紅豆、花豆、米豆、綠豆、粉豆≧5毫克鐵質。 ・燕麥、小麥、蕎麥仁（三角米）、蕎麥、小麥胚芽、蠶豆、薏仁、大麥片、小米、糙米麩、糙米、麵腸≧2毫克鐵質。
豆類及其製品 （每100克）	・皇帝豆、黑豆、黃豆、干絲、五香豆干、豆腐皮、小方豆干、素食全雞、凍豆腐、小三角油豆腐、臭豆腐、毛豆、百頁豆腐、傳統豆腐≧2毫克鐵質。
蔬菜類 （每100克）	・紅莧菜、莧菜、野苦瓜、山芹菜、黑甜菜、高麗菜乾（脫水後具濃縮效果）、紅鳳菜≧4毫克鐵質。 ・玉米筍、澎湖絲瓜、茼蒿、川七、綠蘆筍、萵苣葉、菠菜、甜豌豆、菜豆≧2毫克鐵質。
水果類 （每100克）	・甜柿、百香果、紅毛丹、聖女番茄、草莓、海梨≧0.5毫克鐵質。

貧血治療或調養期的5大飲食原則

▋ 每天注意攝取鐵質、葉酸及維生素B_{12}食物

每天確實從飲食中攝取到足夠的鐵質和葉酸，意即每天都必須吃到鐵質、葉酸及維生素B_{12}豐富的食物。

素食飲食中，好的鐵質來源如菠菜及深綠色的蔬菜；花生、花生醬及杏仁等堅果類；雞蛋（適合奶蛋素者）；豌豆、扁豆等白色或紅色，且經烘焙過的乾豆類（乾豆類含鐵量較豐富）。此外除了新鮮水果，葡萄乾、杏子及桃子等脫水乾燥的果乾或是梅子汁，也是不錯的鐵質來源。如果不能從天然食物中攝取到鐵質，則建議可購買市售標示有鐵質強化的補充品來加強。

▲ 每日鐵質來源可從深綠色蔬菜、菠菜、堅果類、葡萄乾等來源攝取。

而維生素B_{12}和維生素B一般多存在於穀類食物、麵包和麵類製品中，其他像是水果、乾燥的豆子、豌豆、綠葉蔬菜等，也都是維生素B_{12}、鐵及葉酸的良好來源。但由於素食者不容易從食物中攝取到維生素B_{12}，且對較年長的素食者而言，因為逐漸衰老，身體會吸收比較少的維生素B_{12}，所以建議應適時的補充一些維生素B_{12}強化的食品，或者直接服用維生素B_{12}補充劑。

▋ 均衡飲食，勿過量攝取纖維質

多選擇有助於造血的食物，如高蛋白質、高鐵、高熱量及維生素B_{12}、葉酸含量豐富的食物。由於植物性蛋白質的品質較動物性略低，素食者蛋白質的攝取量應稍高於葷食者，可選用黃豆及其製品做為主要的蛋白質來源，多嘗試不同且多樣化的搭配。

鐵質含量高的食物可參考本書第262頁的「各類食物的鐵質來源」。每餐至少選用1～2種做為當餐主要材料，同時搭配維生素C含量高的食物（如青花菜、番茄、青椒、紅椒當配料，或是用奇異果、芭樂、櫻桃等水果佐餐或做為餐後水果），以促進鐵質吸收。但不要在餐後30分鐘內飲用茶類飲料或咖啡，以免影響了鐵質吸收。

此外在主食類的選擇，每天至少有一餐三份全穀類（糙米、全麥麵包），幫助攝取較多的微量營養素及礦物質。一天成年人纖維質建議攝取量25～35克。有些研究顯示，攝取過高的纖維質會促進腸道內維生素B_{12}排泄，因此對貧血者而言，攝取適量纖維質即可，並不是愈多愈好。

由於維生素B_{12}主要貯存於肝臟，成年人若開始採用素食飲食，在從葷食轉變為素食後的5～10年，就會將維生素B_{12}消耗殆盡，因而引起貧血。因此素食家庭的小孩若從孩童時期即開使採行素食，除了體內維生素B_{12}存量相當低，對於發育中的孩童也可能因此導致生長遲緩或延遲、發展緩慢、智力發展不良、社交互動較差、肢體協調統合不良等問題，不可不慎！而採用嚴格素食的婦女，在嬰兒出生後，也建議應立即補充維生素B_{12}。

注意食物的熱量

素食者較常食用綠葉蔬菜和乾豆類，鐵質含量雖然比紅肉高，也含有紅肉沒有的葉酸，但熱量偏低且維生素B_{12}含量也沒有比紅肉高，所以要特別注意熱量是否攝取足夠，而非留意鐵質的攝取含量。因為蔬菜類及乾豆類纖維質高易有飽足感，但熱量較低，要注意不要過量，否則反而降低其它食物的食用量，導致熱量或其它營養素攝取不足。

鐵質食物要搭配維生素C一起食用

雖然素食者吃進了大量的水果和蔬菜，所獲得的鐵質不少，但吸收率卻偏低，必需藉由富含維生素C的食物幫助促進鐵質吸收。這是因為素食者主要鐵質來源吸收率低，因此需要攝取較葷食更高的鐵質才能得到足量的鐵質！

避免刺激性飲品

如果想要增加血液中鐵質的含量，在食用富含鐵質食物的前後幾個小時，應避免茶（含有單寧）、咖啡和鈣的補充劑。

▲ 每日的飯後水果，可選擇高維生素C的櫻桃、奇異果、芭樂、番茄幫助鐵質吸收。

聰明吃外食的素食處方

選擇全穀類主食及深綠色蔬菜

蔬果類是很容易被忽視、缺乏的食物，即使素食者較葷食者食用量較多，仍不可忘記要多選擇黃綠色及深綠色的蔬菜，如菠菜、油菜、海藻類等，其含有較高的鐵質和葉酸。而主食類可多選擇全穀類、糙米飯、五穀粥及根莖類食物，取代精緻麵包、白米飯等。此外，綠色葉菜類也可以提供適當的鐵質、葉酸、維生素B_{12}。

許多素食者比較擔心的維生素B_{12}，奶蛋素食者可從奶類和雞蛋中攝取，純素食者則可從一些維生素B_{12}的補充劑，或是內含維生素B_{12}的營養強化穀片和素肉產品中取得。除了維生素B_{12}之外，攝取足量的葉酸可以從香蕉、菠菜、豇豆、皇帝豆等食物中獲得。

不要忘了選擇豆類食物

素食者到餐廳或自助餐點菜時，最好選擇糙米或雜糧飯、粥等主食，不論吃麵、米粉或飯，也要記得點一份豆類食物，如豆干炒玉米、毛豆三色丁及蔬菜。而西餐中的主食麵包，可選擇全麥或雜糧麵包，搭配主菜的紅蘿蔔、花椰菜、玉米筍等配菜，也記得要吃完。

由於多數素食餐廳的菜色，為了美味，很多都是油炸後再烹調，所以別忘了多注意選擇低油烹調的菜色，並搭配含堅果類的菜餚。

一週三餐素食菜單規劃（份量依個人情況而定）

	星期一	星期二	星期三	星期四	星期五	星期六	星期日
早餐	·水果三明治 ·酪梨豆奶	·山藥豆皮粥	·素火腿青花沙拉 ·小餐包	·什錦三明治 ·芝麻腰果豆奶	·地瓜稀飯 ·山藥豆干 ·芝麻敏豆	·廣東粥	·蘋果酪梨沙拉 ·雜糧麵包
午餐	·金瓜米粉 ·五味豆干 ·麻油紅鳳菜	·十穀飯 ·酸甜素排骨 ·炒素雞丁 ·南瓜湯	·糙米飯 ·鐵板素火腿 ·美味素雞 ·菩提素羹	·素炸醬麵 ·海帶芽湯	·白米飯 ·什錦彩椒 ·八寶豆腐	·蕎麥麵 ·蔬菜素肉串 ·醋蓮藕 ·日式味噌湯	·紅豆飯 ·三絲拌豆腐 ·素羊肉爐 ·葡萄
晚餐	·咖哩烏龍麵 ·芭樂	·白米飯 ·雪菜百頁 ·素魚香茄子 ·味噌烤豆腐	·什錦素麵線 ·滷味三色 ·涼拌秋葵	·十穀飯 ·蠔油素肉 ·銀杏豆苗 ·薏仁紅豆湯	·素焗通心麵 ·養生蔬菜湯 ·蘋果	·糙米飯 ·辣拌臭豆腐 ·天香菠菜 ·首烏素排骨湯	·香椰甜蔬炒飯 ·涼拌高麗菜絲 ·香椿豆腐 ·蓮棗花生湯 ·櫻桃

紅豆飯 主食 4人份

材　料：

紅豆80克、白米240克

作　法：

1. 紅豆洗淨，泡水2小時；白米洗淨備用。
2. 把泡紅豆的水瀝掉，和白米一起混合後，以一般煮飯方式，放入電鍋或電子鍋內炊熟即可。

營養分析（1人份）

熱量 （大卡）	蛋白質 （克）	脂肪 （克）	醣類 （克）	鐵質 （克）
338	9.1	0.6	73	2.0

【營養師的小叮嚀】

🔴 紅豆先浸泡數小時，可方便與白米一同炊煮至熟；利用紅豆摻在白米中煮成紅豆飯，可彌補白米中所缺乏的鐵質、維生素B_1、維生素B_2及礦物質與蛋白質。

金瓜米粉 主食 4人份

材　料：

素肉絲40克、素肉酥40克、南瓜50克、芹菜10克、乾香菇10克、紅蘿蔔40克、市售濕米粉240克

調味料：

油4小匙、鹽1小匙、醬油1大匙、烏醋1/2小匙、胡椒粉少許

作　法：

1. 把素肉絲再稍微撕成細絲；素肉酥捏小片；南瓜和紅蘿蔔洗淨去皮，刨成細絲；乾香菇泡軟，去蒂切絲；芹菜切小段備用。
2. 起油鍋，以小火炒香香菇絲，加入南瓜絲、素肉絲拌炒，再加入所有調味料拌勻。
3. 鍋中加入適量的水，待水滾後，加入紅蘿蔔絲和米粉拌炒至入味。最後再加入素肉酥、芹菜段，翻炒數下即可。

營養分析（1人份）

熱量 （大卡）	蛋白質 （克）	脂肪 （克）	醣類 （克）	鐵質 （克）
208	7.2	3.7	36	1.9

【營養師的小叮嚀】

🔴 依據行政院衛生署臺灣地區食品營養成分資料記載：每100公克的南瓜中，熱量24卡，維生素C 18毫克，鐵1.1毫克，以及稀有元素鋅、硒、銅、鈷、鎳、鉻、菸鹼酸等；其中所含的鈷是構成紅血球的重要成分之一，鋅則可維持紅血球的成熟，所以有「南瓜補血」的說法。

材　料：

素排骨60克、芋頭120克、紅蘿蔔20克、蘆筍20克、新鮮鳳梨40克、小黃瓜20克、紅色大番茄20克

調味料：

番茄醬1大匙、糖少許

作　法：

1. 素排骨泡軟後，捏乾水分，放入油鍋內，小火炸至金黃色，撈起備用。
2. 所有食材洗淨；芋頭、紅蘿蔔去皮後，切成滾刀塊；蘆筍削去老梗粗皮，切小段備用。
3. 鳳梨切成角狀；小黃瓜切滾刀塊；大番茄切小丁備用。
4. 起油鍋中，先放入芋頭、紅蘿蔔翻炒一下，加點水燜煮至芋頭8分熟。
5. 續放入蘆筍、鳳梨及小黃瓜略炒一下，最後加入番茄丁、番茄醬及糖稍微滾煮一下。
6. 起鍋前，將炸好的素排骨加進去拌勻即可。

營養分析（1人份）

熱量（大卡）	蛋白質（克）	脂肪（克）
115	5.9	3
醣類（克）		鐵質（克）
17.1		3.6

【營養師的小叮嚀】

🍠 依據行政院衛生署臺灣地區食品營養成分資料，每100公克蘆筍含有85～120毫克葉酸，可提供一日量20％，幫助防止巨球性貧血！

什錦彩椒

主菜

4人份

材　料：

豆皮4塊（約120克）、乾香菇2朵、
金針菇20克、草菇20克、
玉米筍20克、紅甜椒1個、黃甜椒1個

調味料：

油1大匙、鹽1小匙、胡椒粉少許、香油少許、太白粉1小匙

作　法：

1. 所有食材洗淨；豆皮切丁；乾香菇泡軟，切丁；紅、黃甜椒
   洗淨，對切開、去籽備用。
2. 煮一鍋滾水，放入金針菇、草菇及玉米筍，汆燙後撈起瀝乾
   水分；金針菇切小段；玉米筍切斜刀片狀備用。
3. 起油鍋，以小火爆香香菇丁，加少許水煮開後，加入豆皮、
   金針菇、草菇及玉米筍，拌炒均勻，加鹽和胡椒粉調味，起
   鍋前以太白粉水勾薄芡，最後淋上香油。
4. 把炒好的素料盛起，分裝入紅、黃甜椒內即可。

【營養師的小叮嚀】

 依據行政院衛生署臺灣地區食品營養成分
資料記載，100公克的甜椒，含有熱量93.6
卡；紅甜椒（球形）的維生素C有40毫克，
黃甜椒的維生素C則高達60毫克，而貧血患
者多攝取富含維他生素C的食物，將有助於
鐵質的吸收。

營養分析（1人份）

熱量（大卡）	蛋白質（克）	脂肪（克）
105	8.2	7.7
醣類（克）		鐵質（克）
3.2		1.9

素火腿青花沙拉 　配菜　4人份

材　料：

素火腿100克、青花椰菜320克、紅蘿蔔40克

調味料：

素食沙拉醬1大匙

作　法：

1. 素火腿切丁；青花椰菜洗淨、切小朵；紅蘿蔔洗淨後去皮，切丁狀備用。
2. 青花椰菜和紅蘿蔔丁，汆燙一下，撈起後快速放入冰水中冷卻。素火腿丁放入熱水中稍微煮一下，撈起備用。
3. 將素火腿丁和青花椰菜混合後，淋上素食沙拉醬，上面再灑上紅蘿蔔丁，即可。

營養分析（1人份）

熱量（大卡）	蛋白質（克）	脂肪（克）	醣類（克）	鐵質（克）
105	4	9	2	0.9

【營養師的小叮嚀】

◐ 青花菜含有多種營養成分，如豐富的鈣質可防骨質疏鬆；維生素B群能安定情緒，維持心臟機能，防止動脈硬化；含鐵可預防貧血；含鋅可保持精力。

辣拌臭豆腐 　配菜　4人份

材　料：

臭豆腐4塊、紅蘿蔔40克、素火腿40克、榨菜10克、毛豆20克

調味料：

素辣豆瓣醬1大匙

作　法：

1. 紅蘿蔔洗淨後去皮，切成小片狀；素火腿切丁；榨菜切絲，泡水洗去鹽分，瀝乾水分；毛豆洗淨備用。
2. 起油鍋中，將作法1處理好的材料，全部放進鍋內拌炒；再把臭豆腐和少許水加入，蓋上鍋蓋，以小火熬煮約5～10分鐘，讓所有材料的味道吃進臭豆腐內。
3. 起鍋前，加進素辣豆瓣醬拌勻即可。

營養分析（1人份）

熱量（大卡）	蛋白質（公克）	脂肪（公克）	醣類（公克）	鐵質（公克）
87	4.5	6	2	0.8

【營養師的小叮嚀】

◐ 毛豆的礦物質成分包含鐵、鉀、鈣、磷、鎂、錳、鋅、銅等，其中鐵質不但比穀類或其他豆類多，且容易為人體所利用。

菩提素羹 湯品 4人份

材　　料：

大白菜400克、紅蘿蔔120克、乾香菇2朵、
金針菇20克、素火腿絲50克、蒟蒻絲40克

調味料：

醬油1/2大匙、鹽1/2小匙、糖少許、烏醋1小匙、
胡椒粉少許、太白粉1小匙

作　　法：

1. 大白菜洗淨、切粗條狀；紅蘿蔔洗淨、去皮，
   切成細絲；乾香菇泡軟，去蒂，切絲備用。

2. 起油鍋，以小火炒香香菇絲後，加入素火腿絲
   和大白菜拌炒，再加入醬油和50c.c.的水，煮至
   滾沸。

3. 再把紅蘿蔔絲、金針菇及蒟蒻絲，全部放入鍋
   內煮滾，再加進其餘的調味料，起鍋前淋上太
   白粉水勾芡即可。

營養分析（1人份）

熱量 （大卡）	蛋白質 （克）	脂肪 （克）	醣類 （克）	鐵質 （克）
80	4	6	3	0.2

【營養師的小叮嚀】

🥣 金針菇等菇類含有鐵質、多種微量元素及大量維生素
　B₁、B₂及C等，是素食飲食中鐵質的輔助來源。

日式味噌湯 湯品 4人份

材　　料：

白蘿蔔20克、青豆仁10克、嫩豆腐1盒、
赤味噌20克

調味料：

素高湯3杯（約720c.c.）、味霖1小匙

作　　法：

1. 白蘿蔔洗淨，去皮後刨成細絲；青豆仁洗淨；
   嫩豆腐切成小塊狀；赤味噌加水調勻。

2. 將素高湯、味霖及蘿蔔絲、青豆仁，全部放入
   鍋內，以中火讓其煮沸。

3. 再加嫩豆腐和赤味噌，小火滾煮一下即可。

營養分析（1人份）

熱量 （大卡）	蛋白質 （克）	脂肪 （克）	醣類 （克）	鐵質 （克）
60	3	3	5	0.5

【營養師的小叮嚀】

🥣 平常若能食用一些發酵食品，像是味噌，將有助於腸道
　益菌合成維生素B₁₂。而味噌的種類繁多，大致上可分
　為米麴製成的「米味噌」；麥麴製成的「麥味噌」；豆
　麴製成的「豆味噌」等。就顏色而言，則可分為偏紅的
　「赤味噌」，以及偏黃的「淡色味噌」兩大類；讀者可
　依個人口味喜好，自行選擇鈉含量較低的味噌。

蓮棗花生湯 4人份

材　料：

蓮藕2節、花生仁40克、黑棗8粒

調味料：

糖40克

作　法：

1. 蓮藕洗淨去節後削皮，切片狀，將其先浸泡在薄鹽水中，避免氧化。
2. 花生仁洗淨後，放入滾水中汆燙一下，撈起備用。
3. 把蓮藕片、花生仁及黑棗，全部放入鍋內，倒入約600c.c.的水淹過所有材料，轉中火煮滾。待湯汁滾沸後，改轉小火熬煮約40分鐘，最後加糖調味即可。

營養分析（1人份）

熱量（大卡）	蛋白質（克）	脂肪（克）	醣類（克）	鐵質（克）
150	3	6	20	0.6

【營養師的小叮嚀】

● 依據行政院衛生署臺灣食品營養成分資料庫記載，蓮藕100公克含熱量74卡，維生素C 42.0毫克，微量維生素B₁₂；黑棗含維生素B群、維生素C、鐵質等多種營養素，建議貧血症狀者可多食用。

薏仁紅豆湯 4人份

材　料：

薏仁80克、紅豆160克、麥片80克

調味料：

冰糖10克

作　法：

1. 薏仁和紅豆洗淨後，泡水約2小時，瀝乾水分備用。
2. 把薏仁和紅豆放入鍋中，倒入約6～8碗水，蓋上鍋蓋，以中火熬煮，煮開後再以小火熬煮1小時。
3. 把麥片加入煮軟的薏仁紅豆湯內，再煮大約5分鐘左右，趁熱拌上冰糖攪勻後熄火，加蓋燜約10分鐘即可。

營養分析（1人份）

熱量（大卡）	蛋白質（克）	脂肪（克）	醣類（克）	鐵質（克）
285	9	-	60	4

【營養師的小叮嚀】

● 紅豆主要的功能包括能清血、通便、補血、利尿、消腫及促進心臟的活化等。容易低血壓、疲倦的人，常吃紅豆會有改善的效果，婦女生理期間吃加了糖的熱紅豆湯，還可以適時補血。

Family 健康飲食16Y

12 大慢性病素食全書【暢銷修訂版】

作　　者　16 位臺大醫師與營養師團隊
企劃選書　林小鈴
責任編輯　陳玉春
文字整理　簡敏育
行銷經理　王維君
業務經理　羅越華
總 編 輯　林小鈴
發 行 人　何飛鵬
出　　版　原水文化
　　　　　台北市民生東路二段 141 號 8 樓
　　　　　電話：02-2500-7008　傳真：02-2502-7676
　　　　　網址：http://citeh2o.pixnet.net/blog　E-mail：H2O@cite.com.tw
發　　行　英屬蓋曼群島商家庭傳媒股份有限公司城邦分公司
　　　　　台北市中山區民生東路二段 141 號 2 樓
　　　　　書虫客服服務專線：02-25007718；25007719
　　　　　24 小時傳真專線：02-25001990；25001991
　　　　　服務時間：週一至週五 9:30 ～ 12:00；13:30 ～ 17:00
　　　　　讀者服務信箱 E-mail：service@readingclub.com.tw
劃撥帳號　19863813；戶名：書虫股份有限公司
香港發行　香港灣仔駱克道 193 號東超商業中心 1 樓
　　　　　電話：852-25086231　傳真：852-25789337
　　　　　電郵：hkcite@biznetvigator.com
馬新發行　馬新發行　城邦（馬新）出版集團
　　　　　41, JalanRadinAnum, Bandar Baru Sri Petaling,
　　　　　57000 Kuala Lumpur, Malaysia.
　　　　　電話：603-905-78822　傳真：603- 905-76622
　　　　　電郵：cite@cite.com.my

美術設計　邱介惠
內頁插畫　盧宏烈
特約攝影　子宇影像工作室・徐榕志
製版印刷　科億資訊科技有限公司
初　　版　2009 年 7 月 14 日
初版 8 刷　2012 年 2 月 29 日
三版 1 刷　2019 年 5 月 16 日
定　　價　480 元
ISBN 978-986-6379-03-1
EAN：471-770-290-652-8

城邦讀書花園
www.cite.com.tw

國家圖書館出版品預行編目資料

12 大慢性病素食全書【暢銷修訂版】/ 16 位臺大
醫師與營養師團隊 —— 初版 —— 臺北市：原水
文化出版：家庭傳媒城邦分公司發行，2019.05
面； 公分——（Family 健康飲食；16Y）
ISBN 978-986-6379-03-1(平裝)
1. 食療 2. 素食 3. 健康飲食

418.914　　　　　　　　　　　　　98010826